Michael Wendl

Lokalisierung von Störlichtbögen im Photovoltaiksystem

Ilmenauer Beiträge zur elektrischen Energiesystem-, Geräte- und Anlagentechnik (IBEGA)

Herausgegeben von
Univ.-Prof. Dr.-Ing. Dirk Westermann
(Fachgebiet Elektrische Energieversorgung) und
Univ.-Prof. Dr.-Ing. Frank Berger
(Fachgebiet Elektrische Geräte und Anlagen)
an der Technischen Universität Ilmenau.

Band 25

Michael Wendl

Lokalisierung von Störlichtbögen im Photovoltaiksystem

Universitätsverlag Ilmenau
2019

Impressum

Bibliografische Information der Deutschen Nationalbibliothek
Die Deutsche Nationalbibliothek verzeichnet diese Publikation in der Deutschen Nationalbibliografie; detaillierte bibliografische Angaben sind im Internet über http://dnb.d-nb.de abrufbar.

Diese Arbeit hat der Fakultät für Elektrotechnik und Informationstechnik der Technischen Universität Ilmenau als Dissertation vorgelegen.

Tag der Einreichung:	28. Dezember 2017
1. Gutachter:	Univ.-Prof. Dr.-Ing. Frank Berger (Technische Universität Ilmenau)
2. Gutachter:	Univ.-Prof. Dr.-Ing. Michael Kurrat (Technische Universität Braunschweig)
3. Gutachter:	Dr.-Ing. Martin Weiss (Bosch Thermotechnik GmbH Wernau)
Tag der Verteidigung:	30. November 2018

Technische Universität Ilmenau/Universitätsbibliothek
Universitätsverlag Ilmenau
Postfach 10 05 65
98684 Ilmenau
http://www.tu-ilmenau.de/universitaetsverlag

ISSN 2194-2838
ISBN 978-3-86360-201-7 (Druckausgabe)
URN urn:nbn:de:gbv:ilm1-2018000601

Zusammenfassung

Gegenstand der vorliegenden Arbeit ist die Erforschung, Verifikation und Validierung von Methoden zur automatischen Lokalisierung von Störlichtbögen im Photovoltaiksystem.

Von besonderem Interesse ist hierfür das Verhalten der Brennspannung von Störlichtbögen in Photovoltaik- (PV-) Anlagen bei variablen Umgebungsbedingungen. Es wurden systematisch die hochfrequenten Signalanteile der Brennspannung von Gleichstrom-Lichtbögen im Frequenzbereich von 1 ... 500 kHz untersucht und dabei realistische Umgebungsbedingungen gewählt, wie sie in Photovoltaikanlagen vorherrschen. Der Strom im Lichtbogen wurde von 2 ... 17 A, der Elektrodenabstand von 0,2 ... 4 mm variiert und als Elektrodenmaterialien wurden Kupfer, Aluminium und ein unlegierter Baustahl eingesetzt.

Dabei wurde ein von der Literatur abweichender Verlauf des Leistungsdichtespektrums beobachtet, welcher meist für Lichtbögen mit höheren Strömen beschrieben wird.

Durch Experimente mit Lichtbögen bei variabler Lastimpedanz konnte gezeigt werden, dass sich der Lichtbogen als hochfrequente Spannungsquelle beschreiben lässt.

Basierend auf Charakterisierungsmessungen wurden Ersatzschaltbilder der Bestandteile eines Photovoltaiksystems bei verschiedenen Arbeitspunkten parametrisiert und damit eine reale PV-Anlage als Netzwerk modelliert. Die Simulation von seriellen Störlichtbögen im Photovoltaiksystem mit PSpice zeigte wie sich das Leistungsdichtespektrum des PV-Stroms bei unterschiedlichen Umgebungsbedingungen und Anlagenkonfigurationen verhält.

Anhand von Simulationsergebnissen wurden verschiedene Konzepte zur automatischen Lokalisierung von Störlichtbögen in Photovoltaikanlagen bewertet. Das zielführendste Konzept wurde als Prototyp realisiert und einem Praxistest unterzogen. Dieses System war in der Lage, in einer realen Photovoltaikanlage alle dort gezündeten Lichtbögen korrekt zu lokalisieren.

Im Rahmen der Forschungsarbeiten entstand ein Konferenzbeitrag (reviewed) zur

„27th International Conference on Electrical Contacts“ (ICEC) 2014 in Dresden:

„HF Characterization of Low Current DC Arcs at Alterable Conditions“ [142]

Aufbauend auf den gewonnenen Erkenntnissen wurden folgende Erfindungen zum Patent angemeldet:

1. DE 102014226999 A1: Verfahren und Vorrichtung zum Erkennen eines Lichtbogens in einer Fotovoltaikanlage [141]
2. DE 102015204376 A1: Verfahren und Vorrichtung zum Erkennen eines Lichtbogens [144]
3. DE 102013219490 A1: Verfahren und Vorrichtung zum Lokalisieren eines Lichtbogens in einem Strompfad einer Fotovoltaikanlage [140]
4. DE 102013219494 A1: Verfahren und Vorrichtung zum Bestimmen einer Modultemperatur eines Photovoltaikmoduls [139]
5. DE 102012217878 A1: Verfahren und Vorrichtung zum Erkennen zumindest einer aktiven Bypassdiode in einem Photovoltaiksystem [90]
6. DE 102014223593 A1: Verfahren und Vorrichtung zum Ermitteln eines Degradationszustandes eines Fotovoltaikmoduls [143]

Abstract

The issue of the present thesis is the investigation, verification and validation of methods for the automatic localization of arcing faults in photovoltaic systems.

An area of particular interest is the behavior of the arcing voltage of arcing faults in photovoltaic systems at alterable conditions. The high frequency part of the burning voltage of directional current (DC) arcs were investigated in the frequency range from 1...500 kHz, and for these investigations the environmental conditions were chosen as they are in real photovoltaik (PV) systems. The current through the arc was varied between 2...17 A, the distance between the electrodes was set from 0,2...4 mm and the electrodes were changed from copper to aluminium and construction steel.

As a result, the shapes of the observed power spectral densities differed from the shapes which are described in the literature, in most cases for higher currents.

By means of experiments with arcs and a variation of the load impedance, it could be shown that in the high frequency region the arc can be described as a voltage noise source.

Based on characterization measurements the equivalent circuits of the parts of a photovoltaic system were parameterized at various working points and therewith a real PV system was modeled as a network. The simulation of series arcs in photovoltaic systems with PSpice showed, in which way the power spectral density of the current behaves for alterable environmental conditions and system configurations.

Different concepts for automatic locating an arc fault in a photovoltaik system were evaluated on the basis of simulation results. One of those concepts appeared to be the most reliable and it was realized as a prototype. In a field test, this system was able to locate all arcs, ignited in a real photovoltaik system.

Within the scope of the research work, a conference contribution (reviewed) was presented at the „27th International Conference on Electrical Contacts“ (ICEC) 2014 in Dresden (Germany):

„*HF Characterization of Low Current DC Arcs at Alterable Conditions*" [142]

Based on the achieved knowledge, the following inventions are patent pending:

1. DE 102014226999 A1: Verfahren und Vorrichtung zum Erkennen eines Lichtbogens in einer Fotovoltaikanlage [141]
2. DE 102015204376 A1: Verfahren und Vorrichtung zum Erkennen eines Lichtbogens [144]
3. DE 102013219490 A1: Verfahren und Vorrichtung zum Lokalisieren eines Lichtbogens in einem Strompfad einer Fotovoltaikanlage [140]
4. DE 102013219494 A1: Verfahren und Vorrichtung zum Bestimmen einer Modultemperatur eines Photovoltaikmoduls [139]
5. DE 102012217878 A1: Verfahren und Vorrichtung zum Erkennen zumindest einer aktiven Bypassdiode in einem Photovoltaiksystem [90]
6. DE 102014223593 A1: Verfahren und Vorrichtung zum Ermitteln eines Degradationszustandes eines Fotovoltaikmoduls [143]

Danksagung

An dieser Stelle möchte ich mich ganz besonders bei Herrn Prof. Berger bedanken, der diese Arbeit erst ermöglichte und in Diskussionen viele interessante Hinweise und Denkanstöße zu diesem Thema gab. Einen besonderen Dank möchte ich Herrn Dr. Weiss aussprechen, der für die fachliche und organisatorische Betreuung dieser Arbeit viel Zeit und Mühe investierte. Ein weiterer Dank gilt Herrn Dr. Preissner, der immer ein offenes Ohr für mich hatte und die Rahmenbedingungen für ein Gelingen der Forschungsarbeiten schuf.

Außerdem bedanke ich mich bei Herrn Dr. Mielcarek für die Unterstützung bei Messungen im Photovoltaiksystem und bei Herrn Frederick Dech, der mich tatkräftig bei Laboraufbauten unterstützte. Auch Herrn Thomas Weil sei an dieser Stelle gedankt, der sich nicht nur um funktionsfähige EDV-Systeme kümmerte, sondern viel zur Lösung technischer Probleme beitrug.

Auch schuf mir meine liebe Ehefrau im Privatleben viele Freiräume zum Verfassen der Dissertation und gab mir den nötigen Rückhalt, weshalb ich ihr sehr dankbar bin. Dabei unterstützten mich auch meine Eltern in vielerlei Hinsicht, auch ihnen gilt ein besonderer Dank.

„Falls Gott die Welt geschaffen hat, war seine Hauptsorge sicher nicht, sie so zu machen, dass wir sie verstehen können."
(Albert Einstein (1879-1955), Physiker, Nobelpreisträger, Entdecker der Relativitätstheorie)

Inhaltsverzeichnis

Abbildungsverzeichnis

Tabellenverzeichnis

Nomenklatur

Abkürzungen

Abkürzung	**Bedeutung**
Abb.	Abbildung
AC	Wechselstrom (Alternating Current)
ADC	Analog Digital Wandler (Analog Digital Converter)
AFCI	Arc Fault Circuit Interrupter
Ag	Silber
Al	Aluminium
AlZnMgCu1,5	Aluminiumlegierung
Ar	Argon
B	Bogensäule
Bi	Bismut
Byp	Bypass
C	Kohlenstoff
Cr	Chrom
Cu	Kupfer
CU28b40	Kupferlegierung
D	Diode
dB	Dezibel
DC	Gleichstrom, Gleichspannung (Directional Current)
DFT	Digital Fourier Transformation
Diff	Diffusion
DIN	Deutsches Institut für Normung
ECM	Erdkapazitätsmessung (Earth Capacity Measurement)
el.	Elektrisch
EMV	Elektromagnetische Verträglichkeit
EN	Europäische Norm
Fe	Eisen
FFT	Fast Fourier Transformation
g	Erde (Ground)

Gl	Glättung
Gr	Grundrauschen
HF	Hochfrequenz
Hg	Quecksilber
Hi	Frequenzbereich 40 ... 400 kHz (High Frequency Band)
ICEC	International Conference on Electrical Contacts
IEC	International Electrotechnical Commission
Int	Intervall
ISE	Institut für Solare Energiesysteme
K	Kabel
k. A.	keine Angabe
L	Elektrische Last (Load)
L1	Außenleiter im Niederspannungsnetz
Lb	Lichtbogen
Lo	Frequenzbereich 1 ... 10 kHz (Low Frequency Band)
Ltg	Leitung
LW	Langwellenrundfunk (148,5 ... 283,5 kHz)
M	Modul (Solarmodul)
Med	Frequenzbereich 4 ... 40 kHz (Medium Frequency Band)
Mg	Magnesium
min	Minimum
Mn	Mangan
Mo	Molybdän
MPP	Arbeitspunkt bei max. Leistungsabgabe (Maximum Power Point)
MSpS	Mio. Messwerte pro Sekunde (Megasamples per Second)
N	Neutralleiter im Niederspannungsnetz
n. a.	nicht anwendbar
Nb	Niob
NEC	National Electric Code
Ni	Nickel
o	Obergrenze
o. ä.	oder ähnliches
oc	Leerlauf (Open Circuit)
OPV	Operationsverstärker
Oszi.	Oszilloskop
p	parallel
PC	Personal Computer

PCI	Peripheral Component Interconnect
ph	Photo
PN	Halbleiter, bestehend aus einer p- und einer n-dotierten Schicht
Pt	Platin
PV	Photovoltaik
Res	Resonanz
Rl	Raumladungszone
RMS	Root Mean Square, Quadratisches Mittel (Effektivwert, Gleichrichtwert)
S	Schalter
s	seriell
sc	Kurzschluss (Short Circuit)
Sh	Shunt
Si	Silizium
Ss	Sperrschicht
St	Stahl
ST70-2	Unlegierter Baustahl
STC	Standard Test Conditions
Ta	Tantal
Tab.	Tabelle
TDR	Zeitbereichsreflektometrie (Time Domain Reflectometry)
Ti	Titan
u	Untergrenze
u. a.	und andere
UEB	Übergangsbereich
UL	Underwriters Laboratories Inc.
UL1699	Amerikanische Norm für Anforderungen an AFCIs
US	Vereinigte Staaten (United States)
USA	Vereinigte Staaten von Amerika (United States of America)
V	Vanadium
VCVS	Spannungsgesteuerte Spannungsquelle (Voltage Controlled Voltage Source)
VSTIM	Stimulus-Spannungsquelle in PSpice
W	Wolfram
Wr	Wechselrichter
Y	Y-Verbindung: galvanische Verbindung von drei Leitern
Z	Zelle (Solarzelle)
Z	Zustand

ZF	Zwischenkreisfrequenz
Zn	Zink
Zr	Zirconium

Formelzeichen

Zeichen	Bedeutung	Einheit
C	Kapazität (Capacity)	Farad [F]
d	Abstand	Meter [m]
e	Elementarladung ($\approx 1,602 \cdot 10^{-19}$)	Coulomb [C]
e	Eulersche Zahl ($\approx 2,7183$)	[1]
E	Elektrische Feldstärke	[$V \cdot m^{-1}$]
f	Frequenz	Hertz [Hz]
$F(f)$	Fouriertransformierte einer Funktion $f(t)$	
$\mathcal{F}(f)$	Fouriertransformation (Operator) einer Funktion f	
$f(t)$	Funktion f der Zeit t	
$g(t)$	Funktion g der Zeit t	
I	Stromstärke	Ampère [A]
Irr	Einstrahlungsstärke (Irradiation)	[$W \cdot m^{-2}$]
j	imaginäre Zahl ($\sqrt{-1}$)	[1]
J	Stromdichte	[$A \cdot cm^{-2}$]
k_B	Boltzmannkonstante ($\approx 1,308 \cdot 10^{-23}$)	[$J \cdot K^{-1}$]
l	Länge	Meter [m]
L	Länge eines Vektors (Anzahl Elemente)	[1]
L	Induktivität	Henry [H]
LDS	Leistungsdichtespektrum	[$dB \cdot Hz^{-1}$]
log	Logarithmus zur Basis 10	
M	Gegeninduktivität	Henry [H]
n	fortlaufende Nummer von Elementen eines Vektors	[1]
N	Anzahl	[1]
N	mittlere Dotierungsdichte	[cm^{-3}]
n_0	Minoritätsladungsträgerdichte	[$C \cdot m^{-3}$]
N_A	Dotierungsdichte der Akzeptoren	[cm^{-3}]
N_D	Dotierungsdichte der Donatoren	[cm^{-3}]
P	Rauschleistung normiert auf $1\,\Omega$	Dezibel [dB]
q	Elementarladung ($\approx 1,602 \cdot 10^{-19}$)	Coulomb [C]
Q	Gütefaktor eines Resonanzkreises	[1]
R	Ohmscher Widerstand	Ohm [Ω]

s	Komplexer Frequenzparameter der Laplacetransformation	
$s(n)$	Vektor von Messwerten	
$S(n)$	Fouriertransformierte einer diskreten Funktion $s(n)$	
t	Zeit	Sekunde [s]
T	Temperatur	Grad Celsius [°C]
T	Temperatur	Kelvin [K]
u	Spannung im Zeitbereich	Volt [V]
U	Spannung	Volt [V]
U_F	Potentialunterschied z. Abbau der Sperrschicht	Volt [V]
W	Energie	Joule [J]
W	Energie	[eV]
w_0	Dicke der Raumladungszone im Gleichgewicht	Meter [m]
W_{F_n}	Quasi-Ferminiveau der Elektronen	[eV]
W_{F_p}	Quasi-Ferminiveau der Löcher	[eV]
x	Variable	
X	Blindwiderstand	Ohm [Ω]
y	Variable	
z	Variable	
Z	Impedanz	Ohm [Ω]

Griechische Symbole

Symbol	**Bedeutung**	**Einheit**
Δ	Differenz	
ϵ_r	Relative Permittivität eines Dielektrikums	[1]
ϵ_0	El. Feldkonstante des Vakuums ($\approx 8.854 \cdot 10^{-12}$)	$[A \cdot s \cdot V^{-1} \cdot m^{-1}]$
η	Diodenfaktor als Maß für die Qualität der Diode	[1]
ω	Kreisfrequenz	$[s^{-1}]$
π	Kreiszahl: 3,14159265...	[1]
τ	Zeitkonstante	Sekunde [s]

1 Einleitung

„Am 17. Februar hatte Einsatzleiter Sirke Siebens seiner Wehr in Schwerinsdorf (Landkreis Leer) das Löschen verboten und ein großes Wohnhaus kontrolliert abbrennen lassen. Sachschaden 600 000 Euro. Auf dem Dach des Hauses war eine Photovoltaik-Anlage installiert – und dort musste der Wehrführer mit (...) bis zu 1000 Volt rechnen.“ (Tagesspiegel 2010 [135])

Die Photovoltaikanlage als Gefahr beim Löschen von Bränden und als potentielle Brandursache wurde spätestens durch Pressemeldungen dieser Art ins öffentliche Bewusstsein gerückt. Einen Beitrag dazu lieferten auch Berichte in Fachmagazinen wie „Photon“ oder „Photovoltaik“ über Probleme bei Photovoltaik-Produkten, die zu Lichtbögen führen können und damit eine potentielle Brandursache darstellen [9] [8] [97] [111] [109] [112].

Um die reale Brandgefahr von PV-Anlagen in Deutschland bewerten zu können, bildeten der TÜV Rheinland und das Fraunhofer-Institut für Solare Energiesysteme ein Verbundprojekt mit dem Namen „PV-Brandsicherheit“ [149] und werteten unter anderem Pressemeldungen, Informationen von Feuerwehren, Polizei und Versicherungen aus. Dabei kamen sie zu dem Ergebnis, dass im Dezember 2012 in Deutschland 1,3 Millionen PV-Anlagen installiert waren, von denen 170 durch einen Defekt einen Brand ausgelöst haben. Von diesen 170 Bränden führten 65 zu einem Gebäudeschaden und in 10 Fällen brannte das Gebäude komplett ab. Dies zeigt, dass ein beträchtlicher Schaden durch einen Lichtbogen in einer Photovoltaikanlage zwar sehr selten entsteht, dann aber zum finanziellen Ruin des Besitzers führen kann.

In den Vereinigten Staaten von Amerika (USA) wird die Gefahr, welche von Störlichtbögen in Niederspannungsanlagen von Wohnhäusern ausgeht, schon lange sehr ernst genommen. Zur Vermeidung von Bränden ist daher der Einsatz eines Arc Fault Circuit Interrupter (AFCI) im AC-Netz von Wohnhäusern durch die dortige Norm für Elektroinstallationen, National Electric Code (NEC), zwingend vorgeschrieben. Ein AFCI wird mit dem Laststromkreis seriell verschaltet und erkennt, wenn ein Lichtbogen in der Elektroinstallation entsteht. Durch das automatische Öffnen eines Schalters wird dann der Stromfluss unterbrochen und die

Brandgefahr gebannt.

Seit 2011 schreibt der NEC im Artikel 690 [88] den Einsatz eines AFCI bei der Neuinstallation von Photovoltaikanlagen mit mehr als 80 VDC auf oder an Gebäuden vor. Für eine Markteinführung muss ein AFCI entsprechend der Vorschrift 1699 von Underwriters Laboratories Inc. (UL) [134] zertifiziert sein, wodurch eine gewisse Qualität und Vergleichbarkeit der Produkte garantiert werden soll.

Um mit einem PV-Wechselrichter auf dem US-amerikanischen Markt erfolgreich zu sein, ist es aufgrund dieser Vorschrift für einen Hersteller von großem Vorteil, einen integrierten, nach UL 1699 zertifizierten Lichtbogendetektor anbieten zu können. Auch für den europäischen Markt ist es vorteilhaft, mit einem Lichtbogendetektor eine sicherheitsrelevante Zusatzfunktion anbieten zu können, weshalb die Industrie besonders in den letzten Jahren mit Hochdruck daran arbeitet, entsprechende Lösungen zu entwickeln. Erste Wechselrichter mit Lichtbogendetektion sind schon von Herstellern wie SMA, ABB, Fronius, Kostal, SolarBOS, Advanced Energy und Tigo Energy erhältlich, während „stand-alone" -Geräte von E-T-A und Santon angeboten werden. Für die vereinfachte Eigenentwicklung bietet Texas Instruments den Chip „Solar Magic" mit integriertem Algorithmus zur Erkennung von Lichtbögen speziell für Photovoltaikanwendungen an.

Eine Detektion und Löschung des Lichtbogens bannt zwar die direkte Gefahr von Folgeschäden, bevor die Anlage wieder in Betrieb gehen kann muss nach NEC jedoch ein Techniker die Fehlerstelle finden und beseitigen, was zu längeren Standzeiten führen kann und mit entsprechenden Kosten verbunden ist. Durch eine automatische Ortsbestimmung des Lichtbogenfehlers könnte eine Verkürzung der Zeit für die Fehlersuche erreicht werden, was gerade bei großen Anlagen eine Reduktion der Reparatur- und Ertragsausfallkosten mit sich brächte. Allerdings ist ein System zur Lokalisierung von Störlichtbögen in Photovoltaikanlagen am Markt derzeit nicht erhältlich, weshalb im Rahmen dieser Arbeit Möglichkeiten erörtert werden, eine solche automatisiert durchzuführen.

1.1 Ziel der Arbeit

Ziel der Arbeit ist die Erforschung und Verifikation von Techniken einer automatischen Ortsbestimmung (Lokalisierung) von Störlichtbögen in Photovoltaikanlagen. Die Verifikation und der Vergleich verschiedener Methoden geschieht simulativ anhand von Kriterien wie Kosten, Zuverlässigkeit und Lokalisierungsgenauigkeit. Das beste System wird technisch umgesetzt und durch Ergebnisse aus Experimenten mit Lichtbögen in einer Photovoltaikanlage validiert.

Zunächst wird der Stand der Technik dargelegt, um möglicherweise an bereits bekannte Methoden anzuknüpfen. Hierfür sind nicht nur Systeme zur Lokalisierung von Lichtbögen von Interesse, sondern auch Vorgehensweisen zur Detektion von Störlichtbögen. In diesem Bereich werden von Detektoren überwachte Messgrößen und die technische Umsetzung entsprechender Messwandler beschrieben. Daraus lassen sich für die Lokalisierung von Störlichtbögen wertvolle Erkenntnisse gewinnen.

Für die Entwicklung von Methoden zur Lokalisierung ist eine genaue Kenntnis der Auswirkungen eines Störlichtbogens im PV-System auf mögliche Messgrößen nötig. Der Fokus liegt hier auf den hochfrequenten Signalanteilen, welche der Brennspannung eines Lichtbogens überlagert sind. Diese sind Gegenstand aktueller Forschung und werden zunächst anhand von veröffentlichten Forschungsergebnissen beschrieben. Für eine systematische Beschreibung des Verhaltens der hochfrequenten Signalanteile bei Bedingungen, wie sie in einer Photovoltaikanlage vorherrschen, werden Lichtbogenexperimente unter definierten Laborbedingungen durchgeführt und im Frequenzbereich ausgewertet. Anhand der Ergebnisse wird der Einfluss von Stromstärke, Lichtbogenlänge und Elektrodenmaterial quantifiziert und der Lichtbogen als Signalquelle für ein elektrisches Simulationsmodell beschrieben.

Dieses Simulationsmodell dient als Werkzeug für eine Verifikation und einen Vergleich verschiedener Methoden zur Lokalisierung von Störlichtbögen in Photovoltaikanlagen. Neben der Modellierung des Lichtbogens als hochfrequente Signalquelle wird auch die Photovoltaikanlage als Übertragungssystem für entsprechende Signale modelliert. Zu diesem Zweck werden die relevanten Parameter aller an der Übertragung beteiligten Komponenten unter definierten Bedingungen messtechnisch ermittelt und in ein Simulationsmodell übertragen.

1.2 Stand der Technik

Dieses Kapitel ist in zwei Abschnitte unterteilt. Zunächst werden Techniken zur Detektion von Störlichtbögen beschrieben. Ein Detektor hat die Aufgabe, einen Stromkreis zu überwachen und im Falle eines Lichtbogenfehlers im überwachten Stromkreis einen Fehler anzuzeigen. Dabei kann keine Aussage über den Auftrittsort des Störlichtbogens innerhalb des Stromkreises getroffen werden. Im zweiten Abschnitt werden Möglichkeiten zur Lokalisierung von Störlichtbögen vorgestellt.

Diese zielen darauf ab, den Auftrittsort eines Störlichtbogens im überwachten System mit möglichst hoher Genauigkeit automatisiert zu bestimmen.

1.2.1 Detektion von Störlichtbögen in elektrischen Versorgungssystemen

Elektrische Lichtbögen sind in verschiedenen Bereichen der Elektrotechnik anzutreffen. In der Schweißtechnik werden seine Eigenschaften zum Schmelzen von Metall ausgenutzt und der Lichtbogen soll automatisch überwacht werden.

Bei Schaltanlagen wird ein Raum geschaffen, welcher durch verschiedene Maßnahmen die Löschung des entstehenden Schaltlichtbogens fördert, hier wird eine bestimmte elektrische Lebensdauer toleriert.

Störlichtbögen entstehen in einem fehlerhaften System und stellen ein erhöhtes Brandrisiko dar. Aufgrund dieser Gefahr muss ein Störlichtbogen möglichst schnell erkannt und durch Unterbrechung des Stromflusses gelöscht werden.

Dieser unterschiedliche Umgang mit Lichtbögen brachte viele Techniken hervor, mit welchen ein Lichtbogen detektiert werden kann. Eine Übersicht über mögliche Messgrößen mit entsprechenden Techniken zur Detektion ist in Abb. 1.1 dargestellt. Basierend darauf ist ein breites Portfolio an Produkten am Markt erhältlich, die sich je nach Einsatzgebiet in der Detektionsstrategie unterscheiden.

Methoden zur Detektion lassen sich für die Störlichtbogenproblematik in den folgenden Bereichen finden:

- Elektrische Anlagen
- Luftfahrttechnik
- Kraftfahrzeugtechnik
- Photovoltaik
- Niederspannungsnetze
- Bürstenfeuererkennung bei elektrischen Maschinen
- ...

Elektrische Anlagen ($\geq$ 220/ 120 V, mehrere 100 A, 50/ 60 Hz) In elektrischen Anlagen setzt man oft auf optische Verfahren, da in einem geschlossenen Schaltschrank das von einem Lichtbogen emittierte Licht mittels Fotodioden meist gut

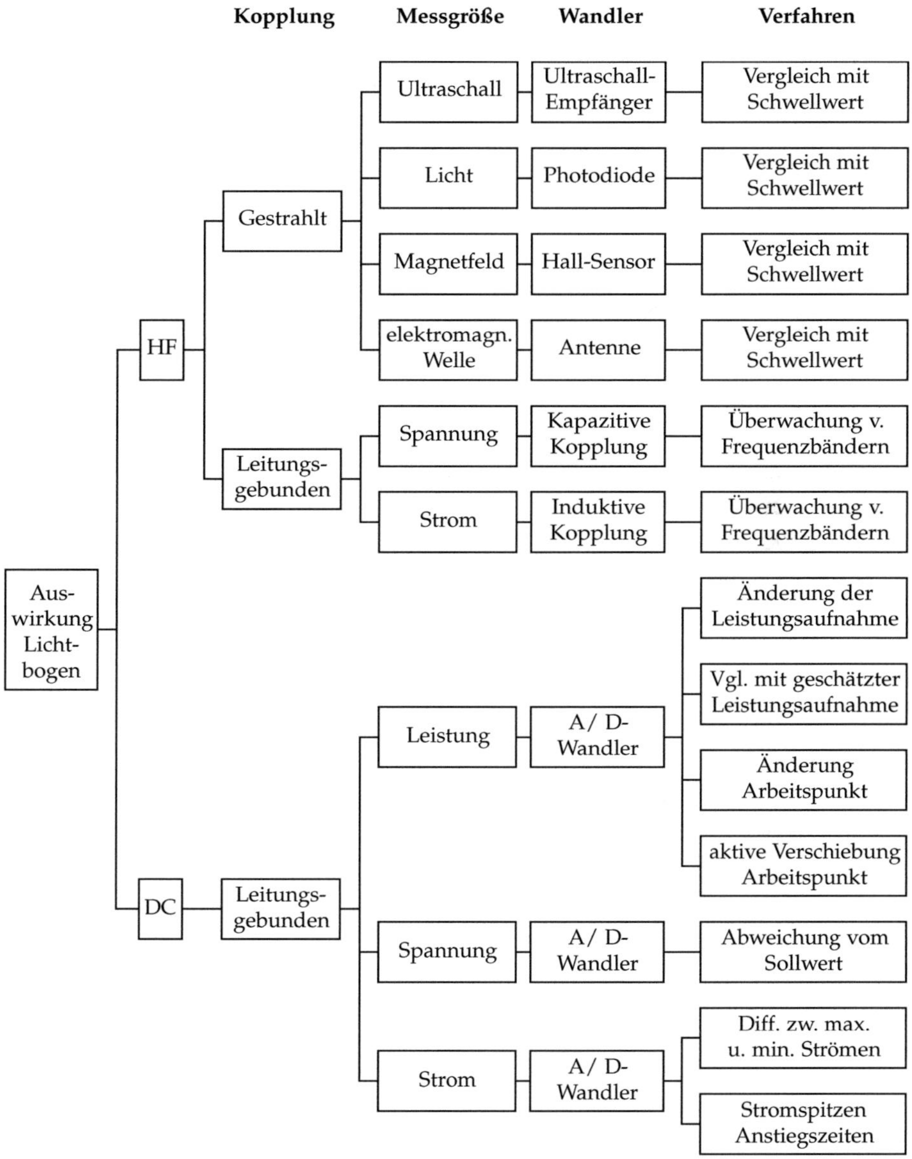

Abbildung 1.1: Klassifizierung der in diesem Abschnitt vorgestellten Techniken zur Detektion von Störlichtbögen nach möglichen Messgrößen

detektierbar ist. Auch ist dort ein Lichtbogenfehler meist mit einem hohen Strom verbunden, so dass ein gut messbares Magnetfeld zu erwarten ist. Herkenrath und andere (u. a.) [57] patentierten 1997 ein Verfahren, welches das optische Signal mit dem eines Hall-Sensors kombiniert, um einen entsprechenden Lichtbogenfehler zu detektieren. Produkte, die auf optischen Verfahren beruhen, sind von verschiedenen Herstellern erhältlich. Diese Verfahren sind nicht auf Photovoltaikanlagen übertragbar, da dort nicht alle stromführenden Teile in abgedunkelten Räumen installiert sein können.

Luftfahrttechnik (115 V/ 380 . . . 800 Hz, 10 . . . 15 A) Da die Folgen eines Störlichtbogens in der Luftfahrt besonders verheerend sein können, werden seit geraumer Zeit Verfahren zur Detektion eines solchen in Flugzeugen eingesetzt.

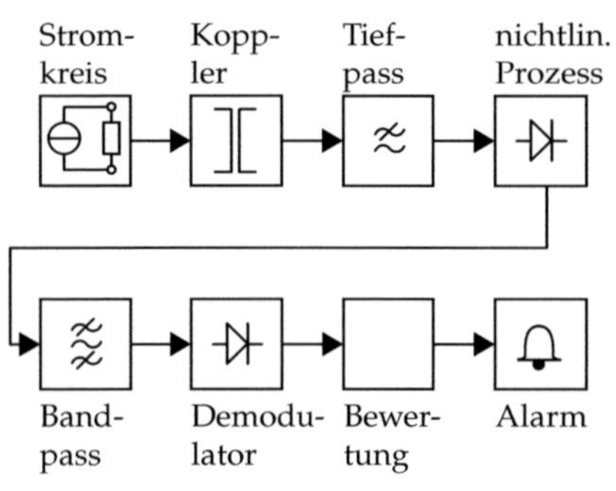

Abbildung 1.2: Detektion eines Störlichtbogens in der Luftfahrttechnik anhand der hochfrequenten Signalanteile des Laststroms. Auskoppeln mithilfe einer Ringkernspule, Tiefpassfilterung, Mischung in das Zwischenfrequenzband, Auswahl des Frequenzbereichs (mind. eine Viertel Dekade unterhalb von 30 kHz, z. B. 10 kHz bis 20 kHz) durch Bandpassfilterung, Gleichrichtung und Bewertung nach Signalhöhe und -Dauer. (Parker u. a. 2004 [94])

So schlagen Parker u. a. 2004 [94] die Überwachung der hochfrequenten Signalanteile des Stroms bei einem Frequenzband unterhalb von 30 kHz (z. B. 10 kHz bis 20 kHz) vor. Durch Amplitudenmodulation, Zwischenkreisfrequenz- (ZF-) Filterung, und Pegelüberwachung wird mindestens eine Viertel Dekade der Störungen im Frequenzbereich überwacht (siehe Abb. 1.2).

Eine ähnliches Verfahren zur Detektion des Breitbandrauschens beschreiben Csanky u.a. 2006 [33], wo dies durch parallele Bandpassfilterung mit 2, 3, 5 und 7 kHz geschieht. Die Überwachung der hochfrequenten Signalanteile des Stroms lässt sich vom 115 V/ 400 Hz-Netz aus der Luftfahrt auf die Bedingungen einer Photovoltaikanlage übertragen. Durch die induktive Auskopplung der Hochfrequenzanteile spielen die unterschiedlichen Laststromkreise für die Detektion keine Rolle.

Die Tatsache, dass der Leistungsverbrauch im Flugzeug relativ konstant ist, wird von Banke [10] ausgenutzt. Durch Messung von Strom und Spannung an der Quelle wird der Leistungsverbrauch errechnet. Bei plötzlichen Änderungen oberhalb eines Grenzwerts wird von der Entstehung eines Lichtbogens ausgegangen. In

Photovoltaikanlagen ist durch schnellen Wolkenflug und Schatten von Flugobjekten mit schnellen Änderungen des Quellstroms zu rechnen, weshalb diese Technik nicht übertragbar ist.

Kraftfahrzeugtechnik (400 V_{DC}/ > 500 A) Da mit der zunehmenden Elektrifizierung der Kraftfahrzeuge die Spannungsniveaus nicht selten auf mehrere Hundert Volt steigen (Hybrid- Elektromobilität) wird das Thema Störlichtbogen auch in dieser Branche zunehmend wahrgenommen. Dort bieten sich aufgrund der konstanten Spannungsniveaus Methoden zur Überwachung der Gleichspannungen zur Detektion von Störlichtbögen an, aber auch das Auftreten des charakteristischen Rauschens kann als Indiz für einen Störlichtbogen herangezogen werden. Kroeker [72] beschreibt 2003 ein Verfahren, bei welchem eine Ringkernspule induktiv an die zu überwachende Leitung gekoppelt wird und mit einer parallel geschalteten Kapazität einen Schwingkreis zw. 80 ... 180 kHz ausbildet. Bei Vorhandensein eines Signals bei der Resonanzfrequenz schwingt die Schaltung an und die Amplitude der Resonanz hängt vom Pegel des Störsignals ab. Diese Schwingung wird verstärkt und gleichgerichtet, ein Schwellwertschalter entscheidet dann anhand der Signalpegel ob dies als Lichtbogen zu interpretieren ist oder nicht. Diese Technik lässt sich auf Photovoltaikanlagen übertragen, da hier zwar die Ströme geringer sind als in der KFZ-Technik, die Ringkernspule allerdings nur die hochfrequenten Signalanteile auskoppelt und so der Gleichstrom für das Signal keine Rolle spielt. Eine vergleichbare Methode für den Bereich Photovoltaik ist in Abb. 1.5 dargestellt.

Eine Methode mit analoger Schaltungstechnik patentierte Krüger 2005 [73], wobei ein Bandpassfilter mit verschiebbarer Mittenfrequenz einen Frequenzbereich von 0,2 ... 100 kHz zum Auswerten bereitstellt.

Photovoltaik (1000 V_{DC}/ < 10 A pro String) Für Photovoltaikanlagen sind erst seit kurzem Produkte zur Detektion von Störlichtbögen erhältlich. Zwar gab es schon 1995 erste Versuche des schweizer Professors H. Häberlin, einen patentierten Störlichtbogendetektor [48] auf den Markt zu bringen, jedoch war das Interesse seitens Wechselrichterhersteller gering und der Markt, verglichen mit heute (2016), noch klein. Erst seit im Jahr 2011 durch den NEC der Einsatz eines AFCI für bestimmte Systeme in den USA vorgeschrieben wird, arbeitet die Industrie mit Hochdruck daran, entsprechende Techniken und Geräte zu entwickeln.

Dieser Detektor nutzt zwei gekoppelte Schwingkreise mit leicht versetzten Reso-

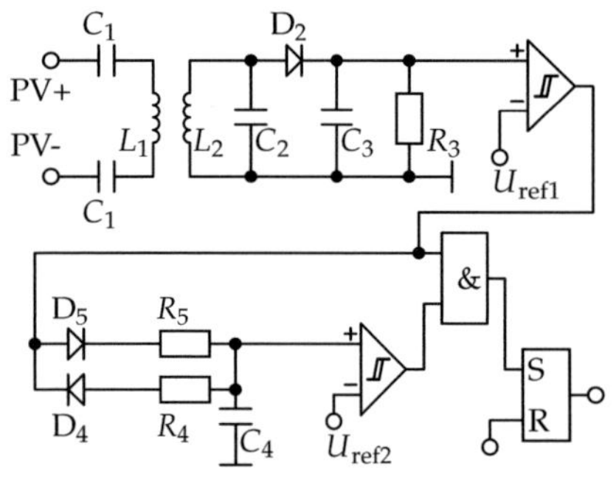

Abbildung 1.3: Detektion eines Störlichtbogens in der Photovoltaik anhand seiner hochfrequenten Signalanteile. Kapazitive Kopplung der Plus- und Minusleitung einer Photovoltaikanlage an zwei gekoppelte Schwingkreise mit leicht versetzter Resonanzfrequenz von 350...450 kHz, Gleichrichtung und Bewertung nach Signalhöhe und -Dauer. (Häberlin u. a. 1994 [48])

nanzfrequenzen von 350...450 kHz, welche kapazitiv an die DC-Leitungen der PV-Anlage gekoppelt werden. Die Schaltung ist in Abb. 1.3 dargestellt. Da ein Wechselrichter meist eine hohe Eingangskapazität besitzt, wird das hochfrequente Spannungssignal am Wechselrichtereingang kurzgeschlossen und es ist zwischen den Eingangspolen kaum ein Signal messbar. Dies ist ein entscheidender Nachteil der kapazitiven Auskoppung des Spannungssignals.

Eine von Chaintreuil und anderen (u. a.) 2010 [28] entwickelte Methode erkennt einen Störlichtbogen anhand der von ihm ausgesandten Ultraschallwellen, jedoch sind keine entsprechenden auf diesem Patent basierenden Produkte am Markt erhältlich.

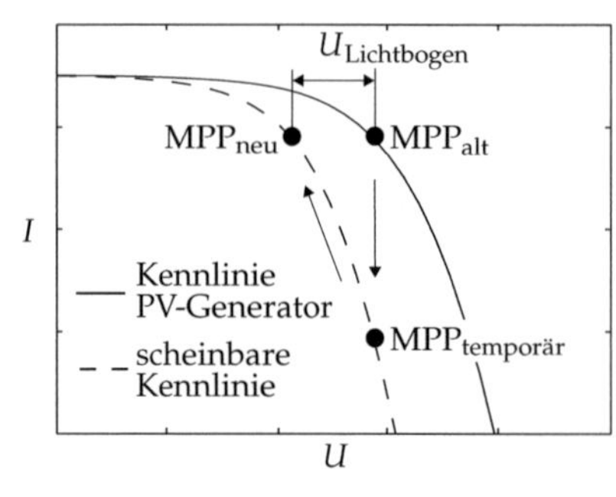

Abbildung 1.4: Verschiebung des Arbeitspunkts (Maximum Power Point; MPP) auf der I-U-Kennlinie eines Photovoltaikgenerators bei Auftritt eines seriellen Störlichtbogens. Durch die kapazitive Eingangsbeschaltung des Wechselrichters bleibt dort die Spannung zunächst konstant und die Generatorspannung ist um den Betrag der Lichtbogenspannung erhöht. Der Generator reagiert entsprechend seiner Kennlinie mit einer Reduktion des Stroms bis zum Anfahren eines neuen Arbeitspunkts.

Die Patente von Pamer u. a. [93] und Behrends u. a. [12] beschreiben die Detektion von seriellen und parallelen Störlichtbögen anhand der hervorgerufenen Änderung des Arbeitspunkts der PV-Anlage. Diese Änderung, hervorgerufen durch einen seriellen Störlichtbogen, ist in Abb. 1.4 skizziert und in Abschnitt 2.3 beschrieben. Allerdings kann durch schnelle Bewegung von Schatten über die PV-Anlage (Wolken, Flugzeuge, Vögel) auch eine plötzliche Änderung des Arbeitspunkts auftreten. Dies kann dann nicht immer von einem Störlichtbogen unterschieden werden.

Kilroy [70] beschrieb 2013 eine Technik zur Detektion paralleler Störlichtbögen anhand der Differenz zwischen maximalem und der minimalem DC-Strom. Dies ist für eine Technik zur Lokalisierung von Störlichtbögen nicht tauglich, da der Strom im gesamten Gleichstromkreis identisch ist und so keine Rückschlüsse auf den Entstehungsort gezogen werden können.

Eine sehr günstige Methode ist seit 2012 von B. Willer patentiert [147], wobei ein Serienschwingkreis bei 450 kHz mittels Ringkernspule induktiv an den Gleichstrompfad einer Photovoltaikanlage gekoppelt ist. Die Amplitude der Resonanz wird gleichgerichtet und bei Überschreiten eines Schwellwerts ein Störlichtbogen angezeigt. Das Konzept ist in Abb. 1.5 skizziert. Diese Methode ähnelt der von Kroeker [72] aus dem Bereich Kraftfahrzeugtechnik.

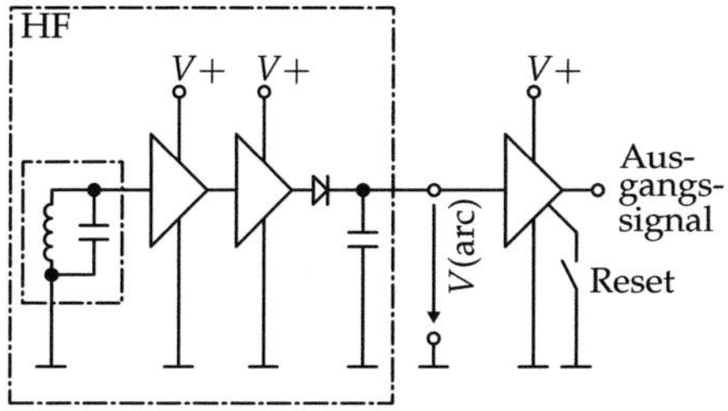

Abbildung 1.5: Detektion eines Störlichtbogens in der Photovoltaik anhand seiner hochfrequenten Signalanteile. Überwachung einer Frequenz von 450 kHz. Induktive Kopplung eines Serienschwingkreises, Verstärkung, Gleichrichtung und Bewertung des Signals (Willer 2012 [147])

Meist wird das Vorhandensein eines breitbandigen hochfrequenten Signals als Indiz für einen Störlichtbogen herangezogen, wie auch 2006 von Rürcher [110], bei welchem ein Bandpassfilter einen Frequenzbereich um 3 kHz zur Überwachung bereitstellt, oder 2006 von Dvorak u. a. [42], wo das vom Lichtbogen erzeugte Stromsignal mit Bandpässen (20, 33, 58 kHz) gefiltert wird. Dabei wird ein Bereich von 10 . . . 100 kHz ausgewertet und mit bestimmten Anstiegszeiten von Stromspitzen kombiniert ausgewertet.

2012 patentierten Strobl u. a. [128] eine Technik, welche serielle von parallelen Lichtbogenfehlern unterscheidet, indem der Maximum Power Point (MPP) Tracker dazu verwendet wird, den Arbeitspunkt leicht zu verschieben. Dabei wird das Verhalten von Strom und Spannung beobachtet. Aus der Reaktion der beiden Größen sind Rückschlüsse auf die Art des Fehlers möglich.

Niederspannungsnetze (120/ 220 V, 15 . . . 20 A, 60/ 50 Hz) In den USA, wo als Baumaterial für Wohnhäuser oft Holz verwendet wird, ist bei Wechselstrom

(Alternating Current, AC) Niederspannungsnetzen mit Steckdosen bei Wohnräumen schon lange der Einsatz von AFCIs vorgeschrieben. Sie gehören daher zur Standardinstallation, weshalb auch ein breites Spektrum von Produkten am Markt erhältlich ist. Diese nutzen zur Detektion meist die vom Störlichtbogen erzeugten hochfrequenten Signalanteile. Die Auskopplung geschieht meist induktiv mithilfe einer Ringkernspule, wonach das Signal durch einen oder mehrere Bandpassfilter selektiert wird (5,5 u. 10,7 MHz [82], nicht genannter Bereich [11], 170 kHz/ Breite: 10...20 kHz [53], 10...100 kHz [24], 35 u. 70 kHz (10...100 kHz) [56], 33 u. 58 kHz (10...100 kHz) [55], 100...1000 kHz [13], 4 u. 6 kHz/ Breite: 1 kHz [80], 6...12 kHz [43], 2...5 kHz [136]) und die Frequenzbänder analog oder prozessorgesteuert bewertet werden. Dabei muss beachtet werden, dass im Stromnulldurchgang kein Lichtbogen existieren kann und somit auch das entsprechende Signal nicht messbar ist. Durch Vergleich des Signals mit dem Stromnulldurchgang kann von Störungen unterschieden werden, die ihre Ursache nicht in der betreffenden Leitung „Phase" haben. Wie oben erwähnt, lassen sich die hochfrequenten Signalanteile auch für die Lokalisierung von Störlichtbögen in Photovoltaikanlagen heranziehen.

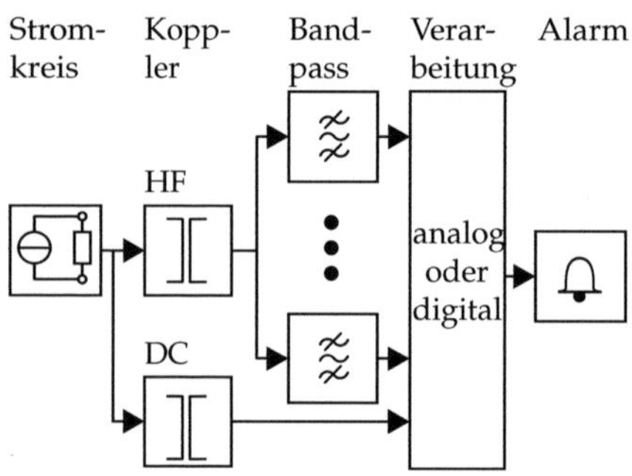

Abbildung 1.6: Detektion eines Störlichtbogens in Niederspannungsnetzen anhand seiner hochfrequenten Signalanteile. Auskoppeln mithilfe einer Ringkernspule, Auswahl des Frequenzbereichs durch einen oder mehrere Bandpässe, oder durch einen mit variablen Bandgrenzen, Gleichrichtung und Bewertung (analog oder digital), evtl. mit Auswertung des Stromnulldurchgangs [82] [11] [53] [24] [56] [55] [13] [80] [43][17]

Die Verwendung von mehreren parallelen, sich nicht überlappenden Bandpassfiltern zielt auf die Überwachung eines breiten Frequenzbereichs (typischerweise eine Dekade, meist 10...100 kHz) ab, damit Störungen durch getaktete Netzteile o. ä. nicht das Ergebnis verfälschen. Dies lässt sich allerdings auch durch einen Bandpass mit variablen Bandgrenzen erreichen, wie 1995 von Blades [17] beschrieben.

Da das vom Lichtbogen erzeugte Störsignal nach Parker u. a. [95] eine mit zunehmender Frequenz abfallende Charakteristik besitzt, lässt sich dieses Merkmal zur Identifikation eines Lichtbogens heranziehen. Damit lässt sich nach Parker u. a. [95] auch ein durch Übersprechen eingekoppeltes Signal aus einem Nachbarstromkreis von einem Lichtbogen im eigentlich überwachten Stromkreis unterscheiden, da sich durch das Überkoppeln der Frequenzgang verändert. Ob diese im Patent von Parker u. a. [95] theoretisch beschriebene Methode auch in der Praxis funktioniert, bleibt offen. Die Theorie ist nach Parker u. a. [95] wie folgt:

Mit steigender Frequenz nimmt das Übersprechen durch Gegeninduktion zum benachbarten Stromkreis zu. (siehe Gl. 1.1).

$$I_2 = \frac{2\pi f M I_1}{Z_2} \tag{1.1}$$

Dabei ist I_2 der durch Gegeninduktion induzierte Strom im Stromkreis ohne Lichtbogen, I_1 das durch den Lichtbogen hervorgerufene hochfrequente Stromsignal im fehlerhaften Stromkreis, M die Gegeniduktivität der beiden Stromkreise, Z_2 die Impedanz des Stromkreises ohne Lichtbogen und f Frequenz. Der induzierte Strom nimmt mit steigender Frequenz zu, ist also relativ zur Ursache gesehen bei kleinen Frequenzen niedriger.

Der Lichtbogenstrom besitzt einen charakteristischen Frequenzgang, welcher eine mit zunehmender Frequenz abfallende Charakteristik besitzt.

$$I_1 = \frac{I_0}{f} \tag{1.2}$$

Dabei ist I_0 das durch den Lichtbogen hervorgerufene hochfrequente Stromsignal im fehlerhaften Stromkreis bei f=1 Hz. Bei Beachtung des $1/f$ Verhaltens des Lichtbogenspektrums (siehe Gl. 1.2) ergibt sich für das induktiv eingekoppelte Signal ein flacher Frequenzgang (siehe Gl. 1.3).

$$I_2 = \frac{2\pi M I_0}{Z_2} \tag{1.3}$$

(Nach Parker u. a. [95])

Im Jahr 2000 beschrieben Dollar u. a. [38] ein Verfahren, wobei Stromspitzen bei der Wiederentzündung des Störlichtbogens detektiert werden und bei regelmäßiger Überschreitung von bestimmten Grenzen die Detektion eines Störlichtbogens angezeigt wird.

Ähnlich wie bei der Luftfahrt beschreiben Nemir u. a. 2008 [89] ein Verfahren, bei dem das Verhalten der elektrischen Last gemessen und daraus ein Modell gebildet wird. Bei Auftritt eines Störlichtbogens unterscheidet sich das durch das Modell abgeschätzte Verhalten vom tatsächlichen durch Strom- und Spannungsmessung beobachtete Verhalten und es wird von einem Störlichtbogen ausgegangen. Ein

Verfahren, basierend auf einer Gleichspannungsmessung, kann für eine Lokalisierung von Störlichtbögen in Betracht gezogen werden.

Des weiteren lässt sich durch den Einsatz von schnellen Analog-Digital-Wandlern (ADC) und Prozessoren das hochfrequente Signal durch Autokorrelation [39], digitale Fouriertransformation (DFT) [40], Fast Fourier Transformation (FFT) [106] oder diskrete Wavelet Transformation [29] [52] verarbeiten und mittels Schwellwertvergleich und Mustererkennung im Zeit- und Frequenzbereich analysieren. Diese Prozessoren sind flexibel einsetzbar und können zuverlässig komplexe Detektionsalgorithmen ausführen, sind allerdings sehr kostenintensiv.

Aufgrund der hohen Bandbreite des durch den Störlichtbogen hervorgerufenen hochfrequenten Signals und der Antenneneigenschaften von Leitersystemen kann man zur Detektion nach Rao u. a. [104] auch die gestrahlten Anteile im Bereich von 1 bis 30 MHz mit Antennen empfangen und entsprechend auswerten. Auch hier ist durch den Einsatz von Antennen mit entsprechender Peripherie mit vergleichsweise hohen Kosten zu rechnen.

Auch besitzt ein Störlichtbogen aufgrund seines nichtlinearen Verhaltens die Eigenschaft, den Stromverlauf in einem Stromkreis zu verzerren. Dies führt zu einem Anstieg der Netzoberwellen, welche durch Signalanalyse bestimmbar sind. Hadziefendic u. a. werteten 2008 [50] die Amplitude der 5. Harmonischen der Netzfrequenz aus und detektierten so einen Störlichtbogen. Li u. a. werteten im Jahr 2009 [78] die Amplitude der dritten Harmonischen gemeinsam mit dem Breitbandrauschen bis 25 kHz aus und Hong u. a. führten auch im Jahr 2009 [58] eine kombinierte Auswertung von allen Harmonischen bis 2500 Hz und dem breitbandigen Störsignal durch, um einen Störlichtbogen zu erkennen. Lezama u. a. [76] präsentieren 2013 die Detektion von Störlichtbögen anhand der Amplitude der 5. Harmonischen und vier weiteren Kriterien.

Bürstenfeuererkennung bei elektrischen Maschinen Für diesen Zweck wurde 1993 von Linde [79] ein Verfahren vorgeschlagen, welches zunächst das vom Lichtbogen (Bürstenfeuer) erzeugte HF-Signal kapazitiv kurzschließt und somit vom Rest des Stromkreises trennt. Damit wird nicht nur das System „entstört“, es erhöht sich außerdem der Störstrom, welcher induktiv ausgekoppelt und einem Bandpassfilter (1 ... 20 MHz) zugeführt wird. Dessen Ausgangssignalpegel wird dann ausgewertet. Diese Technik wird allgemein für Elektromotoren unterschiedlicher Leistungen vorgeschlagen.

Tabelle 1.1: Überblick über die genutzten Frequenzbereiche der in diesem Abschnitt beschriebenen Methoden zur Detektion von Störlichtbögen in elektrischen Versorgungssystemen

Einsatzgebiet	Spannung	Frequenzbereiche	Quelle
AC-Netze[1]	120/ 220 V_{AC}	5,5 u. 10,7 MHz	[82]
AC-Netze[1]	120/ 220 V_{AC}	170 kHz; Breite: 10 ... 20 kHz	[53]
AC-Netze[1]	120/ 220 V_{AC}	10 ... 100 kHz	[24]
AC-Netze[1]	120/ 220 V_{AC}	35 u. 70 kHz (10 ... 100 kHz)	[56]
AC-Netze[1]	120/ 220 V_{AC}	33 u. 58 kHz (10 ... 100 kHz)	[55]
AC-Netze[1]	120/ 220 V_{AC}	100 ... 1000 kHz	[13]
AC-Netze[1]	120/ 220 V_{AC}	4 u. 6 kHz; Breite: 1 kHz	[80]
AC-Netze[1]	120/ 220 V_{AC}	6 ... 12 kHz	[43]
AC-Netze[1]	120/ 220 V_{AC}	250 Hz	[50]
AC-Netze[1]	120/ 220 V_{AC}	50 ... 2500 Hz	[58]
AC-Netze[1]	120/ 220 V_{AC}	0,15 ... 25 kHz	[78]
AC-Netze[1]	120/ 220 V_{AC}	0 ... 20 kHz	[76]
AC-Netze[1]	120/ 220 V_{AC}	2 ... 5 kHz	[136]
Luftfahrt[2]	115 V_{AC}	< 30 kHz z. B. 10 ... 20 kHz	[94]
Luftfahrt[2]	115 V_{AC}	2, 3, 5, 7 kHz	[33]
KFZ[3]	400 V_{DC}	Freq. zw. 80 ... 180 kHz	[72]
KFZ[3]	400 V_{DC}	0,2 ... 100 kHz	[73]
PV[4]	1000 V_{DC}	350 ... 450 kHz	[48]
PV[4]	1000 V_{DC}	450 kHz	[147]
PV[4]	1000 V_{DC}	3 kHz	[110]
PV[4]	1000 V_{DC}	20, 33, 58 kHz (10 ... 100 kHz)	[42]
Maschinen	k. A.	1 ... 20 MHz	[79]

[1] 120/ 220 V; 15 ... 20 A; 60/ 50 Hz
[2] 115 V; 380 ... 800 Hz; 10 ... 15 A
[3] 400 V_{DC}; > 500 A
[4] 1000 V_{DC}; < 10 A pro String

Zusammenfassung Insgesamt gibt es ein breites Spektrum an Detektionsmöglichkeiten von Störlichtbögen. Die meisten Patente beschreiben eine Auswertung des vom Lichtbogen erzeugten Rauschens im Frequenzbereich, wobei die Lage der Frequenzbereiche der einzelnen Publikationen zum Teil stark voneinander abweicht. Einen Überblick über die genutzten Frequenzbereiche der hier beschriebenen Methoden gibt Tabelle 1.1. Sie reichen von 200 Hz bis zu 20 MHz, umfassen also fünf Dekaden. Auch reicht die Ausgestaltung der Frequenzselektion von einem Schwingkreis bis hin zu mehreren parallelen Bandpässen (vgl. Abb. 1.2, 1.3, 1.5 und 1.6).

Diese Art der Detektion nutzt als Koppler meist eine Ringkernspule, welche über den zu überwachenden Stromkreis gesteckt wird. So wird in der Wicklung, welche auf den Ringkern gewickelt ist, ein Strom induziert, welcher seine Ursache in den hochfrequenten Signalanteilen des Primärstroms hat. Dies hat den Vorteil einer galvanischen Trennung von Laststromkreis und Auswerteelektronik. Außerdem wird bevorzugt der Strom und nicht die Spannung überwacht, da bei einem kapazitiven Lasteingang eine hochfrequente Spannung quasi kurzgeschlossen und nur noch schwer messbar ist.

Bei einer Marktrecherche für Störlichtbogendetektoren im Bereich Photovoltaik wurden nur Produkte gefunden, welche nach dem auf der vorigen Seite beschriebenen Prinzip arbeiten - allerdings auch deutlich komplexere Auswertealgorithmen beinhalteten.

1.2.2 Lokalisierung von Störlichtbögen in elektrischen Versorgungssystemen

Definition/ Einleitung Unter der Lokalisierung eines Störlichtbogens versteht man eine möglichst genaue Ortsbestimmung des Lichtbogenfehlers. Dabei soll der Fehlerort zumindest auf ein Modul oder die Verkabelung eingeschränkt, und wenn möglich sogar einer bestimmten Komponente (Solarzelle, Steckverbinder, ...) zugeordnet werden. Diese Aufgabe wird von einem vollautomatischen System übernommen.

Im Gegensatz zur Detektion von Störlichtbögen sind für die Lokalisierung dergleichen verhältnismäßig wenige Methoden bekannt, auch wenn in letzter Zeit eine Zunahme der Patentanmeldungen zu verzeichnen ist. Prinzipiell ist es für die eingesetzte Methode von großer Bedeutung, in welcher Art elektrisches System ein Lichtbogen lokalisiert werden soll und mit welcher Genauigkeit dies geschieht.

Speziell für den Bereich der Photovoltaik existieren keine kommerziellen Produkte zur Lokalisierung von Störlichtbögen, weshalb eine Untersuchung der Thematik sinnvoll erscheint.

Allgemein Für Stromkabel ohne ein bestimmtes Einsatzgebiet beschrieb Crick 1981 [32] eine Möglichkeit, einen Störlichtbogen mittels Zeitbereichsreflektometrie (TDR) zu lokalisieren. Dafür wird der Fehler durch einen begrenzten Vorstrom stabilisiert. Zur Lokalisierung dieses Fehlers gibt es aus der Telekommunikation die Möglichkeit der Zeitbereichsreflektometrie, wobei die betreffende Leitung mit einem Spannungssprung beaufschlagt wird. Dieses Eingangssignal breitet sich entlang der Leitung aus und im Falle eines Impedanzsprungs (hier: Störlichtbogen) wird ein Teil des Signals reflektiert. Dieses reflektierte Signal überlagert sich am Eingang dem Originalsignal und die Form und Laufzeit geben Aufschluss über Entfernung und Art der Fehlstelle. Für Photovoltaikanlagen kommt diese Technik nicht in Frage, da eine Stabilisierung des Störlichtbogens aufgrund der resultierenden Brandgefahr nicht in Frage kommt.

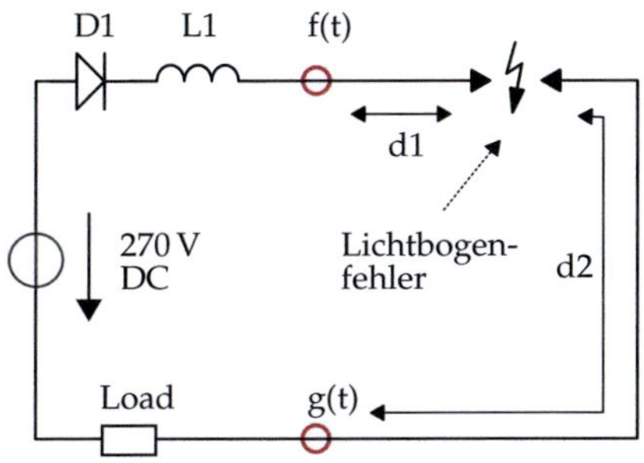

Abbildung 1.7: Lokalisierung von Störlichtbögen in elektrischen Versorgungssystemen; Voraussetzung: bekannte Ausbreitungsgeschwindigkeit von Signalen im System, bekannte Geometrie; Methode: Messung der durch den Störlichtbogen erzeugten Signale f(t) u. g(t), Bestimmung der Laufzeitdifferenz durch Kreuzkorrelation, Berechnung des Abstands der Fehlerstelle zu den Messpunkten (Rabla u. a. 2013 [102])

Eine weitere Möglichkeit der Signalanalyse im Zeitbereich stellten Rabla u. a. 2013 [102] vor. Zunächst wird die Ausbreitungsgeschwindigkeit von Signalen auf den Versorgungsleitungen bestimmt. Im Falle eines Störlichtbogens breiten sich die hochfrequenten Signalanteile über die Leitungen in beide Richtungen weg vom Entstehungsort aus. Bei induktiver Messung der Signale $f(t)$ und $g(t)$ an zwei verschiedenen Orten wird die Laufzeitdifferenz der beiden gemessenen Signale mithilfe der Kreuzkorrelation bestimmt. Über die bekannte Ausbreitungsgeschwindigkeit kann nun bestimmt werden, zu welchem Messpunkt der Störlichtbogen näher liegt und welche Länge dieser Unterschied beträgt. Da die Geometrie des Versorgungssystems bekannt ist, kann der Auftrittsort bestimmt werden. In Experimenten konnte eine Lokalisierung mit einem maximalen Fehler von 7,7 % durchgeführt werden. Bei einer Anwendung der Technik in Photovoltaikanlagen muss die kapazitive Eigangsbeschaltung des Wechselrichters beachtet werden. Diese überträgt die Signale ohne nennenswerte Dämpfung, so dass die Signale aus zwei Richtungen an den Messpunkten ankommen und somit der Entstehungsort nicht mehr eindeutig bestimmbar ist. Zudem ist ein hochauflösendes Messsystem mit der Möglichkeit der Durchführung einer Kreuzkorrelation notwendig, im Versuch wurde ein Oszilloskop mit 8 GHz verwendet.

Verteilnetze in Hochspannung (100 kV) Die von Störlichtbögen und Teilentladungen erzeugten abgestrahlten elektromagnetischen Wellen können mithilfe von Antennen nachgewiesen werden. Auf dieser Basis stellten Moore, Portugues u. a 2005 [84] [99] ein System zur Lokalisierung von Teilentladungen in Hochspannungs-Verteilnetzen vor. Dafür werden vier Antennen im Raum verteilt und durch die Laufzeit der Signale im Bereich bis 1 GHz wird die Quelle der elektromagnetischen Emission mithilfe der Kreuzkorrelation im Raum lokalisiert. Dies wurde in einem 32, 33, 40 und 132 kV Experiment erfolgreich getestet. Ein ähnliches Verfahren ohne Kreuzkorrelation beschrieben Zoko u. a. 2014 [19].

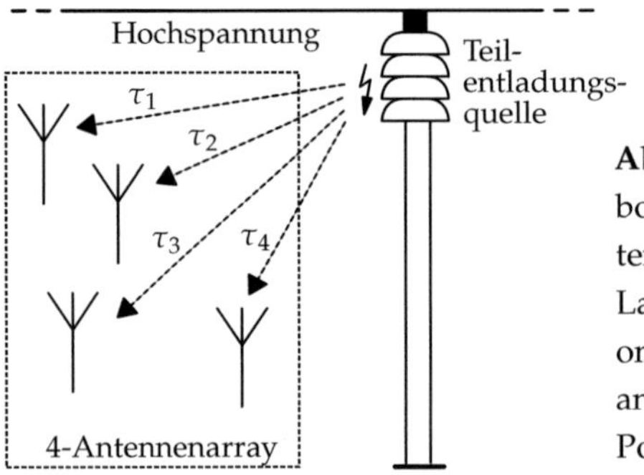

Abbildung 1.8: Lokalisierung eines Störlichtbogens in Verteilnetzen: Messung der gestrahlten Signale mit Antennen und Bestimmung der Laufzeitdifferenzen mithilfe der Kreuzkorrelation; Räumliche Lokalisierung der Signalquelle anhand der Laufzeitdifferenzen $\tau_1 \ldots \tau_4$(Moore, Portugues u. a 2005 [84] [99])

Digulescu u. a. beschrieben 2014 eine Technik mit nur drei Antennen [36], womit die Lokalisierung von Störlichtbögen im Labor mithilfe der Wavelet-Transformation mit einem maximalen Fehler von 3,25 % erfolgte. Allerdings wurde eine vierte Antenne als Trigger verwendet, die auch durch einen akustischen Sensor ersetzt werden konnte.

Luftfahrttechnik (115 V/ 380 . . . 800 Hz, 10 . . . 15 A) Vergleichsweise einfach ist bei mehreren parallelen Leitungen die Bestimmung der fehlerhaften Leitung, ohne genau zu erfahren, in welcher Entfernung der Störlichtbogen brennt. Blades [18] entwickelte 2004 eine Technik für die Luftfahrt, wobei im Falle eines Störlichtbogenfehlers der Reihe nach alle Leitungen kurzgeschlossen werden. Beim Kurzschluss der fehlerhaften Leitungen erlöscht der Störlichtbogen und die Lokalisierung ist abgeschlossen. Eine Voraussetzung dafür ist ein Lichtbogendetektor an jeder stromführenden Leitung.

Ein Verfahren für die Luftfahrt beschreiben Parker u. a. 2004 [94], womit durch Bewertung der hochfrequenten Signalanteile des Stroms im Frequenzbereich ein Störlichtbogen in der überwachten Leitung von einem in einer Nachbarleitung

(Übersprechen) unterschieden werden kann. Diese Methode ist eher theoretischer Natur und in Abschnitt 1.2.1 beschrieben.

Eine weitere Möglichkeit bietet die Methode von Engel u. a. von 2007 [44]. Ein ADC misst den Spitzenwert des Stroms und gleichzeitig wird die Spannung der betreffenden Phase gegen Masse gemessen. Ein Speicher hält eine Lichtbogenspannung und den dazugehörigen Lichtbogen-Spitzenstrom bereit und ein Mikroprozessor berechnet den Abstand über die Daten im Speicher, die Messwerte und die Leitungsimpedanzen. Diese Methode erfordert im Bereich Photovoltaik eine genaue Kenntnis der Impedanzen aller Komponenten, welche nur bei einer Vermessung der installierten Anlage im hochfrequenten Bereich ermittelt werden können. Da in Photovoltaikanlagen die Modulimpedanzen stark einstrahlungsabhängig sind, ist diese Technik nicht auf Photovoltaikanlagen übertragbar.

Wellenleitersystem Bereits 1982 entwickelte Root [108] eine Technik, welche wie bei Blitz und Donner den Laufzeitunterschied zwischen elektrischem Lichtbogensignal und Vibrationen ausnutzt, um unter Zuhilfenahme der bekannten Geschwindigkeiten die Entfernung zum Lichtbogen zu berechnen. Dies ist nur in bestimmten Umgebungen möglich und kann nicht auf Photovoltaikanlagen übertragen werden, da Vibrationen nicht zwangsläufig über die gesamte Installation über mehrere Stockwerke eines Gebäudes oder über mehrere 100 Meter Freiland übertragen werden.

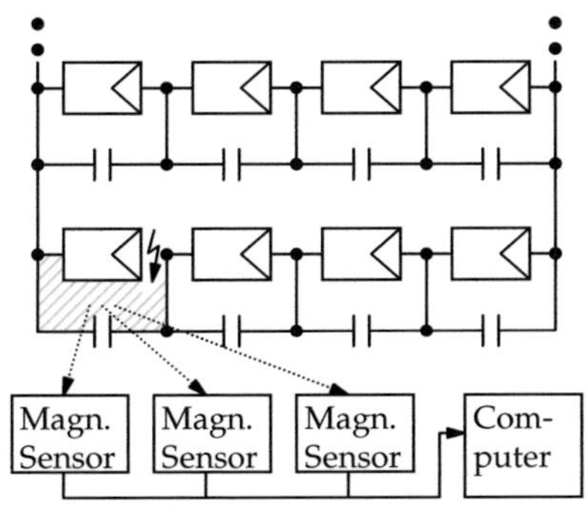

Abbildung 1.9: Lokalisierung eines Störlichtbogens in einer Photovoltaikanlage durch Aufbau von magnetischen Kreisen (Loops) mithilfe von Kondensatoren und Messung der Phasenverschiebung des magnetischen Signals an verschiedenen Stellen, dann Berechnung des Auftrittsorts über Messorte und Phasenverschiebung (Robbins u. a. 2013 [107])

Photovoltaik (1000 V_{DC}/ < 10 A pro String) Für den Bereich Photovoltaik gibt es neben der einfachen Zuordnung des Fehlers zu einem String durch Einsatz von einem Lichtbogendetektor pro String noch ein weiteres, von Robbins u. a. 2013 [107] patentiertes Verfahren, welche eine genauere Ortsbestimmung verspricht.

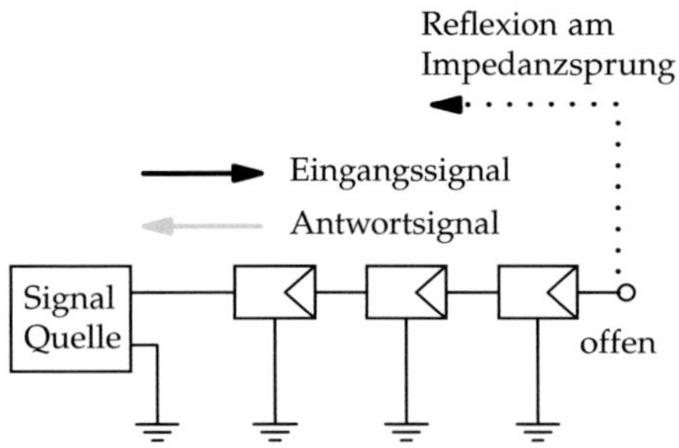

Abbildung 1.10: Lokalisierung einer Leitungsunterbrechung in einer Photovoltaikanlage mit Zeitbereichsreflektometrie (Schirone u. a [114], Takashima u. a. 2006 u. 2008 [132] [131])

Durch Kapazitäten wird ein Solarsystem in magnetische Kreise (Loops) aufgeteilt und mindestens drei Magnetfeldsensoren sind innerhalb oder außerhalb des Systems platziert. Aufgrund der Phasenverschiebung zwischen den gemessenen magnetischen Signalen wird dann der aktive magnetische Loop und somit dort der Störlichtbogenfehler lokalisiert. Ein Störlichtbogen außerhalb der magnetischen Loops kann somit nicht eindeutig lokalisiert werden. Auch setzt das Verfahren ein aufwändiges Messsystem mit sehr hoher zeitlicher Auflösung (GHz-Bereich) voraus.

Durch den Einsatz mindestens einer Kamera und den Vergleich von Bildern während und nach dem Auftritt, bestimmten Oguchi u. a. 2010 [91] den Ort der Fehlstelle. Auch dies ist ein aufwändiges System durch Kameras und bildverarbeitende Prozessoren.

Im Jahr 1994 experimentierten Schirone u. a [114] mit der Zeitbereichsreflektometrie in einer 1 MW Photovoltaikanlage und konnten Leitungsunterbrechungen und Kurzschlüsse gegen Masse detektieren und den Abstand zum Messort bestimmen. Dies bestätigten Takashima u. a. 2006 u. 2008 [132] [131] durch Experimente in einer Photovoltaikanlage. Eigene Experimente konnten dies bestätigen, dafür ist allerdings ein Signalgenerator mit steilen Flanken und ein Messsystem im GHz-Bereich nötig. Dies ist mit hohen Kosten verbunden. Zudem kann nur eine Leitungsunterbrechung erkannt werden, bei einer schlecht leitenden Fehlstelle ist die Lokalisierung nur schwer oder gar nicht möglich.

Eine Leitungsunterbrechung lässt sich auch durch die sogenannte Erdkapazitätsmessung (ECM) lokalisieren. Dafür muss die Kapazität C eines Photovoltaikmoduls gegen Erde bekannt sein und es muss die Möglichkeit bestehen, an einer Leitung (positiv oder negativ) des PV-Generators dessen Kapazität gegen Erde zu messen. Beträgt die Kapazität das x-fache der Kapazität eines Moduls, so ist die Leitungsunterbrechung nach x Modulen zu finden. Dies bestätigten 2008 Messun-

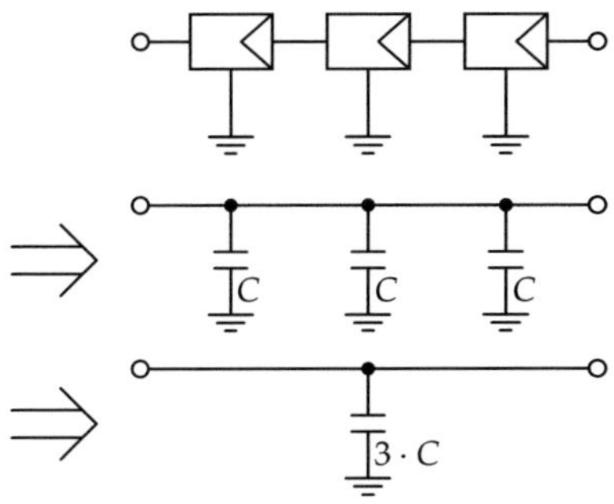

Abbildung 1.11: Lokalisierung einer Leitungsunterbrechung in einer Photovoltaikanlage durch Bestimmung der Erdkapazität (Tahashima u.a. [133])

gen von Takashima u.a. [133]. Nach der Löschung eines Lichtbogens muss nicht zwangsläufig eine Leitungsunterbrechung vorliegen. Im Fall von Wackelkontakt oder einer schlecht leitenden Verbindung kann mit der ECM die Fehlstelle nicht sicher lokalisiert werden.

Paun u. a. beschrieben 2015 eine Technik zur Lokalisierung von Störlichtbögen in Photovoltaikanlagen [96] unter Ausnutzung der durch den Lichtbogen gestrahlten Komponenten. Zwei Antennen empfangen ein 8 MHz breites Frequenzband bei 80 MHz. Über die Laufzeitdifferenz der beiden Zeitsignale kann dann die Richtung des Störlichtbogens bestimmt werden, nicht aber die Entfernung.

Fazit Einen Überblick über die hier vorgestellten Techniken zur Lokalisierung von Störlichtbögen in unterschiedlichen elektrischen Systemen gibt Tabelle 1.2. Diese Verfahren ermöglichen eine Lokalisierung von Störlichtbögen in Photovoltaikanlagen nur mit erheblichen Nachteilen, sofern sie überhaupt auf dieses Einsatzgebiet übertragbar sind. Entweder sie besitzen eine unzureichende Genauigkeit oder sind mit hohem Aufwand und Kosten verbunden. Aus diesem Grund werden im Rahmen dieser Arbeit neue Methoden erforscht und bewertet.

Tabelle 1.2: Überblick über die hier vorgestellten Techniken zur Lokalisierung von Störlichtbögen in verschiedenen elektrischen Systemen

Publikation	Einsatzgebiet	Spannung	Stichwort	Frequenz	Genauigkeit
Blades 2004 [18]	Luftfahrt[1]	$115\,V_{AC}$	Kurzschließen	n. a.	k. A.
Parker u. a. 2004 [94]	Luftfahrt[1]	$115\,V_{AC}$	Übersprechen	< 30 kHz	k. A.
Engel u. a. 2007 [44]	Luftfahrt[1]	$115\,V_{AC}$	Impedanz	k. A.	k. A.
Moore u. a 2005 [84] [99]	Verteilnetze[2]	$100\,kV_{AC}$	Antennenmessung	< 1 GHz[4]	k. A.
Zoko u. a. 2014 [19]	Verteilnetze[2]	$100\,kV_{AC}$	Antennenmessung	47 . . . 862 MHz[4]	8,7 %
Digulescu u. a. 2014 [36]	Laboraufbau	k. A.	Antennenmessung	k. A.[4]	3,25 %
Root 1982 [108]	Wellenleiter	k. A.	Laufzeitunterschied	n. a.[4]	k. A.
Crick 1981 [32]	Allgemein	k. A.	TDR[5]	n. a.[4]	k. A.
Rabla u. a. 2013 [102]	Allgemein	$270\,V_{DC}$	Laufzeitunterschied	n. a.[4]	7,7 %
Robbins u. a. 2013 [107]	Photovoltaik[3]	$1\,kV_{DC}$	Magn. Loops	k. A.[4]	k. A.
Takashima u.a. 2009 [133]	Photovoltaik[3]	$1\,kV_{DC}$	ECM[6]	n. a.	k. A.
Oguchi u. a. 2010 [91]	Photovoltaik[3]	$1\,kV_{DC}$	Bildvergleich	n. a.	k. A.
Paun u. a. 2015 [96]	Photovoltaik[3]	$1\,kV_{DC}$	Antennenmessung	80 MHz [4]	7,14 %
Versch. [114] [132] [131]	Photovoltaik[3]	$1\,kV_{DC}$	TDR[5]	n. a.[4]	k. A.

[1] $115\,V_{AC}$; 380 . . . 800 Hz; 10 . . . 15 A
[2] $100\,kV_{AC}$; 50 Hz
[3] $1000\,V_{DC}$; < 10 A pro String
[4] Auswertung der Signale im Zeitbereich
[5] TDR Time Domain Reflectometry (Zeitbereichsreflektometrie)
[6] ECM Earth Capacity Measurement (Erdkapazitätsmessung)

1.3 Stand der Forschung: Fluktuationen der Lichtbogenspannung

Für die Entwicklung von Methoden zur Lokalisierung von Störlichtbögen in Photovoltaikanlagen ist eine Voraussetzung die Kenntnis von möglichen Messgrößen, welche von Störlichtbögen verändert werden. Von besonderem Interesse sind die hochfrequenten Signalanteile der Brennspannung, da diese den Stromfluss beeinflussen und sich als Störsignal leitungsgebunden in der Anlage ausbreiten. Dieses Signal bildet die Grundlage für alle aktuell am Markt erhältlichen Störlichtbogendetektoren für Photovoltaikanlagen. Der Stand der Forschung wird auch vor dem Hintergrund betrachtet, dass die Erkenntnisse auf Bedingungen zutreffen, wie sie in einer realen Photovoltaikanlage vorherrschen. Dort entsteht ein möglicher Störlichtbogen bei atmosphärischem Druck in Luft, der Strom ist bei der Mehrzahl der Anlagen kleiner als 15 A und als Elektrodenmaterial kommen Cu, Al und St in Frage. Wie im Abschnitt 4.2 gezeigt wird, ist für eine Lokalisierung von Störlichtbögen in einer Photovoltaikanlage der Frequenzbereich von DC … 500 kHz von besonderem Interesse.

1.3.1 Vakuum-Lichtbogen

Seit den 80-er Jahren werden bei Forschungsarbeiten im Bereich Lichtbogen Beobachtungen gemacht, welche einen fraktalen (siehe Abschnitt 2.1.3) Charakter der Brennspannung vermuten lassen. 1983 analysierte Daalder [34] die Spuren, welche Brennflecke auf unterschiedlichen Kathodenmaterialien hinterließen. Dies geschah im Vakuum und bei einem konstanten Strom von 45 A. Dabei fand er heraus, dass die Bewegung eines einzelnen Vakuum-Brennflecks einem zweidimensionalen „Random Walk" (Zufallsbewegung, Irrfahrt) entspricht und somit im Frequenzbereich ein $1/f^2$-Rauschen („Brownsches-", „Brown-" oder „Rotes Rauschen") darstellt. Dies konnte von verschiedenen Forschern (Jüttner, Schülke, Siemroth) bestätigt werden [117] [122] [66].

Bei Messungen an Niederstrom-Lichtbögen wird von Lafferty u. a. 1980 [74] allgemein ein Breitbandrauschen beschrieben, welches bei Kupferkathoden flach bis ca. 15 MHz ist und noch oberhalb von 8 GHz nachgewiesen wurde. Diese Beschreibung eines zum Teil flachen Frequenzgangs konnte jedoch in keiner Veröffentlichung nach 1980 wiedergefunden werden.

Untersuchungen der Lichtbogenspannung im Frequenzbereich führten Anders u. a. 2005 [5] [2] durch, wobei sie Vakuumbögen mit 100 A und verschiedenen Kathodenmaterialien im Frequenzbereich von 100 kHz … 100 MHz betrachteten.

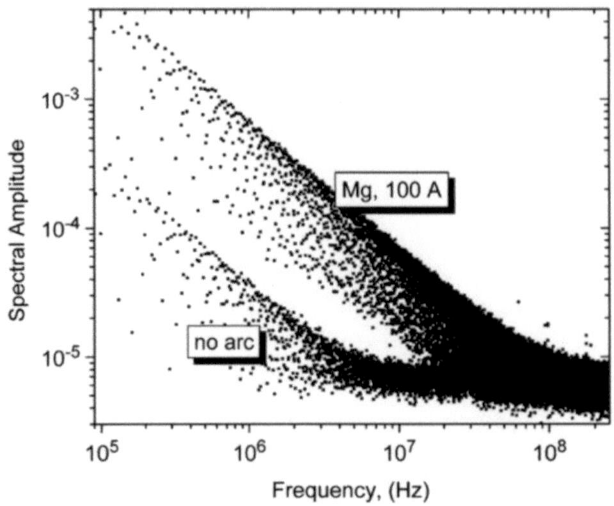

Abbildung 1.12: Mittelwert von 16 FFT Kurven der gemessenen Brennspannung bei gepulsten Magnesium-Lichtbögen. Die Frequenzabhängigkeit ist in dieser Amplituden-Darstellung mit $1/f$ ersichtlich, wodurch sich in Leistungsgrößen eine $1/f^2$ Abhängigkeit ergibt. (Quelle: Anders, 2005 [2])

Es zeigte sich zwischen ca. 1 ... 40 MHz in allen Messungen ein $1/f^2$-Rauschen, ohne dass eine Grenzfrequenz des fraktalen Charakters gefunden werden konnte (vgl. Abb. 1.12).

Anders trieb die Spektralanalysen von Strom und Brennspannung voran und stellte 2006 [6] [4] Ergebnisse von 200 MHz bis in den GHz-Bereich vor. Er zeigte, dass für verschiedene Kathodenmaterialien (W, Ni, Mg, C, Ti und Bi) ein fraktaler Charakter der Brennspannung bis ca. 50 MHz zu beobachten ist. Darüber beschreibt er Unstetigkeiten in den Spektren von Strom und Brennspannung, die wiederum material- und stromabhängig sind. Diese werden mit dem „Ecton-Modell" (siehe Abschnitt 2.1.3) erklärt, welches Schwankungen im elektrischen Widerstand des Lichtbogens durch explosives Einbringen von Makropartikeln und Plasma an der Kathode mit Zeitkonstanten um 10 ns erklärt.

In den späten 1980-ern untersuchten Smeets und Schulpen [125] [124] die Fluktuationen der Lichtbogenspannung, der Lichtintensität und der geladenen Partikel beim Vakuumbogen und stellten fest, dass der Ionenstrom bis ca. 10 MHz eine $1/f$-Abhängigkeit aufweist, darüber wird das Spektrum als „weißes Rauschen" bezeichnet. Außerdem zeigten sie, dass Lichtbogenspannung, Ionenstrom und Lichtintensität korreliert sind. Allerdings ist nicht ganz klar ob die Rauschstromdichte oder das Leistungsdichtespektrum berechnet wurde, da einerseits vom Frequenzspektrum des Ionenstroms die Rede ist, die Skala allerdings in dBm angegeben ist, was die Darstellung einer leistungsäquivalenten Größe vermuten lässt. Zudem sind die Ergebnisse auf einer linearen Frequenzachse dargestellt, weshalb man eine Frequenzabhängigkeit nur schwer beziffern kann. Der enge Zusammenhang zwischen Fluktuationen in der Lichtintensität und im Strom wurde 2004 von Sekikawa u. a. [118] auch bei Lichtbögen in Luft bestätigt.

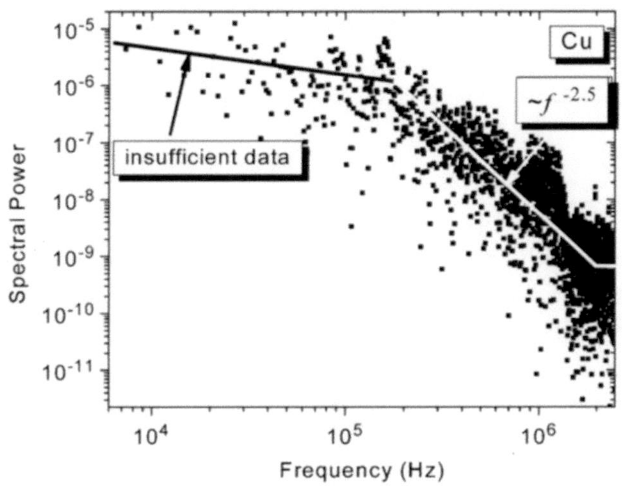

Abbildung 1.13: FFT (Leistungsdichtespektrum) des Ionenstroms für einen Kupfer Vakuum Lichtbogen (ein Puls). (Quelle: Anders, 2005 [2])

Bei Experimenten von Anders im Jahr 2005 [2] wurden Ionenströme bei Vakuum-Lichtbögen mit Cu- und C-Kathoden gemessen, wobei in bestimmten Frequenzbereichen eine Abhängigkeit des Leistungsdichtespektrums von $f^{-2,5} \dots f^{-2,7}$ beobachtet wird. Bei einer Messung mit Kupferelektroden wird ein deutlich flacherer Frequenzgang im Bereich bis ca. 200 kHz mit unzureichender Datenmenge erklärt, obwohl über 120 Datenpunkte innerhalb von ca. einer Dekade vorliegen (vgl. Abb. 1.13). Dies lässt vermuten, dass im niedrigeren Frequenzbereich auch andere Verläufe möglich sind, als man es aufgrund eines fraktalen Charakters vermuten würde. Auch ist bei den dargestellten Messergebnissen nicht klar, wie die geometrische Anordnung des Experiments war.

1.3.2 Gas-Lichtbogen

In einer Studie zum Lichtbogenschweißen mit 100 A fanden Lho u. a. 1992 [77] ein 19 kHz Signal in der Lichtbogenspannung, welche sie der Bewegung des Anodenspots zuordneten. Aufgrund der Ergebnisdarstellung mit linear skalierten Achsen lassen sich hier nur schwer Aussagen über den Frequenzgang des Leistungsdichtespektrums machen.

Speziell im Bereich der Lichtbogendetektion liegen Veröffentlichungen vor, die die spektralen Eigenschaften von Brennspannung oder Strom in einem niedrigeren Strombereich beschreiben. So beschreiben Keenan und Parker 1998 [69] wie auch 2004 [94] ganz allgemein die hochfrequenten Signalanteile des Lichtbogenstroms im Frequenzbereich als $1/f$-Rauschen, was im Leistungsdichtespektrum (LDS) einem $1/f^2$-Rauschen entspräche und sich mit den obigen Forschungsergebnissen im Vakuum deckt. Schimpf und Norum beziehen sich 2008 [113] bei der Entwicklung eines Detektors für Störlichtbögen in Photovoltaikanlagen auf das Patent von Parker u. a. von 2004 [94] und setzen ein $1/f$-Rauschen im Lichtbogenstrom voraus.

Johnson u. a. untersuchten 2011 und 2012 [63] [64] [65] [61] serielle und parallele Lichtbogenfehler in Photovoltaikanlagen und stellten viele Messergebnisse des Stroms im Frequenzbereich dar.

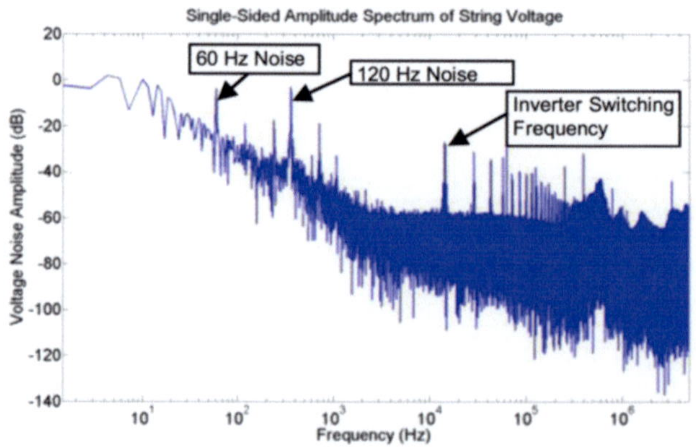

Abbildung 1.14: Diskrete Fouriertransformation der PV-Stringspannung mit 22 80 W polykristallinen Si Modulen und einem 208 V dreiphasigen Inverter während eines Störlichtbogenauftritts (Quelle: Johnson u. a. 2011 [62])

Es wurden Störfrequenzen von Wechselrichtern und aus anderen Quellen (siehe Abbildung 1.14) identifiziert und die daraus resultierenden Probleme für die Störlichtbogendetektion beschrieben. Für eine Vergleichbarkeit mit anderen Messungen fehlt jedoch die Angabe der Systemimpedanz, um eine Umrechnung auf die Brennspannung nach Gl. 1.4 durchführen zu können.

$$I = \frac{U}{Z_{\mathrm{Sys}}} \tag{1.4}$$

Auch ist nicht klar welches Elektrodenmaterial verwendet wird, welchen Abstand sie voneinander bei den Messungen haben und nicht immer findet man Angaben zum Strom. In einer Veröffentlichung von Johnson u. a. von 2011 [65] ist die Rede von einem $1/f$-Rauschen („Rosa Rauschen“ , „Pink Noise“), allerdings beziehen sich die Autoren hier auf den Frequenzgang einer Spannung und nicht auf das Leistungsdichtespektrum. Dies widerspricht den meisten hier genannten Publikationen, welche ein „Rotes Rauschen“ ($1/f^2$) beschreiben.

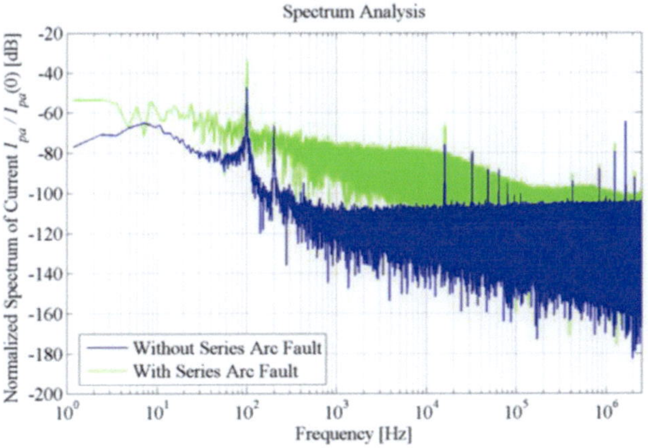

Abbildung 1.15: Spektrum des Stromsignals mit und ohne seriellem Störlichtbogen (Quelle: Strobl u. a., 2010 [127])

In den Jahren 2010 und 2011 führten Strobl u. a. [127] [126] Lichtbogenexperimente in Photovoltaikanlagen durch und stellten die hochfrequenten Signalanteile des Stroms im Frequenzbereich dar. Während parallele Lichtbogenfehler von einer signifikanten Stromänderung begleitet waren, konnte ein serieller Störlichtbogen nur anhand seiner hochfrequenten Signalanteile im Photovoltaikstrom erkannt werden. Diese lagen im unteren Kiloherz-Bereich bis zu 35 dB über dem Grundrauschen (siehe Abb. 1.15). Auch hier fehlen für eine Umrechnung auf die Lichtbogenspannung nach Gl. 1.4 die Angaben zur Systemimpedanz und auch über die Geometrie und die Materialien des Lichtbogengenerators findet man keine Angaben.

Der Unterschied zwischen seriellen und parallelen Störlichtbögen in Niederspannungsanlagen (220 V/ 50 Hz) wurde von Müller u. a. im Jahr 2010 [87] hinsichtlich des Hochfrequenzverhaltens des Laststroms messtechnisch erörtert. Es wurde gezeigt, dass die dritte Harmonische der Netzfrequenz bei parallelen Lichtbogenfehlern stärker ausgeprägt ist als bei seriellen. Die Auswertung findet im Frequenzbereich bis ca. 11 kHz statt und es werden zwei spektrale Darstellungen des Laststroms abgebildet, allerdings findet man keine Angaben zur Systemimpedanz und zum Elektrodenabstand.

In einer Untersuchung von Cao u. a. von 2013 [26] zur Demonstration einer Methode zur Störlichtbogendetektion ist die Fouriertransformierte eines Lichtbogenstroms (6,5 ... 23 A) bei Lichtbogenexperimenten in Photovoltaikanlagen dargestellt. Es werden die drei Fälle: ohne Lichtbogen, während der Zündung und bei stabil brennendem Lichtbogen unterschieden und im Frequenzbereich in Abb. 1.16 dargestellt. Während der Zündungsphase ist der höchste Störpegel zu beobachten, was aufgrund der Transienten bei Kontaktöffnung (Wiederzünden) auch zu erwarten ist. Allerdings fehlen dort Angaben zu Stromstärke, Impedanz des Stromkreises und zudem sind die Ergebnisse auf linearer Frequenzachse dargestellt, was eine Auswertung zusätzlich erschwert.

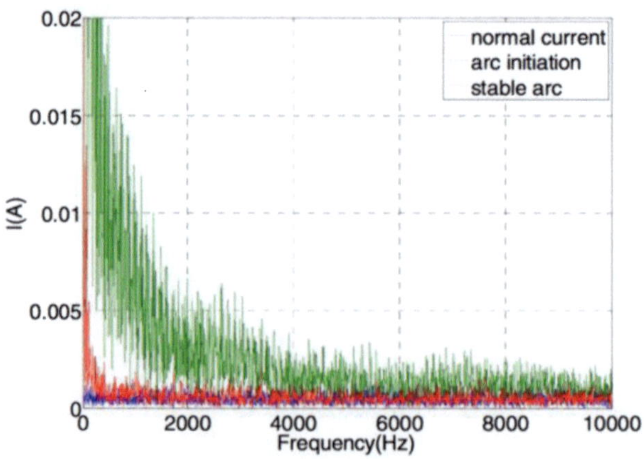

Abbildung 1.16: Spektrum des Stromsignals im Normalbetrieb, während Zündung durch Kontaktöffnung und bei stabil brennendem Lichtbogen (Quelle: Cao u. a., 2013 [26])

Für die Entwicklung einer Methode zur Lokalisierung von Störlichtbögen analysierten Rabla u. a. 2013 [102] die Brennspannung von Lichtbögen in Luft unter Verwendung von Kupferelektroden. Ein Experiment wurde mit verkohlten Kabeln durchgeführt und bei einem weiteren geschah die Zündung durch Kontaktöffnung von spitzen sauberen Kupferelektroden bis 1,1 mm. Der Strom betrug ca. 1,8 A und der Zeitraum eine halbe Sekunde nach Zündung wurde in drei Bereiche aufgeteilt: Die Zeit vor der Zündung, der Bereich 100 ms nach der Zündung und der Bereich danach. Für jeden der drei Bereiche wurde die Brennspannung im Frequenzbereich bis 500 kHz dargestellt. Es ist beim Experiment mit Kontaktöffnung ein deutlich höherer Rauschpegel während der Zündung zu erkennen, als im Bereich danach. Dies ist wie auch bei Cao u. a. von 2013 [26] aufgrund der Transienten bei Kontaktunterbrechung auch zu erwarten. Aufgrund der linearen Skalierung beider Achsen lässt sich über den spektralen Verlauf nur wenig sagen.

Lezama u. a. untersuchten 2013 [76] bei der Entwicklung von Methoden zur Detektion von Störlichtbögen das spektrale Verhalten von Lastströmen $\leq$1 A in Niederspannungsanlagen bei verschiedenen Lasten. Sie stellten einen Anstieg der geraden Harmonischen der Netzfrequenz fest, aber nur einen geringen Unterschied bei den ungeraden. Die Empfindlichkeit des Messsystems lässt nur eine Darstellung bis ca. 7 kHz zu und eine Umrechnung des Stroms auf die Brennspannung ist aufgrund fehlender Angaben nicht möglich.

2014 wurden von Artale u. a. [7] Lichtbögen nach der Vorschrift der UL1699 [134] generiert. Diese sieht vor, einen Lichtbogen in Luft mithilfe von verbrennender Stahlwolle zu zünden. Versuche wurden in AC- und DC-Systemen durchgeführt und der Strom im Frequenzbereich dargestellt. Die Auswertung geschah bis 5 kHz für zwei verschiedene Lasten bei AC und einer Photovoltaikanlage. Auf Basis der Ergebnisse konnten serielle Störlichtbögen anhand des Anstiegs von Netzoberwellen detektiert werden. Aufgrund der linearen Frequenzachse ist der spektrale Verlauf des Stroms nur schwer erkennbar und auch hier fehlt die Angabe von Impedanzen für eine Umrechnung auf die Brennspannung.

Weitere Experimente nach UL1699 wurden von Johnson u. a. 2014 [60] veröffentlicht. Hier wurde ein PV-Simulator mit Gleichstrom um 5 A verwendet und der Lichtbogen brannte in Luft, allerdings in einem „Röhrchen" aus verschiedenen Materialien (Polycarbonat, Nylon, PET). Diese Materialien gelangten in den Lichtbogen und veränderten seine Eigenschaften. Zudem wurden Kupferelektroden unterschiedlicher Geometrie verwendet. Es findet sich eine Darstellung des Stroms im Frequenzbereich bis 200 kHz von insgesamt 57 Messungen in Abb. 1.17. Folgende Beobachtungen sind dokumentiert:

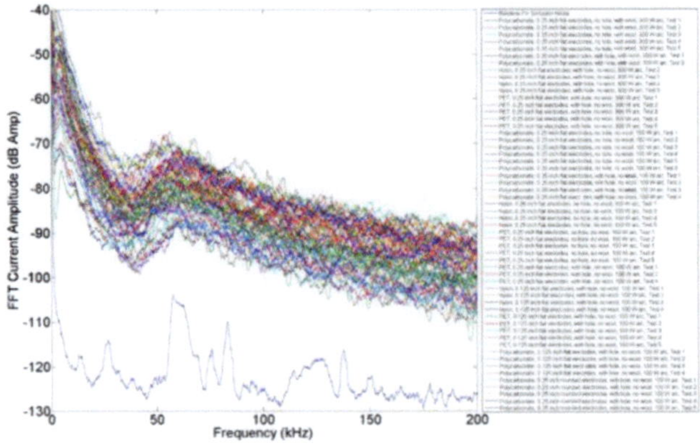

Abbildung 1.17: Spektren des Stromsignals aus vielen Experimenten bei Einsatz unterschiedlicher Materialien und Geometrien der Elektroden und des „Röhrchens" nach UL1699 (Quelle: Johnson u. a., 2014 [60])

- Bei allen Experimenten wurde ein Rauschen gemessen, welches mindestens 15 dB über dem Grundrauschen ohne Lichtbogen liegt.
- Der Unterschied zwischen den einzelnen Messungen beträgt maximal 20 dB.
- Kleinere Elektroden führten zu einen höheren Rauschpegel.
- Im Falle von verbrennender Stahlwolle bei der Zündung wurden die höchsten Pegel gemessen.
- Löcher im Polymer führten zu niedrigeren Pegeln.
- Höhere Leistungen führten zu niedrigeren Pegeln.
- Nylon 6,6 erzeugte höhere Pegel als Polycarbonat und PET.

1.3.3 Kathodische Brennflecke in Vakuum und Gas

Jüttner untersuchte 1997 [66] die Eigenschaften von kathodischen Brennflecken bei Lichtbögen im Vakuum und Gasen. Er verwendete optische Methoden und bestätigte, dass die Brennfkecke aus Fragmenten der Größe unter 10 µm bestehen. In Vakuum waren sie hochmobil und bewegten sich zufällig in Zeiten < 100 ns. In Gasen dagegen fand eine Oszillation und Rotation auf Flächen mit 50 … 100 µm Durchmesser in Zeiten < 100 ns statt. Somit war die Art der Bewegung (2-D Random Walk gegenüber Rotation und Oszillation), wie auch die Zeitkonstanten unterschiedlich. Des weiteren wurden Unterschiede im Strom pro Fragment, dem Durchmesser des Oberflächen-Mikroplasmas und dem Abstand zwischen den Fragmenten gefunden. Daraus lässt sich schließen, dass sich auch die hochfrequenten Signalanteile der Kathodenfallspannung unterschiedlich verhalten, je nachdem ob der Lichtbogen in Luft oder im Vakuum existiert.

Tabelle 1.3: Vergleich von Kupfer-Lichtbogen-Kathodenspots in Vakuum und in Gasen (Quelle: Jüttner, 1997 [66])

Eigenschaft	Luft, Argon	Vakuum
Strom pro Fragment	< 1 A	5 ... 10 A
Sichtbarer Plasmadurchmesser	≤ 5 µm	10 ... 20 µm
Abstand zwischen Fragmenten	50 ... 100 µm	10 ... 50 µm
Verschiebung	Oszillation und Rotation auf Flächen v. 50 ... 100 µm Durchmesser in < 500 ns	Zufallsbewegung in Zeiten < 100 ns

Einflussgröße: Strom Nach Lafferty u. a. [74] sinkt die Amplitude des beobachteten Breitbandrauschens mit zunehmendem Lichtbogenstrom, wobei dieser Effekt bei niedrigem Strom besonders stark ausgeprägt ist. Dies wird 1991 auch von Wang u. a [137] durch Untersuchungen der Brennspannung im Zeitbereich bestätigt. Smeets und Schulpen [125] stellten 1988 bei Vakuum-Lichtbögen fest, dass bei einer Erhöhung des Stroms von 40 auf 280 A die mittlere Amplitude der Fluktuationen um den Faktor zwei sinkt.

Die Veränderung der hochfrequenten Signalanteile des Lichtbogenstroms bei variablem Strom sind von J. Shea im Buch von Paul G. Slade u. a. 2014 [123] beschrieben (siehe Abb. 1.18). Hierfür wurden fünf Frequenzen von 1 ... 20 MHz ausgewählt und der jeweilige Effektivwert (RMS, Root Mean Square) bei unterschiedlichen Strömen bestimmt. Bei einer Stromzunahme findet eine Abnahme der Effektivwerte statt, wobei der Verlauf für alle dargestellten Frequenzen – in logarithmischer Darstellung – gleich ist. Daher kann von einer breitbandigen Abnahme des Rauschens ausgegangen werden, wobei diese bei niedrigem Strom (< 10 A) deutlich stärker ausgeprägt ist.

Einflussgröße: Kathodenmaterial In den Jahren 2010 und 2012 veröffentlichten Shea u. a. [121] [120] die Ergebnisse von Lichtbogenexperimenten mit Kupfer- und Graphitelektroden bei niedrigen Strömen und zeigten, dass im Bereich bis 20 MHz

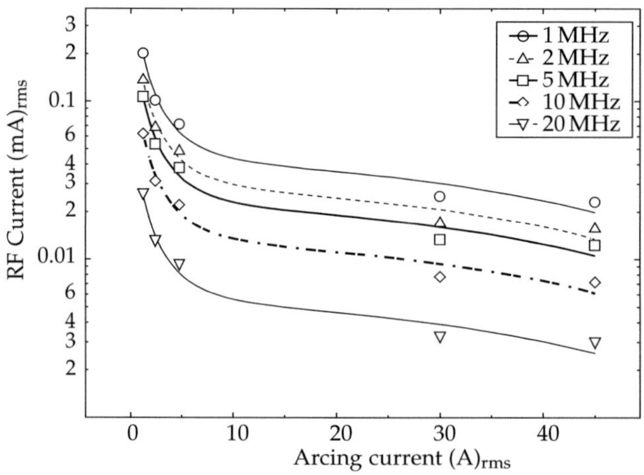

Abbildung 1.18: Hochfrequente Signalanteile des Stroms, hervorgerufen durch serielle Lichtbögen (Kupfer-Graphit Elektroden gegenüber) bei 120 V_{AC} für unterschiedliche Lichtbogenströme. (Quelle: Shea, Slade 2014 [123])

sowohl der Strom, als auch das Material einen Einfluss auf die Signalhöhe haben. Bei einer Kathode aus Graphit war die Brennspannung konstanter und zeigte geringere Hochfrequenzanteile auf als bei einer solchen aus Kupfer. Des weiteren zeigte Shea einen Einfluss der Systemimpedanz auf das Stromsignal auf, ohne jedoch diesen genauer zu beziffern. Durch die lineare Skalierung der Darstellungen lässt sich wenig über den Bereich bis 1 MHz aussagen, auch ist die Bogenlänge nicht eindeutig den Ergebnissen zugeordnet.

Bei Lichtbogen-Experimenten mit Kathoden aus C, Mg, Ti, V, Ni, Cu, Zr, Nb, Ag, Hg, Ta, W, Pt, Bi und Si wurde der Einfluss des Materials auf den spektralen Verlauf der Brennspannung untersucht (vgl. Abb. 1.19). Dabei war der Frequenzgang in allen Messungen bis 50 MHz gleich ($1/f^2$-Rauschen), jedoch erschien Signalhöhe materialabhängig. Im Bereich über 50 MHz waren Unstetigkeiten im Spektrum von Strom und Spannung zu beobachten, welche wiederum vom eingesetzten Kathodenmaterial abhängig waren [5] [6] [4].

1.3.4 Fazit

Trotz der zahlreichen Forschungsarbeiten in diesem Bereich fehlt eine systematische Analyse der hochfrequenten Signalanteile der Brennspannung von Lichtbögen bei Umgebungsbedingungen, wie sie in Photovoltaikanlagen vorherrschen.

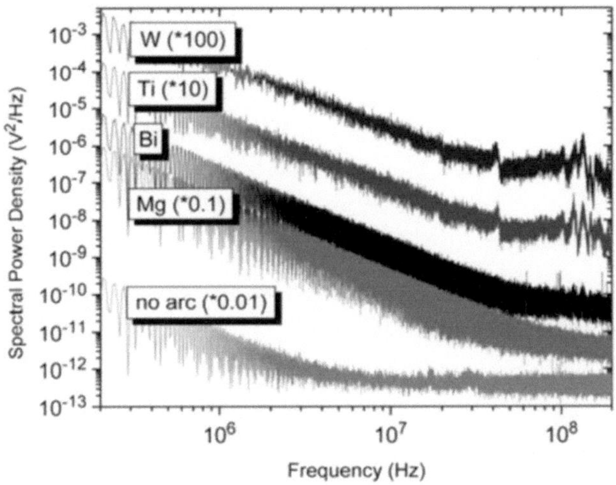

Abbildung 1.19: Leistungsdichtespektrum der gemessenen Brennspannung bei Lichtbögen mit 100 A und verschiedenen Kathodenmaterialien. (Quelle: Anders, 2006 [6])

Diese Analyse muss für das Spektrum geschehen, da bei einer Zusammenfassung des Frequenzgangs zu wenigen Werten der spektrale Verlauf des Signals verloren geht und mögliche Einflüsse auf die Form des Amplitudengangs nicht erfasst werden.

Viele Erkenntnisse wurden bei Experimenten im Vakuum gewonnen, welche nur bei kurzen Bögen (wenige Millimeter) auf solche in Luft übertragbar sind. Diese kurzen Bögen können nach Drouet u. Menuir [41] und Rieder [105] näherungsweise als Metalldampfbögen betrachtet werden. Allerdings zeigte Jüttner [66] einen Unterschied der Eigenschaften von Kathodenspots auf, je nachdem ob der Lichtbogen im Vakuum oder in Luft existiert, was ein unterschiedliches Verhalten der spektralen Eigenschaften der Lichtbogenspannung nahe legt. Entsprechende Forschungsergebnisse mit Lichtbögen in Luft sind vergleichsweise selten zu finden. Meist zielen Untersuchungen von Störlichtbögen in Luft auf die Entwicklung von Detektionsverfahren ab, weshalb eine wissenschaftliche Durchdringung dieses Bereichs, verglichen mit den Erkenntnissen bei Vakuum-Bögen, nur schwach ausgeprägt ist.

Bei den relevanten Störlichtbogen-Untersuchungen aus dem Bereich der Photovoltaik wurde meist der Strom gemessen und in den Frequenzbereich übertragen. Allerdings ist ohne eine Angabe der Systemimpedanz eine Umrechnung des Stromrauschens auf die hochfrequenten Signalanteile der Brennspannung nach

Gl. 1.4 nicht möglich, weshalb solche Ergebnisse nicht beliebig auf andere Konfigurationen von Photovoltaikanlagen übertragen werden können (vgl. Abschnitt 3.6). Auch kann aus diesen Ergebnissen nicht abgeleitet werden, wie sich das vom Lichtbogen erzeugte Störspektrum bei verändertem Strom, Elektrodenabstand oder bei Einsatz unterschiedlicher Elektrodenmaterialien verändert. Die einzige Darstellung der HF-Anteile bei veränderlichem Strom beinhaltet diskrete Frequenzen ab 1 MHz, der Bereich darunter wird nicht dargestellt.

Es sind weitere Untersuchungen mithilfe von Lichtbogenexperimenten nötig, um die hochfrequenten Signalanteile der Brennspannung von Lichtbögen bei folgenden Bedingungen im Frequenzbereich beschreiben zu können:

- Luft bei atmosphärischem Druck
- Gleichstrom: ca. 2 . . . 15 A
- Elektrodenabstand: ≤ 4 mm
- Elektrodenmaterial: Cu, Al, St
- Frequenz: DC . . . 500 kHz

Tabelle 1.4: Überblick über die in diesem Abschnitt zitierten Forschungsarbeiten

Publikation	Jahr	Stromstärke	Quelle	Medium	Bogenlänge	Elektroden	Frequenzbereich
Lafferty u. a. [74]	1980	Niederstrom	k. A.	Vakuum	k. A.	k. A.	$\leq$ 8 GHz
Daalder [34]	1983	1,8 … 45 A	DC	Vakuum	1 mm	versch.[1]	-
Smeets u. Schulpen [125]	1988	40 … 280 A	DC	Vakuum	5 mm	Cu	$\leq$ 50 MHz
Smeets [124]	1989	< 100 A	DC	Vakuum	5 mm	Cu	$\leq$ 50 MHz
Puchkarev [101]	1990	2,… 50 A	DC	Vakuum	0,2 mm	Cu, W	$\leq$ 50 MHz
Wang u. a. [137]	1991	8,2 kA	AC	Vakuum	5 mm	Cu	10 … 40 kHz
Lho u. a. [77]	1992	100 A	DC	Argon	2 … 10 mm	W	$\leq$ 50 kHz
Schülke u. a. [117] [122]	1997	> 1 kA	AC	Vakuum	k. A.	versch.[2]	-
Sekikawa u. a. [118]	2004	7 A	Pulsed	Luft	0 … 1,2 mm	Ag, Cu	-
Anders u. a. [5]	2005	100 A	Pulsed	Vakuum	k. A.	versch.[3]	500 Hz … 100 MHz
Anders u. a. [2]	2005	100 A	Pulsed	Vakuum	k. A.	Mg	0,5 … 250 MHz
Anders u. a [6] [4]	2006	20 … 650 A	Pulsed	Vakuum	k. A.	versch.[4]	0,1 … 2000 MHz
Schimpf u. Norum [113]	2006	6 A	DC	Luft	k. A.	k. A.	1 … 7,5 kHz
Shea u. a. [121]	2010	1,2 … 4,5 A	AC	Luft	25 … 100 µm	Cu, C	$\leq$ 20 MHz
Müller u. a. [87]	2010	300 A	AC	Luft	k. A.	Cu	11 kHz
Strobl [127] [126]	2011	3 … 4 A	DC	Luft	k. A.	k. A.	$\leq$ 2,5 MHz
Johnson u. a [65]	2011	k. A.	DC	k. A.	k. A.	k. A.	$\leq$ 5 MHz
Shea u. a. [120]	2012	2,1 … 120 A	DC	Luft	25 … 100 µm	Cu, C	$\leq$ 20 MHz
Johnson u. a [63]	2012	< 10 A	DC	k. A.	k. A.	k. A.	$\leq$ 300 kHz
Johnson u. a [64]	2012	k. A.	DC	k. A.	k. A.	k. A.	$\leq$ 160 kHz
Cao [26]	2013	k. A.	DC	Luft	k. A.	k. A.	$\leq$ 10 kHz
Rabla u. a. 2013 [102]	2013	1,8 A	DC	Luft	1,1 mm	Cu, C	$\leq$ 500 kHz
Lezama u. a. [76]	2013	< 1 A	AC	Luft	k. A.	k. A.	$\leq$ 7 kHz
Artale u. a. [7]	2014	$\leq$ 16 A	AC, DC	Luft	k. A.	Cu, C	$\leq$ 5 kHz
Johnson u. a. [60]	2014	wenige A	DC	Luft	k. A.	Cu	$\leq$ 200 kHz
Slade u. a. [123]	2014	$\leq$45 A	AC	k. A.	k. A.	Cu, C	1 … 20 MHz

[1] Al, Cd, Cu, Mo [2] Al, Cu, Ti, W [3] C, Mg, Ti, V, Ni, Cu, Zr, Nb, Ag, Hg, Ta, W, Pt, Bi, Si [4] Bi, Bg, C, Mg, Ni, Ta, Ti, W

1.4 Detaillierte Aufgabenbeschreibung

Ziel Aktuell gibt es kein kommerziell erhältliches System zur automatischen Ortsbestimmung (Lokalisierung) von Lichtbogenfehlern in Photovoltaikanlagen. Zu diesem Thema gibt es zudem wenige Veröffentlichungen, welche fast alle in den letzten Jahren entstanden sind. Die Aufgabe dieser Arbeit besteht im Erforschen und nutzbar machen von neuen Möglichkeiten zur automatischen Lokalisierung von Störlichtbögen in Photovoltaikanlagen.

Methodik Eine Voraussetzung für diese Aufgabe ist die Kenntnis von möglichen Messgrößen unter Bedingungen, wie sie in Photovoltaikanlagen vorherrschen. Aus Abschnitt 1.2.1 ist bekannt, dass im Bereich der Störlichtbogendetektion zumeist die hochfrequenten Signalanteile des Stroms erfasst und bewertet werden. Bei einer Nutzung dieser Messgröße für die Lokalisierung von Störlichtbögen muss zunächst bekannt sein, wie sich ein Lichtbogen als Signalquelle verhält und wie diese Signale im Photovoltaiksystem übertragen werden.

Für die Erforschung, Verifikation und den Vergleich von Methoden zur Lokalisierung von Störlichtbögen eignet sich ein Simulationsmodell, da die Ergebnisse der Methoden unter exakt gleichen Bedingungen erzeugt werden können. Auch können so verschiedene Einflussgrößen, wie z. B. Anlagengröße, Einstrahlungsabhängigkeit,... bewertet werden. Da für ein Hochfrequenz-Simulationsmodell eines PV-Systems mit Lichtbogen viele Parameter fehlen, müssen diese zunächst experimentell unter definierten Laborbedingungen erzeugt werden. Die Verifikation des generierten Modells geschieht anhand von Messdaten, die bei Lichtbogenexperimenten in einer realen Photovoltaikanlage generiert werden.

Lichtbogen als Signalquelle Da die bisher veröffentlichten Forschungsergebnisse nicht alle Bereiche abdecken, welche für diese Aufgabe von Interesse sind, werden zunächst Experimente mit Lichtbögen in Luft mit dem Ziel durchgeführt, den elektrischen Störlichtbogen als Signalquelle zu beschreiben. Die erzeugten Signale werden an einer Versuchsanlage aufgenommen und im Zeit- und Frequenzbereich bewertet. Von besonderem Interesse ist die Veränderung des Frequenzgangs aufgrund der Variation der folgenden Einflussgrößen, welche an die Verhältnisse in Photovoltaikanlagen angelehnt sind.

- Gleichstrom: ca. $2\dots15\,\mathrm{A}$
- Elektrodenabstand: $\leq 4\,\mathrm{mm}$

- Elektrodenmaterial: Cu, Al, St
- Lastimedanz: 2,5 ... 72,5 Ω
- Zeitliche Veränderung über die Brenndauer

Die Experimente mit Veränderung der Lastimpedanz zielen darauf ab, dem Lichtbogen ein Verhalten als Signalquelle zuzuordnen – es wird ermittelt ob er sich wie eine hochfrequente Strom- oder Spannungsquelle verhält. Mit den aus den Messreihen gewonnenen Erkenntnissen wird ein Simulationsmodell erstellt, welches das Verhalten des Lichtbogens als hochfrequente Signalquelle widerspiegelt.

Photovoltaikanlage als Signalübertrager Da eine Photovoltaikanlage nicht für die Übertragung von hochfrequenten Signalen konzipiert ist, existieren auch keine Simulationsmodelle seitens Hersteller, welche diesen Zweck erfüllen. Daher wird zunächst für alle Komponenten eines Photovoltaiksystems (Solarzelle, Zellverbinder, Wechselrichtereingang, Kabel ...) jeweils ein Kleinsignalersatzschaltbild (siehe Abschnitt 4.1.2) bestimmt und alle Parameter messtechnisch ermittelt. Das Kleinsignalersatzschaltbild ist deshalb gewählt, weil das übertragene Stromsignal (µA ... mA-Bereich) im Verhältnis zum Arbeitspunkt (mehrere A) klein, und somit eine lineare Annäherung an das reale Verhalten möglich ist. Die Parameterbestimmung geschieht für zehn verschiedene Betriebszustände der Anlage mit Einstrahlungsstärken von 100 ... 1000 W/m^2. Die einzelnen Kleinsignalersatzschaltbilder werden zu einem HF-Simulationsmodell für eine Photovoltaikanlage mit 12 seriell verschalteten Modulen zusammengefügt. Für die genannten Betriebszustände werden entsprechende Lichtbögen messtechnisch charakterisiert und daraus Simulationsmodelle für eine Transientensimulation generiert.

Simulation von Störlichtbögen im Photovoltaiksystem Nach einer Validierung des Simulationsmodells im Frequenzbereich anhand von Messergebnissen mit einem Lichtbogen in einer realen Photovoltaikanlage werden Simulationen durchgeführt, welche das hochfrequente Übertragungsverhalten charakterisieren. Außerdem werden die hochfrequenten Signalanteile des Photovoltaikstroms bei einem Lichtbogenfehler unter Veränderung der folgenden Einflussgrößen ermittelt:

- Messpunkte an verschiedenen Stellen im System
- Einstrahlungsstärke
- Anzahl der seriell verschalteten PV-Module

- Länge der Zuleitungen zum Wechselrichter
- Temperatur

Methode zur Lokalisierung von Störlichtbögen in Photovoltaikanlagen Auf Basis der gewonnenen Erkenntnisse werden mithilfe der Simulation vier Methoden entwickelt und hinsichtlich Kosten, Zuverlässigkeit und Genauigkeit bewertet. Hierbei gilt die Beschränkung auf serielle Störlichtbögen. Die im Vergleich beste Methode wird als Prototyp realisiert und in einem Praxistest mit Lichtbögen an verschiedenen Stellen in einer realen Photovoltaikanlage mit Wechselrichter validiert.

2 Theorie

2.1 Lichtbogen

Störlichtbögen können in verschiedenen elektrischen Systemen auftreten. Dabei ist der Störlichtbogen, verglichen mit dem Schaltlichtbogen grundsätzlich ein unerwünschtes Phänomen. In dieser Arbeit werden Störlichtbögen im Photovoltaiksystem behandelt, weswegen auch hier der Schwerpunkt auf dieses System gelegt wird. Die Ursachen für die Entstehung des Störlichtbogens können unterschiedlich sein. Von erhöhten Übergangswiderständen an schlecht gecrimpten Steckern über Fertigungsfehler bei der Modulherstellung bis hin zum Tierverbiss in ländlichen Gegenden führen solche Zustände zumeist zu losen Kontakten und bei einem Kontaktabriss zu einem Störlichtbogen mit seinen unerwünschten Folgen.

Dabei wird der Lichtbogen von elektrischen Kenngrößen, wie Spannung, Strom, sowie geometrischen Parametern des Fehlerortes und den umgebenden Materialien bestimmt [16].

2.1.1 Entstehung eines Lichtbogens

Aufgrund des vorangegangenen Kontaktabrisses lässt sich der Störlichtbogen mit dem Schaltlichtbogen in vielen Punkten recht gut vergleichen [127]. Auch beim Störlichtbogen entsteht ein Plasma, welches sich innerhalb von wenigen Millisekunden auf mehrere Tausend Grad Celsius aufheizt [16]

Nach F. Berger [116] treten bei der Öffnung stromdurchflossener Schaltkontakte die folgenden Vorgänge auf, welche sich auf die Entstehung von Störlichtbögen übertragen lassen.

- Zunächst sinkt die Anpresskraft auf die Kontakte und damit die Zahl der stromführenden Berührungsflächen. Dies ruft einen Anstieg des Kontaktwiderstands R_K hervor und die hervorgerufene Verlustleistung an den Kontaktflächen erwärmt diese.

- Es bildet sich eine Schmelzbrücke aus flüssigem Kontaktmaterial aus, welche sich weiter bis zur Siedetemperatur erhitzt.
- Mit dem Verdampfen des Kontaktmaterials reißt die Schmelzbrücke ab.

Der zwischen den Kontakten entstehende Lichtbogen ist ein heißes, ionisiertes, leitfähiges Plasma.

2.1.2 Potentialverlauf im Lichtbogen

Der Lichtbogen lässt sich grob in drei Bereiche aufteilen, wobei jedem Bereich eine Spannung zugeordnet wird.

- Kathodenfallraum (U_{Kathode})
- Lichtbogensäule ($U_{\text{Bogensäule}}$)
- Anodenfallraum (U_{Anode})

Die Lichtbogenspannung U_{Lb} setzt sich also wie folgt zusammen:

$$U_{\text{Lb}} = U_{\text{Kathode}} + U_{\text{Anode}} + l_{\text{B}} \cdot E_{\text{B}} \quad (2.1)$$

Dabei istd l_{B} die Länge der Bogensäule und E_{B} der Säulengradient.

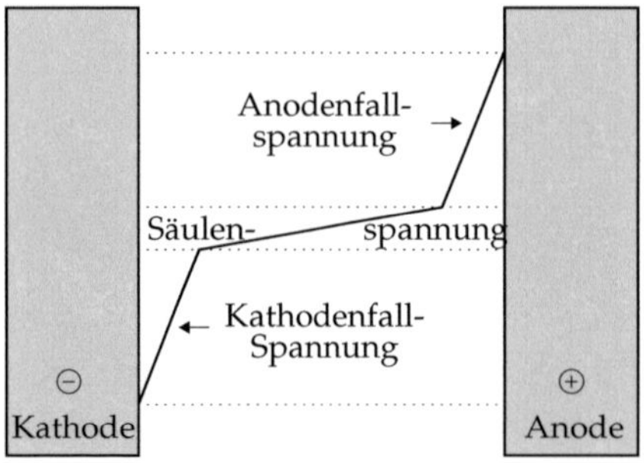

Abbildung 2.1: Schematische, eindimensionale Darstellung des Verlaufs des elektrischen Potentials im Lichtbogen zwischen Kathode und Anode (Berger [116])

Kathodenfallraum Einen maßgeblichen Einfluss auf die Kathodenfallspannung haben das Material und die Oberflächenbeschaffenheit der Kathode. Dabei kommt es auf Ionisierungspotential, die Gruppe im Periodensystem, das Atomgewicht und die thermische Leitfähigkeit an [3]. Sie liegt im Bereich von 10 . . . 15 V [116] [74]. Die für den Stromfluss benötigten Elektronen werden von der Kathode durch verschiedene Mechanismen (thermische Emission, Feldemission und Thermo- Feldemission) emittiert [116] [3].

Bei hohen Temperaturen ist dies die thermische Emission und beim Vorhandensein von starken elektrischen Feldern vor der Kathode ist dies die Feldemission. Es ist auch die Kombination der beiden Effekte möglich, die Thermo-Feld-Emission. Die energiereicheren Elektronen können direkt die Potentialbarriere überwinden (Thermoemission), während die energieärmeren Elektronen die Barriere mithilfe des Tunneleffekts überwinden (Feldemission) [3].

In einer dünnen positiven Raumladungsschicht ($10^{-5} \ldots 10^{-4}$ cm) vor der Kathode finden intensive Ionisierungsprozesse statt, woraus positiv geladene Ionen hervorgehen. Diese werden durch das elektrische Feld in Richtung Kathode beschleunigt und verursachen dort die sogenannten Brennflecke [116].

Die Temperatur an der Oberfläche der Kathode entspricht der Siedetemperatur des Materials und der Strom besteht zu 90 % aus Elektronen und zu 10 % aus Ionen [116].

Bogensäule Ein „strahlendes und elektrisch leitfähiges heißes Gas, das aus Molekülen, Atomen, Molekül- und Atomionen in allen Anregungszuständen sowie freien Elektronen besteht, heißt (Gasentladungs-) Plasma.“ (Rieder, 1967 [105])

Die Entstehung des Plasmas als leitfähiger Kanal geht hauptsächlich auf kathodische Prozesse zurück. Bei Vakuum-Bögen sind die Brennflecke der Kathode die einzige Plasmaquelle [71]. Das dort generierte dichte Plasma expandiert für Niederdruck-Gaslichtbögen schnell in den Raum zwischen die Elektroden. Auch positiv geladene Ionen bewegen sich entgegen des elektrischen Feldes von der Kathode zur Anode, was sowohl optisch, als auch durch Messungen mit dem Massenspektrometer nachgewiesen wurde [74]. Zusätzlich wird vorhandenes Gas hauptsächlich durch Thermoionisation teilweise mehrfach ionisiert und trägt zur Leitfähigkeit bei. Allerdings erfolgt der Stromtransport zu 99 % durch Elektronen, da diese eine viel höhere Beweglichkeit besitzen als die schwereren Ionen [116]. Im Plasma treten Temperaturen von ca. $T = 5000 \ldots 15000$ K auf [116].

Es findet ein Spannungsabfall proportional zur Länge der Bogensäule statt. Für Ströme von 68 ... 21750 A beträgt dieser Säulengradient nach Untersuchungen von A. P. Strom von 1946 [129] ca. $E_B = 0{,}85 \ldots 2$ V/mm Für frei brennende Bögen in Luft beträgt er nach Berger [116] 10 ... 50 V/cm und ist eine Funktion der Temperaturverteilung in der Säule [116] .

Anodenfallraum Die Anode wirkt lediglich als passiver Kollektor für die Elektronen, solange sie nicht sehr klein, thermisch isoliert oder der Strom sehr hoch ist [3]. Die Elektronen bewegen sich durch das quasi-neutrale Plasma und „fallen" in das Leitungsband der Anode, wo für jedes Elektron eine Energie von $W = 4\,\text{eV}$ (für die meisten Metalle) frei wird, die die Anode erwärmt [3].

Auch vor der Anode ist eine Raumladungszone zu finden, diese ist allerdings negativ geladen. Der Strom im Anodenfallraum setzt sich zu 99 % aus Elektronen und zu 1 % aus Ionen zusammen und die Stromdichte ist geringer als an der Kathode [116].

U-I Kennlinie der Brennspannung Bei einer Zunahme des Stroms sinkt die Brennspannung zunächst bis zum sogenannten „Transitpunkt" ab, um dann wieder leicht anzusteigen. Die anfängliche Stromzunahme hat ein Ansteigen des Ionisationsgrads des leitenden Kanals zufolge, woraus ein sinkender Widerstand bis zur vollständigen Ionisation der Bogensläule folgt. Bei weiter steigendem Strom kann der Säulengradient aufgrund der vollständigen Ionisation nicht weiter sinken und die Spannung steigt wieder leicht an. Ammerman u. a. fassten 2010 [1] die Ergebnisse von Stokes und Oppenlander aus dem Jahr 1991 zusammen, welche den Transitstrom als Punkt minimaler Bogenspannung nach Gl. 2.2 beschreiben, wobei d der Elektrodenabstand in mm ist.

$$I_\text{t}\,[\text{A}] = 10 + 0,2 \cdot d \tag{2.2}$$

Dadurch kann man zwischen der „Niedrigstromregion" und der „Hochstromregion" unterscheiden. In Abb. 2.2 ist der berechnete Transitpunkt in die U-I Kennlinien aus mehreren Lichtbogenuntersuchungen eingezeichnet. Durch die negative

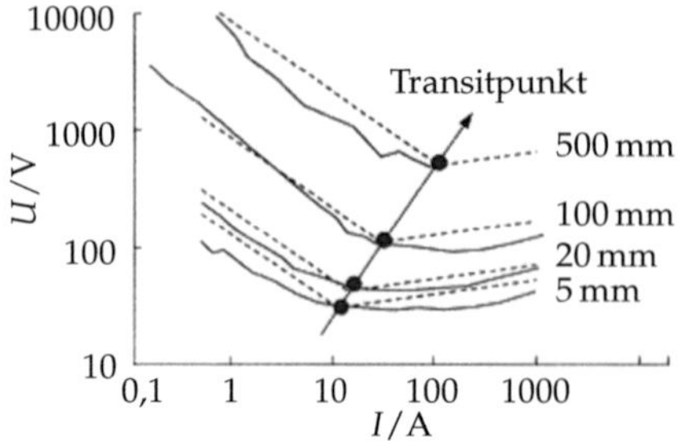

Abbildung 2.2: Minimale Brennspannung bei Aluminiumelektroden, die gestrichelten Linien sind berechnet und und die durchgezogenen stammen aus Messungen. Elektrodenabstände von unten nach oben: 5, 20, 100 und 500 mm (Quelle: Ammerman, 2010 [1])

Steigung der Kennlinie im Niedrigstrombereich lässt sich der Lichtbogen im entsprechenden Arbeitspunkt als negativer Widerstand R betrachten. In schwingfähigen Systemen wirkt er daher „entdämpfend", was ein Aufschwingen des Systems zur Folge haben kann.

1993 veröffentlichte Paukert Formeln zur Berechnung der Bogenspannungen bei unterschiedlichen (Kupfer-) Elektrodenabständen auf Basis der Messergebnisse von sieben Forschern. Diese sind für den Bereich $I < 100\,\text{A}$ in Tab. 2.1 angegeben. In Abb. 2.3 sind die U-I Kennlinien von Lichtbögen unterschiedlicher Länge dargestellt. Diese Kurvenschar ist auf Basis der Formeln von Paukert berechnet.

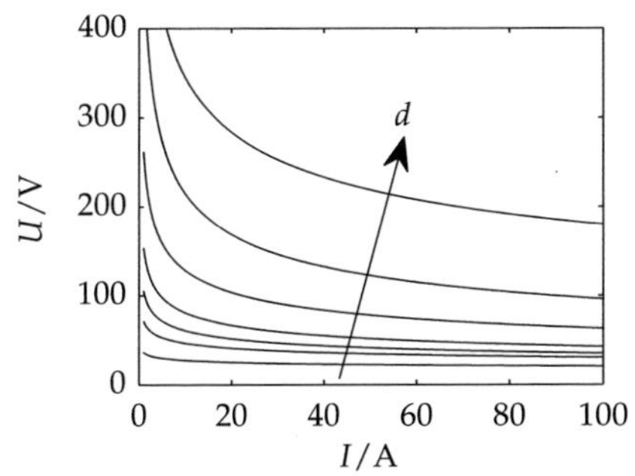

Abbildung 2.3: Brennspannungen von Lichtbögen bei variablem Strom und bei unterschiedlichen Abständen, simuliert auf Basis der Formeln von Paukert (siehe Tab. 2.1 im Anhang) für folgende Abstände d von unten nach oben: (Werte in mm) 1; 5; 10; 20; 50; 100; 200

Tabelle 2.1: Von J. Paukert 1993 empirisch ermittelte Formeln zur Berechnung von Brennspannungen bei Lichtbögen mit $I < 100\,\text{A}$ und Kupferelektroden [1] (Werte in V)

Elektrodenabstand [mm]	Bogenspannung [V]
1	$36,32 \cdot I_{\text{arc}}^{-0,124}$
5	$71,39 \cdot I_{\text{arc}}^{-0,186}$
10	$105,25 \cdot I_{\text{arc}}^{-0,239}$
20	$153,63 \cdot I_{\text{arc}}^{-0,278}$
50	$262,02 \cdot I_{\text{arc}}^{-0,310}$
100	$481,20 \cdot I_{\text{arc}}^{-0,350}$
200	$662,34 \cdot I_{\text{arc}}^{-0,283}$

2.1.3 Kathodenphänomen: Brennflecke

Allgemeines Bei Beobachtung der Kathode im Vakuum mit Hochgeschwindigkeitskameras erscheint fast die gesamte Fläche dunkel, während einige kleine helle Flecke existieren. Diese bewegen sich schnell über die Kathodenoberfläche und teilen sich plötzlich in zwei oder mehrere Fragmente auf (Splitting) oder verschwinden und erscheinen an einem anderen Ort wieder. Diese Flecke werden als kathodische Brennflecke bezeichnet [74].

Kleberg [71] beschreibt den Kathodenbrennfleck wie folgt: An der Kathodenoberfläche wird der Stromfluss beim passieren von Mikrospitzen stark eingeschnürt und muss einen erhöhten ohmschen Widerstand überwinden. Die so erzeugte Hitze lässt das Metall verdampfen und erzeugt eine Plasmawolke mit einem Durchmesser von 50 . . . 100 µm. Dieses Plasma nennt man Kathoden-Brennfleck. Begünstigt wird dieser Effekt durch das Auftreffen energiereicher Ionen auf die Kathodenoberfläche. Vor der Kathode expandiert das Brennfleckplasma sehr schnell. In Vakuum-Lichtbögen sind die Brennflecke aufgrund des fehlenden Gases die einzigen Quellen von Plasma [71].

Stromdichte Die Ursache der entstehenden hohen Stromdichte J im Brennfleck beschreibt Anders [3] wie folgt. Während der Kathodenstrom bei einer Vergrößerung der emittierenden Fläche linear steigt, findet bei einem Anstieg von Temperatur oder Feld ein exponentieller Anstieg des Stroms statt. So erfordert ein Temperaturanstieg einer kleinen Fläche viel weniger Energie als ein kleinerer Temperaturanstieg einer größeren Fläche, welcher einen kleineren Anstieg des Stroms zur Folge hätte. Bei Annahme eines Systems mit möglichst geringer Verlustleistung kommt man so automatisch zu möglichst kleinen kathodischen Brennflecken, was zu hohen Temperaturen und hohen Stromdichten führt.

Die Stomdichte eines einzelnen Brennflecks beschäftigt die Forschung schon seit über 80 Jahren und es werden Werte von unter 10^5 bis über 10^8 A/cm^2 experimentell ermittelt und die Festkörperphysik sagt sogar Stromdichten von 10^{11} A/cm^2 voraus [59].

Bei einer Erhöhung des Stroms von Vakuum-Lichtbögen erhöht sich auch die Anzahl der Brennflecken. Dabei ist der mittlere Strom pro Brennfleck von 2 . . . 40 A eine Konstante des Materials, wobei diese Konstante selbst als statistisches Mittel zu sehen ist [71]. Bei Kupfer beträgt der Maximalstrom pro Brennfleck ca. 100 A [74].

Lebensdauer Aufgrund der Instabilität von Kathodenbrennflecken erlöschen Lichtbögen mit niedrigem Strom unter bestimmten Bedingungen von alleine. Die Zeit, welche ein Lichtbogen brennt bis zu seinem plötzlichen Erlöschen wird Lebensdauer genannt [124]. Bei gleichbleibenden Bedingungen besitzt sie eine exponentielle Verteilung. Die Lebensdauer steigt bei:

- Steigendem Lichtbogenstrom
- Steigendem Umgebungs-Gasdruck
- Steigendem externen Magnetfeld
- Sinkender Parallelkapazität
- Steigender Serieninduktivität
- Steigender Atommasse
- Sinkender thermischer Leitfähigkeit

Die typische Lebensdauer beträgt nach Jüttner u. a. [23] und Beilis [15] 10 . . . 100 µs, jedoch sinkt sie in den Nanosekundenbereich für Ströme $\ll 1\,\mathrm{A}$.

Fluktuationen bei Kathodenbrennflecken Zeitliche Betrachtungen der Bogenspannung ergaben, dass sich das überlagerte Rauschen aus einer Folge von zufällig verteilten, unidirektionalen Spannungspulsen zusammensetzt, wobei jeder einzelne während seiner Existenz die Lichtbogenspannung erhöht. Diese Transienten entstehen, wenn sich ein Kathodenbrennfleck auflöst und enden dann, wenn sich ein anderer Brennfleck teilt und seine Teile zur unsprünglichen Größe anwachsen. Dies gilt für Lichtbögen im Vakuum, wie auch für solche in Gas [119] [120] [46].

Eine weitere Ursache für Fluktuationen in Strom und Spannung beschreibt Anders 2008 [3] für den Vakuumbogen. Durch plötzliche lokale Temperatursteigerungen kann ein Verdampfen von Material in einer Art Explosion verursacht werden. Dieser Vorgang wird „Ecton" genannt und bringt Makropartikel und geladene Teilchen in den Lichtbogen ein, wodurch seine Leitfähigkeit verändert wird.

Diese Fluktuationen der Bogenspannung, bestehend aus positiven Spannungspulsen, steigen mit abnehmendem Strom stark an. [74]. Betrachtet man die Fluktuationen im Frequenzbereich, so findet bei einer Zunahme des Stroms eine breitbandige Abnahme des Stromrauschens statt (vgl. Abb. 2.4). Nach Shea [123] ist oberhalb von ca. $30\,A_{rms}$ ein signifikanter Abfall des Signals zu beobachten. Die höchste Amplitude wird im niedrigen Frequenzbereich beobachtet, während zu höheren Frequenzen hin ein Abfallen des Rauschens zu verzeichnen ist [123].

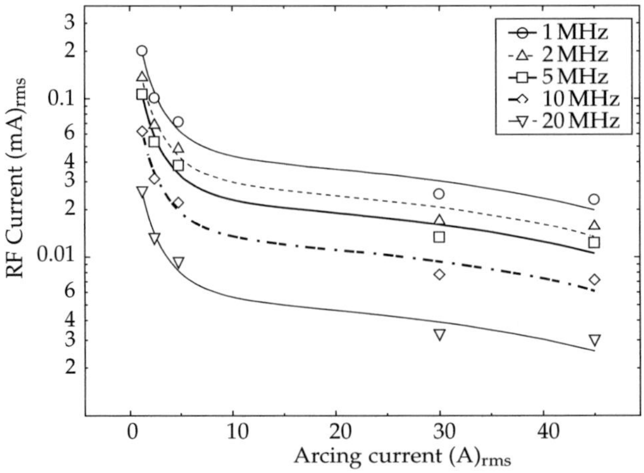

Abbildung 2.4: Hochfrequente Signalanteile des Stroms, hervorgerufen durch serielle Lichtbögen (Kupfer-Graphit Elektroden gegenüber) bei 120 V_{AC} für unterschiedliche Lichtbogenströme. (Quelle: Shea, 2014 [123])

Bei einer Erhöhung der Lastinduktivität bleibt die Lichtbogenspannung (DC und HF) konstant [74], jedoch nehmen die Fluktuationen des Stroms ab [125]. Daraus kann man schließen, dass die HF-Anteile des Stroms durch den Stromkreis induziert sind und durch die Variation in der Lichtbogenspannung hervorgerufen werden (vgl. Abschnitt 3.6).

Fraktales Modell Viele Prozesse in der Natur sind sowohl stochastischen als auch deterministischen Prozessen unterworfen. Die dadurch entstandenen Strukturen sind „selbstähnlich", wenn sie bei der multiplikativen Änderung der Skalierung ihre Form beibehalten und erhielten von B. Mandelbrot den Namen „Fraktale" [81]. Fraktale weisen im Leistungsdichtespektrum eine mit der Frequenz abnehmende Form nach Gl. 2.3 (Potenzgesetz) auf, wobei der Exponent einen negativen Wert besitzt.

$$F(f) \propto 1/f^{\alpha} \tag{2.3}$$

Selbstähnliche Strukturen erscheinen bei Veränderung der Mess-Skala unverändert und können diese Eigenschaft theoretisch unendlich fortsetzen oder Grenzfrequenzen aufweisen. In der Natur findet man Fraktale in vielen Bereichen, besonders bekannt ist die „Lichtenberg-Figur" (Abb. 2.5), welche durch Hochspannungsentladungen verursacht wird und bei welcher sich die fraktale Struktur vermutlich bis auf die molekulare Ebene fortsetzt [145]. In der Brennspannung von

Abbildung 2.5: Lichtenberg Figur in Form einer Hochspannungsentladung in einem Plexiglasblock als Beispiel für ein selbstähnliches Gebilde mit fraktalem Charakter (Quelle: wikipedia.org [145])

Lichtbögen in Vakuum und bei Strömen über 50 A wurde der fraktale Charakter in Form eines $1/f^2$-Rauschen [6] [4] bis ca. 50 MHz nachgewiesen (vgl. Abschnitt 1.3).

2.2 Photovoltaik

Zum Verständnis des Verhaltens einer Photovoltaikanlage beim Auftritt eines Lichtbogenfehlers werden zunächst einige grundlegende Eigenschaften des PV-Systems aufgezeigt. Dabei wird auf die Strom-Spannungskennlinie eingegangen, welche einen entscheidenden Einfluss auf die Stabilität des Lichtbogens hat und zudem wird das Hochfrequenzersatzschaltbild der Solarzelle beschrieben, welches für das Übertragungsverhalten von hochfrequenten Signalen verantwortlich ist.

2.2.1 PN-Übergang

Die Solarzelle ähnelt in ihrem Aufbau stark einer PN-Diode. Durch das Aufbringen einer n-dotierten Siliziumschicht auf eine p-dotierte Si-Schicht diffundieren die freien Ladungsträger in die jeweils andere Schicht und gehen dort Bindungen im Kristallgitter ein. Durch diesen Austausch von Ladungsträgern entsteht eine sog. „Raumladungszone“, welche in der n-Schicht positiv geladen ist und in der p-Schicht eine negative Raumladung beinhaltet. Da die Raumladungszone keine freien Ladungsträger beinhaltet, ist sie nicht leitend und wird deshalb auch „Sperrschicht“ genannt. Innerhalb der Raumladungszone existiert ein durch sie hervorgerufenes elektrisches Feld, welches durch den sog. „Diffusionsstrom“ kompensiert wird, so dass außen an der Solarzelle keine Spannung messbar ist.

2.2.2 Photoelektrischer Effekt

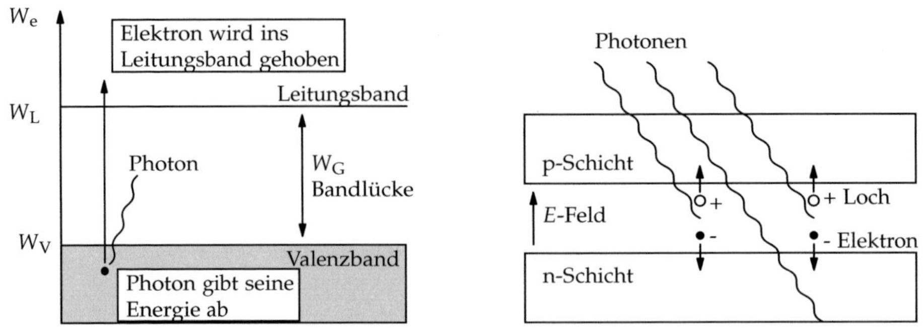

(a) Photon löst Elektron durch Abgabe von mind. W_G aus der Gitterbindung

(b) Ladungstrennung durch eingebautes *E*-Feld im PN-Übergang

Abbildung 2.6: Generierung von Photostrom in einer Solarzelle [148]

Trifft ein Photon mit entsprechender Energie auf ein Atom innerhalb der Raumladungszone, so kann ein Elektron aus der Bindung gelöst und ins Leitungsband gehoben werden. Dadurch werden freie Ladungsträger in Form von Elektron und Loch erzeugt, welche sich entlang des eingebauten Feldes in entgegengesetzte Richtungen bewegen. Diese erzeugen an den Kontakten der Solarzelle eine Spannung. Dabei ist das Loch als die Stelle zu betrachten, an der ein Elektron fehlt und besitzt eine positive Elementarladung.

Bei Schließen eines äußeren Stromkreises bewegt sich das Elektron über den Lastwiderstand zum positiv geladenen Loch, um dort wieder zu rekombinieren.

Der Stromfluss ist also abhängig von der Anzahl der Photonen, welche eine Ladungstrennung verursachen und somit nach Gl. 2.4 direkt von der Einstrahlung.

$$I_{ph} \propto \mathrm{Irr} \tag{2.4}$$

Dabei ist I_{ph} der generierte Photostrom und Irr (Irradiation) die Einstrahlung in W/m^2. Wenn jedoch kein äußerer Stromkreis angeschlossen ist dann baut sich solange eine Spannung auf, bis die Sperrschicht soweit abgebaut ist dass sich durch Ladungsträgergenerierung und Rekombination ein Gleichgewicht eingestellt hat. Aus diesem Grund kann eine Silizium-Solarzelle eine maximale Leerlaufspannung von $0.5 \ldots 0.65\,V$ erreichen, die gleichzeitig der Flussspannung einer Silizium-PN-Diode entspricht.

2.2.3 Eindiodenmodell und Kennlinie einer Solarzelle

Aus dem inneren Aufbau der Solarzelle lässt sich ein vereinfachtes Ersatzschaltbild ableiten, welches eine Beschreibung des Gleichstromverhaltens ermöglicht (Abb. 2.7(a)). Dabei wird der erzeugte Photostrom durch eine Stromquelle be-

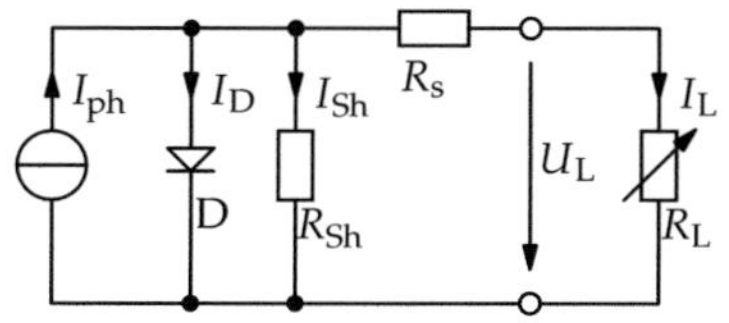

(a) Eindiodenmodell einer Solarzelle

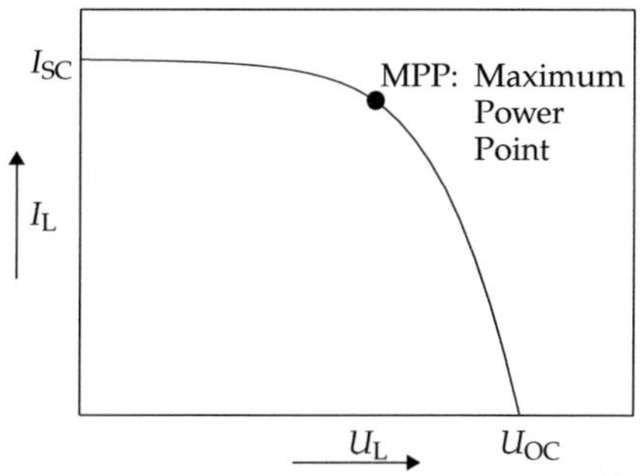

(b) Strom-/Spannungskurve einer Solarzelle

Abbildung 2.7: Gleichstromverhalten einer Solarzelle: Ersatzschaltbild und Kennlinie

schrieben und der PN-Übergang durch eine parallel dazu geschaltete Diode. Der serielle ohmsche Widerstand R_s beschreibt die Bahnwiderstände der Kontakte und des Halbleiters ausserhalb der Raumladungszone. Er ist nicht vom Betriebspunkt der Zelle abhängig und findet seine Ursache in den elektrischen Eigenschaften der verwendeten Materialien. Im Allgemeinen bewegt sich der Wert des seriellen Widerstands im unteren Milliohm-Bereich. Aufgrund des kleinen Widerstandswerts spielt er für die vorliegende Arbeit nur eine untergeordnete Rolle, weshalb eine Temperaturabhängigkeit vernachlässigt wird, und der Wert des seriellen Widerstands als konstant angenommen wird.

Der Shuntwiderstand R_{Sh}, auch Sperrschichtwiderstand genannt, ist verantwortlich für den kleinen Strom (Leckstrom), der immer über die Sperrschicht fließt. Dieser Strom wird durch Verunreinigungen und Fehlstellen im Kristallgitter verursacht und fließt selbst in Sperrrichtung ohne Einstrahlung.

Bei Einstrahlung und im Leerlauffall fließt der gesamte Strom durch die Diode und die Leerlaufspannung U_{oc} (Open Circuit) ist gleich der Flussspannung des PN-Übergangs. Erhöht man vom Leerlauffall ausgehend den Laststrom I_L durch verringern des Lastwiderstands R_L, so verhält sich die Solarzelle zunächst wie eine Spannungsquelle, sobald jedoch ein nennenswerter Spannungsabfall über dem seriellen Widerstand R_s zu verzeichnen ist, sinkt die Ausgangsspannung und die

Solarzelle erhält den Charakter einer Stromquelle mit dem Kurzschlussstrom I_{sc} (Short Circuit). Der erreichbare Kurzschlussstrom ist gleich dem generierten Photostrom nach Gl. 2.4.

$$I_{sc} = I_{ph} \tag{2.5}$$

Die maximale Leistung erzeugt die Solarzelle in dem Betriebspunkt, in welchem das Produkt aus Strom und Spannung maximal wird. Dieser Punkt wird als MPP (Maximum Power Point) bezeichnet und ist in Abb. 2.7(b) schematisch dargestellt.

2.2.4 Kleinsignalersatzschaltbild einer Solarzelle

Das im vorigen Abschnitt beschriebene Eindiodenmodell ist ein Ersatzschaltbild für den bestimmungsgemäßen Betrieb einer Solarzelle und bildet das Gleichstromverhalten ab. Beaufschlagt man das Bauteil nun mit einem Signal, welches im Verhältnis zum insgesamt möglichen Signal klein ist, so kann man ein näherungsweise lineares Verhalten voraussetzen. Für eine mathematisch möglichst einfache Beschreibung wird ein Kleinsignalersatzschaltbild definiert, welches aus linearen Bauteilen besteht und nur in einem bestimmten Betriebspunkt (näherungsweise) gültig ist.

Die Beschreibung des Übertragungsverhaltens einer Solarzelle geschieht mit dessen Kleinsignalersatzschaltbild. Dieses besteht aus einer Serienverschaltung eines Widerstands mit einer Parallelschaltung aus einem Widerstand und einer Kapazität (siehe Abb. 2.8) [30] [31] [130] [62].

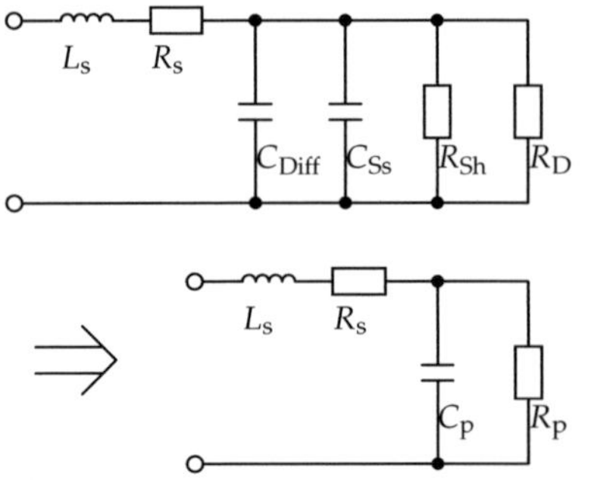

Abbildung 2.8: Kleinsignalersatzschaltbild einer Solarzelle: Zusammenfassen von Diodenwiderstand R_D und Shuntwiderstand R_{Sh} zu Parallelwiderstand R_p und zusammenfassen von Sperrschichtkapazität C_{Ss} mit Diffusionskapazität C_{Diff} zu Parallelkapazität C_p führt zu einem vereinfachten Kleinsignalersatzschaltbild

$$C_p = C_{Diff} + C_{Ss} \tag{2.6}$$

$$R_p = \frac{R_D \cdot R_{Sh}}{R_D + R_{Sh}} \tag{2.7}$$

Die serielle Induktivität L_s bildet die Induktivität der Zuleitungen ab.

Der Diodenwiderstand R_D beschreibt das Diodenverhalten der Solarzelle und ist somit exponentiell abhängig von der Spannung am PN-Übergang.

Die Diffusionskapazität beschreibt die Fähigkeit des p-Halbleiters Elektronen aufzunehmen (und entsprechend Elektronen im n-Halbleiter abzugeben), wodurch sich Ladungen in den jeweiligen Schichten ansammeln und die Sperrschicht abbauen. Diese Kapazität besitzt eine exponentielle Abhängigkeit von der Vorspannung und dominiert bei Spannungen über 0,35 V [130]. Sie lässt sich nach Gl. 2.8 über die Halbleitereigenschaften berechnen [85].

$$C_\mathrm{Diff} = \frac{q^2 d_\mathrm{Hl} n_0}{k_\mathrm{B} T} \mathrm{e}^{qU_\mathrm{F}/\eta k_B T} \tag{2.8}$$

$$qU_\mathrm{F} = W_{\mathrm{F_n}} - W_{\mathrm{F_p}} \tag{2.9}$$

Dabei ist k_B die Boltzmannkonstante, T die Temperatur, q die Elementarladung, e die Eulersche Zahl, d_Hl die Dicke des Halbleiters, n_0 die Minoritätsladungsträgerdichte im thermodyn. Gleichgewicht, U_F der Potentialunterschied zum Abbau der Sperrschicht, η der Diodenfaktor, $W_{\mathrm{F_n}}$ das Quasi-Ferminiveau der Elektronen und $W_{\mathrm{F_p}}$ das Quasi-Ferminiveau der Löcher.

Die Sperrschichtkapazität wird auch Kapazität der Verarmungszone genannt und ist auf die Wirkung der leitenden Schichten als Plattenkondensator zurückzuführen. Dabei wirkt die Verarmungszone als Dielektrikum. Der Wert der Kapazität ist somit von der Geometrie der Solarzelle und der Sperrschichtdicke bestimmt und verändert sich ungefähr mit $\sqrt{U}$ mit der Vorspannung. Die Sperrschichtkapazität berechnet sich nach Gl. 2.10 [85]. Wie in [150] beschrieben, steigt die Kapazität für Frequenzen unter ca. 800 Hz exponentiell an, was mit Polarisationseigenschaften der Sperrschicht erklärt wird, welche wie eine zusätzliche Erhöhung der Permittivität wirkt. Diese Polarisation ist jedoch relativ langsam, weshalb der Effekt über 800 Hz nicht mehr nachweisbar ist.

$$C_\mathrm{Ss} = \frac{\epsilon_0 \epsilon_\mathrm{r}}{w_0 \sqrt{U_\mathrm{Rl}}} \tag{2.10}$$

$$w_0 = \sqrt{\frac{2\epsilon_0\epsilon_r}{qN}} \tag{2.11}$$

$$N = \frac{N_A N_D}{N_A + N_D} \tag{2.12}$$

Dabei ist ϵ_0 die Permittivität des leeren Raumes, ϵ_r die Permittivität des Halbleiters, w_0 die Dicke der Raumladungszone im Gleichgewicht, U_{Rl} die Spannung an der Raumladungszone, N die mittlere Dotierungsdichte, N_A die Dotierungsdichte der Akzeptoren und N_D die Dotierungsdichte der Donatoren.

2.2.5 Photovoltaikmodul und -system

Ein Solarmodul besteht im Allgemeinen aus seriell verschalteten Solarzellen, wobei sich die Spannungen der einzelnen Zellen addieren. Es ist immer einer gewissen Anzahl von Solarzelle eine Bypassdiode antiparallel verschaltet, um im Falle einer Verschattung den Strom an diesen Zellen vorbeizuleiten. Somit kann im Verschattungsfall der überbrückte Teilstring keinen Beitrag zur Stromerzeugung leisten, während die unverschatteten Teile weiterhin Strom liefern (vgl. Abb. 2.9).

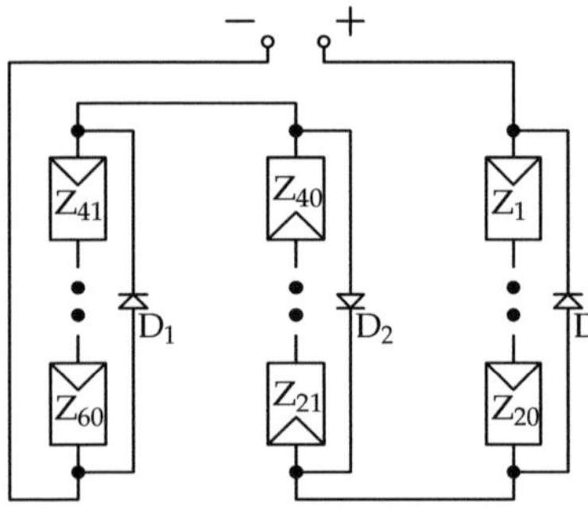

Abbildung 2.9: Schaltbild eines Solarmoduls am Beispiel des „Bosch Solar Module c-Si M 60“ [22] mit bis zu 245 $W_{p,STC}$, bestehend aus 60 seriell geschalteten Solarzellen ($Z_{1...60}$) von denen jeweils 20 mit einer Bypassdiode ($D_{1...3}$) gebrückt sind, um im Fall einer Teilverschattung nur einen Teil des Solarmoduls zu überbrücken.

Ein PV-System wird meist aus einer Serienverschaltung von Solarmodulen aufgebaut, wobei prinzipiell auch Parallelschaltungen oder Kombinationen aus Serien- und Parallelschaltungen möglich sind. Dabei werden Spannungen bis zu 1000 V erreicht bei unterschiedlichen Strömen z. B. bis zu 8,25 A bei Solarmodulen von Bosch [22]. Die durch Serienverschaltung ezeugte Generatorkennlinie besitzt die gleiche Form wie die der Solarzelle (vgl. Abb. 2.7(b)), allerdings addieren sich die Zellspannungen zur Gesamtspannung des Photovoltaikgenerators. Ein beispielhafter Aufbau eines Photovoltaiksystems ist in Abb. 2.10 skizziert.

Der erzeugte Gleichstrom wird von einem Wechselrichter in Wechselstrom umgewandelt und dann meist ins öffentliche Versorgungsnetz eingespeist. Es kommen allerdings auch Inselwechselrichter zur Speisung eines autarken Versorgungsnetzes zum Einsatz.

Meist beinhaltet der Wechselrichter einen sog. „MPP-Tracker", welcher einen geregelten DC/DC-Wandler darstellt und die Aufgabe hat, das Photovoltaiksystem in dem Betriebspunkt zu betreiben, in welchem die maximale Leistung abgegeben wird. Dieser Tracker muss nicht zwingend im Wechselrichter integriert sein, es gibt auch „stand-alone" MPP-Tracker mit einem Gleichstromausgang, die sich z. B. zur Kombination mit Ladereglern und Batterien eignen.

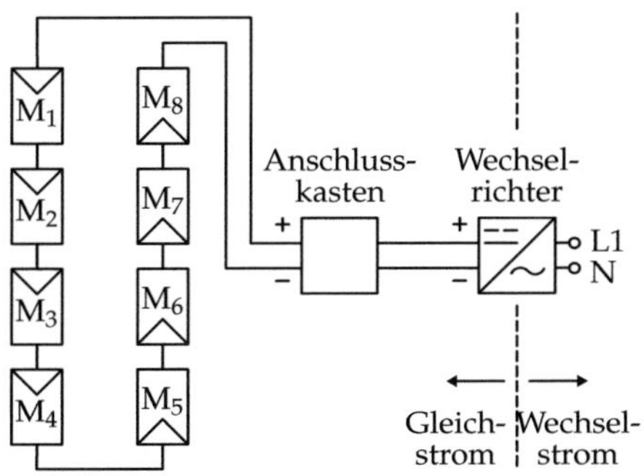

Abbildung 2.10: Prinzipieller Aufbau eines Solarsystems am Beispiel einer Anlage mit acht seriell verschalteten Solarmodulen ($M_{1...8}$) und einem netzgekoppelten Wechselrichter. Der Anschlusskasten beinhaltet im Allgemeinen nur Verbindungstechnik.

2.3 Störlichtbogen im Photovoltaiksystem

Jede stromführende Komponente im Photovoltaiksystem ist eine mögliche Fehlerquelle und somit ein potentieller Entstehungsort von Störlichtbögen. Nach Auswertung von Fehlerstatistiken wird davon ausgegangen, dass ein serieller Störlichtbogen im Gegensatz zum parallelen der häufigere Fall ist [126]. Dies wird bei näherer Betrachtung des Systems schnell deutlich. Aufgrund der Serienverschaltung von Zellen, Modulen, Anschlussleitungen und Wechselrichter existieren viele Übergänge, an welchen durch Herstellungs- oder Installationsfehler ein erhöhter Übergangswiderstand zu einem Erhitzen der entsprechenden Stelle führen kann. Dies kann dann wiederum zu einem Schmelzen des Kontaktmaterials und in der Folge zu einem Störlichtbogen führen. Ursache hierfür können schlecht gecrimpte Anschlüsse, kalte Lötstellen oder durch mechanische Beanspruchung abgerissene Kontakte sein oder fehlerhaft eingesetzte Schraubverbindungen, wie sie in den USA überwiegend verwendet werden [51].

Parallele Lichtbögen können ein oder mehrere Module überbrücken oder einen Kurzschluss gegen Erde darstellen. Diese entstehen durch Tierverbiss im Kabelka-

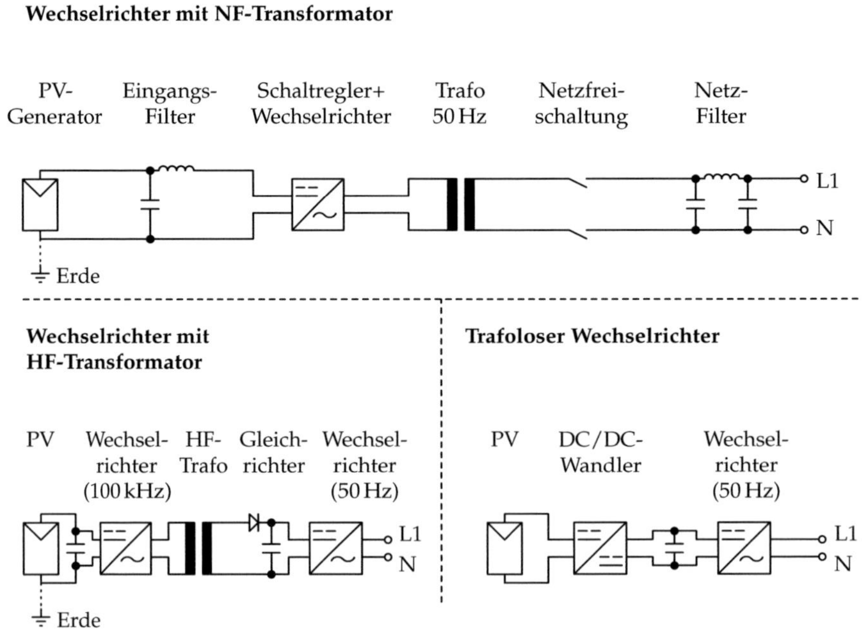

Abbildung 2.11: Schaltungskonzepte für Photovoltaik-Wechselrichter. Die Schaltungsteile, welche als „Wechselrichter" bezeichnet werden, bestehen aus einer Brückenschaltung mit Leistungstransistoren. Der Hauptunterschied besteht im Transformator, welcher die Gleichstromseite galvanisch von der Wechselstromseite trennt. Bei Wechselrichtern mit Transformator ist eine einseitige Erdung des Photovoltaikgenerators möglich.

nal oder durch schlecht verlegte Kabel, welche durch Wind an geerdeten Teilen aufscheuern. In Europa kommen meist transformatorlose Wechselrichter zum Einsatz, für welche der Einsatz einer Isolationsüberwachung vorgeschrieben ist. Dies mindert die Wahrscheinlichkeit eines unentdeckten Erdschlusses. Jedoch werden in den USA häufig Wechselrichter mit Transformator verwendet, wobei bis vor kurzem ein Pol des PV-Systems geerdet sein musste [51]. Eine solche Konfiguration erhöht die Wahrscheinlichkeit eines Fehlers gegen Erde, der einen Lichtbogen zur Folge haben kann.

In Abb. 2.11 sind verschiedene Schaltungskonzepte von Wechselrichtern dargestellt. Die Schaltungsteile, welche als „Wechselrichter" bezeichnet werden, bestehen aus einer Brückenschaltung mit Leistungstransistoren. Durch das Schalten der Leistungstransistoren wird bei der Variante ohne Transformator eine galvanische Verbindung der Phase „L1" abwechselnd mit dem Plus- und dem Minuspol der

Photovoltaikanlage hergestellt. Dadurch würde ein Kurzschluss gegen Erde an einem dieser beiden Pole einen Kurzschluss von „L1“ (Erdschluss) bedeuten und einen hohen Kurzschlussstrom zur Folge haben, wodurch eine Sicherung auslösen würde. Dadurch wäre ein entstandener Störlichtbogen gelöscht.

Die Variante mit Transformator kann DC-seitig an einem beliebigen Punkt geerdet werden. Geschieht dies, kann eine durch einen Fehler entstandene weitere Erdverbindung zu einem Kurzschluss von zumindest einem Teil des PV-Generators führen und einen Störlichtbogen zur Folge haben. Dieser Fall führt zu keinem Auslösen einer Sicherung, da der Fehlerstrom nur auf der Gleichstromseite fließt und maximal dem Kurzschlussstrom der Photovoltaikanlage entspricht.

Aufgrund der o. g. deutlich höheren Häufigkeit des Auftritts von seriellen Störlichtbögen [126] wird im Folgenden auf die Betrachtung von parallelen Störlichtbögen verzichtet.

2.3.1 Transientes Verhalten

Beim Zünden eines Störlichtbogens entsteht ein Spannungsabfall am Lichtbogen, der mit Anstiegszeiten von ca. 15 V/µs (Messergebnis) auf einen Endwert ansteigt, und zumindest dem Kathodenfall (ca. 15 V bei Kupfer) entspricht. Dabei erhöht sich zunächst die Spannung, welche der PV-Generator zur Verfügung stellen muss und entsprechend seiner Kennlinie verringert sich der Strom. Sobald sich das neue Gleichgewicht eingestellt hat, ist der Strom wieder nahezu auf demselben Wert wie vor der Zündung des Störlichtbogens, die Spannung am Wechselrichter ist jedoch um den Betrag der Brennspannung reduziert. Dieses Verhalten ist in Abb. 2.12 schematisch dargestellt.

Im Allgemeinen besitzt ein Wechselrichter eine kapazitive Eingangsbeschaltung im µF-Bereich, weshalb eine Spannungsänderung hier eine gewisse Zeitkonstante τ besitzt. Diese berechnet sich über den Widerstand des PV-Systems gemäß der Ladekurve eines Kondensators nach Gl. 2.13.

$$\tau = R_{\text{PV-System}} \cdot C_{\text{Wr-Eingang}} \tag{2.13}$$

Eine Abschätzung mit einer Systemimpedanz von 300 Ω und 1 µF (Testanlage mit 12 Modulen, siehe Abschnitt 4.2.2) ergibt eine Zeit von 300 µs, bis am Wechselrichtereingang 63,2 % der Spannungsänderung zu messen ist.

Ein großer Kondensator im System hat also zur Folge, dass die Brennspannung im ersten Moment der Zündung von der PV-Anlage zusätzlich zur Verfügung

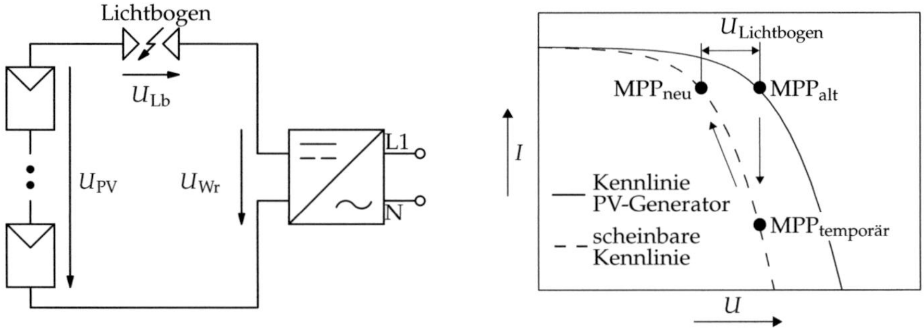

(a) Schematische Darstellung der Verteilung der Gleichspannungen (PV: Photovoltaikgenerator; Lb: Störlichtbogen; Wr: Wechselrichter)

(b) Verschiebung des Arbeitspunkts (Maximum Power Point; MPP) auf der I-U-Kennlinie bei Zünden des Störlichtbogens

Abbildung 2.12: Änderung des Arbeitspunktes (DC-Verhalten) einer Photovoltaikanlage bei Zündung eines seriellen Störlichtbogens

gestellt werden muss. Das damit verbundene Absinken des Stroms kann eine direkte Löschung des Störlichtbogens zur Folge haben. Dagegen wirkt sich eine serielle Induktivität im System stabilisierend auf den Störlichtbogen aus, da diese träge auf Stromänderungen reagiert und durch ihre induzierte Spannung die Brennspannung des Lichtbogens zunächst teilweise kompensiert.

2.3.2 Hochfrequenzverhalten

Das PV-System besitzt, wie in Abschnitt 4.2.2 gezeigt wird, eine relativ niedrige Impedanz, die allerdings stark von der Einstrahlung abhängt. Je höher die Einstrahlung ist, desto niedriger ist die Impedanz der Anlage (vgl. Abb. 2.13(a)). Deshalb sind Störsignale bis zu 300 MHz ausbreitungsfähig [35] und je nach Anlagenkonfiguration bilden die Module mit der Verkabelung ein schwingfähiges System im oberen kHz-Bereich (100 kHz bis 1 MHz) aus [49]. Die Module wirken unterhalb der Resonanzstellen kapazitiv und die Verkabelung ist als Induktivität zu betrachten.

Der meist kapazitive Wechselrichtereingang wirkt dabei mit niedriger Impedanz (vgl. Abb. 2.13(b)), jedoch sind große Unterschiede beim DC-seitigen EMV-Filter (EMV, Elektromagnetische Verträglichkeit) und der Wechselrichtertopologie möglich, die sich dämpfend auf das hochfrequente Störsignal im Strom auswirken können [126].

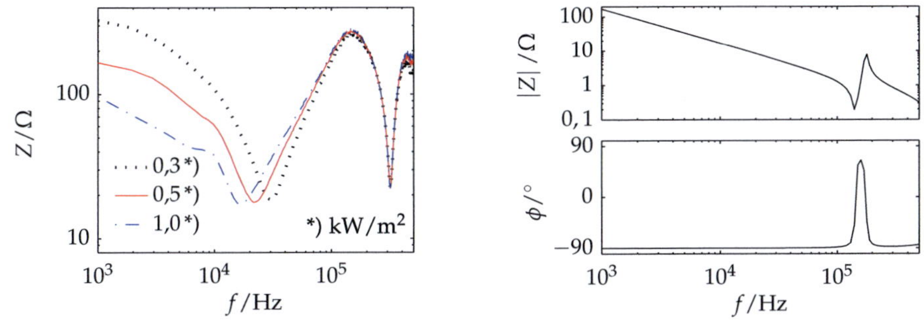

(a) Imedanz des gesamten Solarsystems mit 12 seriellen Modulen als Simulationsergebnis bei verschiedenen Einstrahlungen

(b) Eingangsimpedanz einer typischen Wechselrichter-Eingangsbeschaltung, gemessen an den DC-Eingangsbuchsen mit einem LCR-Meter

Abbildung 2.13: Impedanzen im Solarsystem

Tritt im Photovoltaiksystem ein Störlichtbogen auf, so ist der Brennspannung ein hochfrequentes Spannungssignal überlagert (siehe Abschnitt 2.1.3), welches ein breitbandigs Stromrauschen im gesamten PV-System hervorruft. Dieses besitzt eine mit zunehmender Frequenz abfallende Charakteristik und ist selbst bei Kabellängen von 200 m zwischen Störstelle und Detektor [49] noch gut messbar.

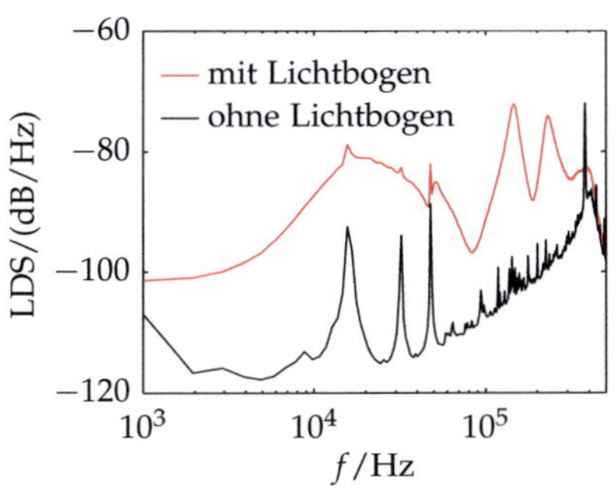

Abbildung 2.14: Lichtbogenexperiment im PV-System mit Wechselrichter: Vergleich Grundrauschen im Normalbetrieb ggü. Signalanteilen, die ein Lichtbogen im selben System verursacht (DC-Strom 6 A; d = 2mm). Das Stromsignal ist mithilfe einer Ringkernspule aus der Gleichstromleitung ausgekoppelt und die induzierte Spannung an den Klemmen der Spule gemessen. Das Ansteigen des Frequenzgangs mit zunehmender Frequenz ist durch die Übertragungscharakteristik der Ringkernspule hervorgerufen.

2.4 Fazit

Die hochfrequenten Signalanteile der Brennspannung von Lichtbögen sind Gegenstand aktueller Forschung, wobei die Zusammenhänge nicht abschließend geklärt sind. Zumeist zielen die Untersuchungen auf die Ursachen der Fluktuationen oder auf eine Beschreibung des fraktalen Charakters der gemessenen Signale ab und sind in Vakuum durchgeführt. Es werden in der Literatur meist Messdaten für das hochfrequente Stromsignal präsentiert. Ohne eine Angabe zur Systemimpedanz ist es jedoch nicht möglich, das Spannungsrauschen am Lichtbogen daraus zu errechnen, welches die Ursache des Stromrauschens darstellt.

Es fehlt eine quantitative Beschreibung des Frequenzgangs der hochfrequenten Signalanteile der Brennspannung innerhalb eines Strombereichs, wie er im Bereich der Photovoltaik anzutreffen ist. Auch ist nicht beschrieben, inwiefern die Länge des Lichtbogens Einfluss auf das spektrale Verhalten der Signale nimmt und ob sich die anhand von Vakuum-Bögen gewonnenen Erkenntnisse auf Lichtbögen in Luft übertragen lassen. Zum Aufbau eines solchen Wissens sind weitergehende Untersuchungen in Form von Experimenten mit Lichtbögen notwendig.

Das Verhalten von Photovoltaikanlagen bei Beaufschlagung mit hochfrequenten Signalen lässt sich aus dem Kleinsignalersatzschaltbild der Solarzelle ableiten und ist prinzipiell aus der Literatur bekannt. Für eine Festlegung von möglichen Frequenzbereichen zur Lokalisierung von Störlichtbögen ist der genaue Einfluss von Anlagengröße, -konfiguration und die Einstrahlungsabhängigkeit auf das Übertragungsverhalten von zentraler Bedeutung. Dafür ist ein Simulationsmodell von Vorteil, welches parametrisiert und optimiert werden muss. Die exakten Werte dafür müssen experimentell an einer Photovoltaikanlage ermittelt werden.

3 Ermittlung des Hochfrequenzverhaltens von Gleichstrom-Lichtbögen

3.1 Allgemeines

3.1.1 Zweck der Untersuchungen

Aktuell am Markt verfügbare Lichtbogendetektoren für Photovoltaikanlagen arbeiten nach Prinzipien, die sich in ihrer Art und Komplexität stark voneinander unterscheiden (vgl. Abschnitt 1.2.1). Trotz dieser Unterschiede besitzen alle untersuchten Produkte eine grundlegende Gemeinsamkeit, bezogen auf die angewandte Detektionsstrategie. Es findet immer eine Nutzung der hochfrequenten, dem Photostrom überlagerten Signalanteile statt, welche im Fall eines Störlichtbogens als charakteristisches Merkmal auftreten.

Für die hier vorliegende Aufgabe der Erforschung eines Systems zur Lokalisierung von Störlichtbögen in Photovoltaikanlagen muss daher dieses Merkmal als mögliche Messgröße in Betracht gezogen werden. Dessen Eignung kann allerdings erst dann bewertet werden, wenn dessen Verhalten im Zeit- und Frequenzbereich bekannt ist, und zwar unter Bedingungen, wie sie in Photovoltaikanlagen vorherrschen. Dabei stellt sich die Frage, wie sich das Spektrum zeitlich und bei variablen Randbedingungen verändert und durch welche Kenngrößen dieses Verhalten beschreibbar ist.

Da für diesen Bereich eine systematische Untersuchung bisher nicht veröffentlicht ist (vgl. Abschnitt 1.3), werden Experimente durchgeführt, die ein solches Wissen aufbauen. Es ist eine Versuchsanlage eigens für diesen Zweck konzipiert und realisiert worden, mit welcher die Brennspannung von Lichtbögen bei

- atmosphärischem Druck in Luft
- 2 . . . 17 A (Gleichstrom)
- 0,2 . . . 4 mm (Elektrodenabstand)
- Cu, Al, St (Elektrodenmaterial)

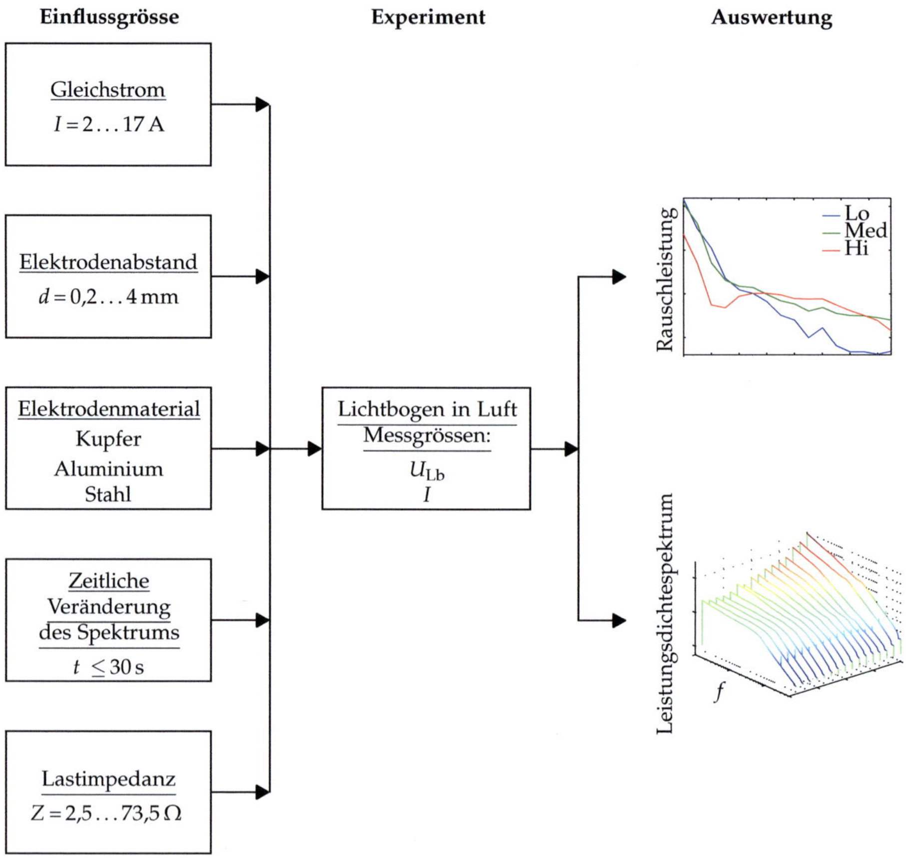

Abbildung 3.1: Schematische Darstellung der untersuchten Einflussgrößen auf das spektrale Verhalten der vom Lichtbogen erzeugten hochfrequenten Signale

- 1 ... 500 kHz (Frequenzbereich d. Auswertung)
- 2,5 ... 73,5 Ω (Lastimpedanz)

gemessen wird. Die Auswertung erfolgt im Frequenzbereich und gibt einen Überblick über die Veränderung des durch den Lichtbogen erzeugten Rauschens in Spannung und Strom bei variablen Randbedingungen. Auf Basis dieser Erkenntnisse ist es zudem möglich, ein Simulationsmodell für Schaltungssimulation zu erstellen, welches das Verhalten des Lichtbogens als hochfrequente Signalquelle beschreibt. Dieses Simulationsmodell dient als Werkzeug für die Entwicklung von Methoden zur Lokalisierung von Störlichtbögen in Photovoltaikanlagen.

3.1.2 Versuchsaufbau

Die Ermittlung des Strom- und Spannungsrauschens von Gleichstromlichtbögen erfolgt an einer dafür konzipierten Versuchsanlage. Da eine reale Photovoltaikanlage mit Wechselrichter für Untersuchungen im HF-Bereich viele ungewollte Einflussfaktoren mit sich bringt (hohe Induktivitäten durch lange Zuleitungen, nicht konstante Einstrahlungsbedingungen, Störungen durch MPP-Tracker und Ansteuerung Brückenschaltung, ...), werden die Experimente zur Charakterisierung von Gleichstromlichtbögen unter idealisierten Bedingungen gemessen. Es wird die Photovoltaikanlage durch eine Labor-Spannungsquelle, und der Wechselrichter durch einen einstellbaren ohmschen Widerstand ersetzt. Dies ermöglicht eine methodische Beschreibung der vom Lichtbogen erzeugten hochfrequenten Signale unabhängig von der Art und Konfiguration des Gleichstromsystems.

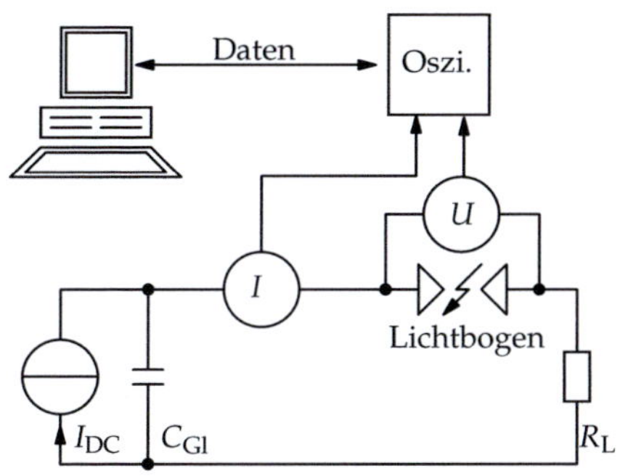

(a) Schematische Darstellung

(b) Foto der Versuchsanlage

Abbildung 3.2: Versuchsaufbau zur Charakterisierung der hochfrquenten Signalanteile in Strom und Spannung bei Gleichstrom-Lichtbögen

Der Messaufbau ist in Abb. 3.2(a) schematisch dargestellt. Eine Stromquelle liefert einen einstellbaren Gleichstrom I_{DC}, welcher während einer Messung konstant gehalten wird. Die Kapazität C_{Gl} am Eingang der Versuchsanlage besteht aus Elektrolyt- und Keramikkondensatoren und wirkt als Glättungskondenator für Störsignale aus der Quelle.

$$\underline{Z_C} = \frac{1}{j\omega C_{Gl}} \tag{3.1}$$

Dabei ist $\underline{Z_C}$ die komplexe Impedanz des Kondensators, j die imaginäre Zahl und ω die Kreisfrequenz $2 \cdot \pi \cdot f$. Für die zu untersuchenden Signalanteile von über 1 kHz wirkt C_{Gl} gemäß Gl. 3.1 mit weniger als 0,5 Ω und wird im Ersatzschaltbild

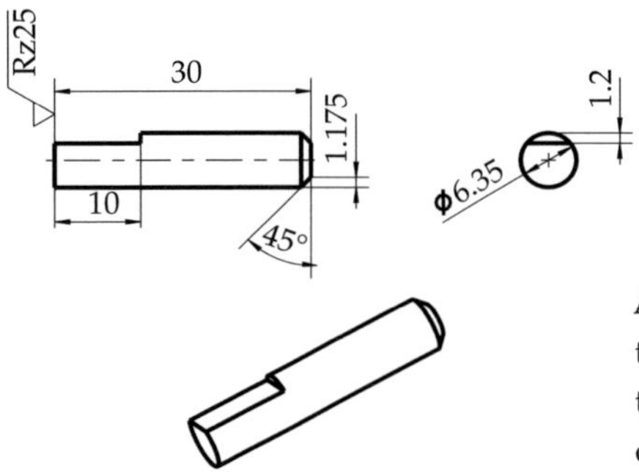

Abbildung 3.3: Technische Zeichnung der Elektroden; alle für diese Arbeit verwendeten Elektroden (Kupfer, Aluminium, Stahl) besitzen die dargestellte Geometrie (Werte in mm)

(Abb. 3.4) als Kurzschluss betrachtet. Als Last dient eine ohmsche Widerstandsbank R_L, welche seriell zum Lichtbogen geschaltet ist. Gemessen werden Gleich- und Wechselanteil des Stroms im System und die Spannung über dem Lichtbogen. Die Digitalisierung der Messsignale geschieht durch ein Oszilloskop, welches über ein PXI-System direkt an den PCI-Bus (Peripheral Component Interconnect) eines PC (Personal Computer) angeschlossen ist. Damit werden die mit einer zeitlichen Auflösung von 2 Mio. Messwerten pro Sekunde (MSpS, Megasamples per Second) aufgenommenen Rohdaten direkt auf die Festplatte übertragen und zur weiteren Verarbeitung gespeichert. Die einzelnen Komponenten der Versuchsanlage sind in Tab. 3.1 aufgelistet.

Die Elektroden haben einen Durchmesser von 6,35 mm und sind an der Spitze durch einen 45° Winkel auf 4 mm verjüngt (siehe Abb. 3.3). Für die Montage in die Elektrodenhalterungen, welche aus Kupferblöcken bestehen, sind die Elektroden am anderen Ende abgeflacht. Auf dieser Fläche wird die Elektrode durch eine Schraube in die Halterung gepresst. Alle verwendeten Elektroden, unabhängig vom eingesetzten Material sind nach dieser Zeichnung gefertigt.

Impedanz der Versuchsanlage Für die Charakterisierung der Signale wird der Lichtbogen als Signalquelle betrachtet, für welchen der umgebende Stromkreis die Lastimpedanz $\underline{Z_L}$ darstellt. Aus diesen Überlegungen resultiert ein Ersatzschaltbild für den Versuchsaufbau nach Abb. 3.4. Die Lastimpedanz $\underline{Z_L}$ setzt sich gemäß Gl. 3.2 zusammen.

$$\underline{Z_L} = R_L + \frac{1}{j\omega C_{Gl}} + j\omega L_{Ltg} \tag{3.2}$$

Dabei stellt L_{Ltg} die Induktivität der Leitungen im Versuchsstand dar und beträgt ca. 70 µH. Damit stellt die Induktivität eine zusätliche Impedanz dar, mit dem Betrag von ca. 0,4 Ω bei 1 kHz.

Tabelle 3.1: Komponenten für die Verwendung in den Lichtbogenexperimenten; fest verbaut in der Versuchsanlage

Komponente	Hersteller und Typ
Spannungsquelle	Regatron TC.10.600.400.S
Lastwiderstand	Frizlen BWV83 (22...667 Ω)
Oszilloskop	NI PXI-5105 mit NI PXIe 1073
Spannungstastkopf	Clever Scope Differential Probe CS1030
Stromwandler HF	Ion Physics CM-1-L
Stromzange	Clever Scope CS1070
Elektroden	Wechselbar, Abm.(mm) 30 x 6,35 (LxD)

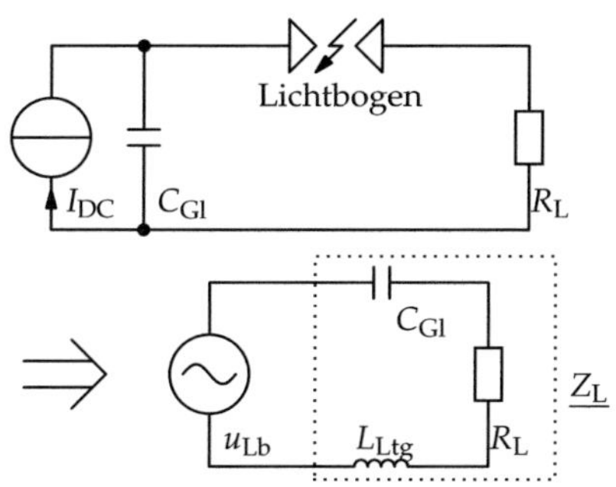

Abbildung 3.4: Kleinsignalersatzschaltbild der Versuchsanlage zur Charakterisierung der hochfrequenten Signalanteile von Strom und Spannung am Lichtbogen bei Betrachtung des Lichtbogens als Signalquelle u_{Lb} und Vernachlässigung der Gleichanteile

Für die messtechnische Bestimmung der Lastimpedanz $\underline{Z_L}$ ist mit einem LCR-Meter und angeschlossener aber ausgeschalteter Stromquelle eine Impedanzmessung durchgeführt. Der Lastwiderstand beträgt 22 Ω, der Elektrodenabstand 2 mm und das LCR-Meter kontaktiert die Elektroden. Die Impedanz der Versuchsanlage ist in Abb. 3.5 dargestellt. Der Verlauf des Betrags der Impedanz ist bis ca. 10 kHz relativ flach. Darüber wirkt der induktive Anteil der Verkabelung und erhöht den Betrag auf bis zu 116,4 Ω bei 380 kHz, wonach sie wieder absinkt, da der Versuchsaufbau bei ca. 680 kHz eine Resonanzstelle besitzt.

Grundrauschen Eine elektronische Spannungsquelle ist gewissen Regelstrategien unterworfen, wodurch selbst bei gut entstörten Geräten mit der Emission von hochfrequenten Störsignalen zu rechnen ist. Auch bedeutet eine Laborumgebung mit Entlüftungsanlagen und anderen stromintensiven Verbrauchern eine erhöhte EMV-Belastung der Umgebung. Leitungsgebundene Störungen sind besonders von der Spannungsquelle zu erwarten, da hier eine galvanische Verbindung besteht. Bis 2 kHz können Netzoberwellen des 50 Hz-Niederspannungsnetzes (bis

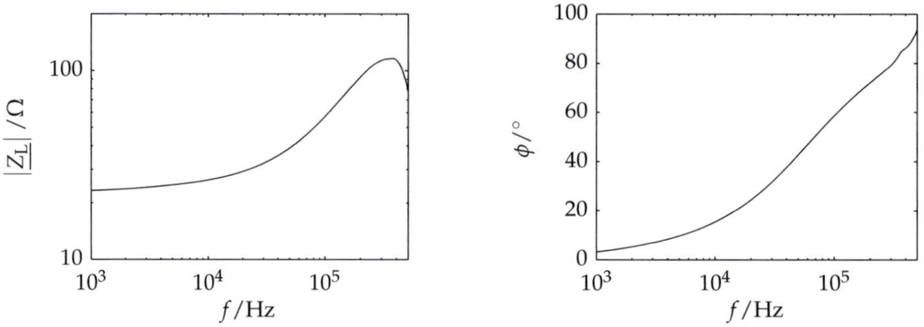

(a) Betrag

(b) Phase

Abbildung 3.5: Impedanz des Versuchsaufbaus aus „Sicht" des Lichtbogens bei 22 Ω Last

40. Oberwelle nach IEC 61000-3-2) vorhanden sein und durch Langwellenrundfunk (148,5 kHz ... 283,5 kHz) kann mit weiteren Störungen gerechnet werden.

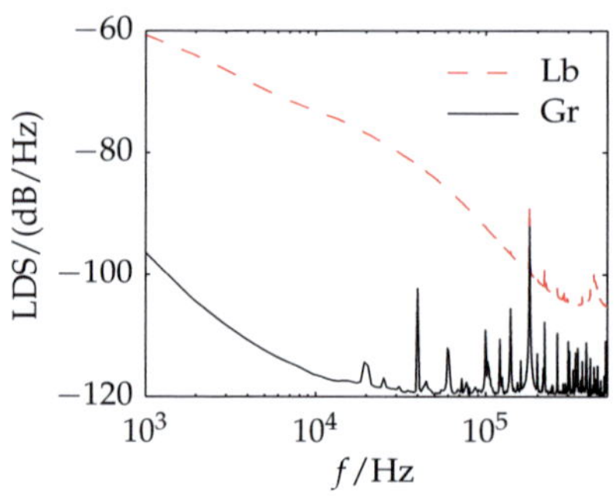

Abbildung 3.6: Leistungsdichtespektrum des Stroms: Grundrauschen (Gr) des Versuchsaufbaus ohne Lichtbogen und mit Lichtbogen (Lb); jeweils gemessen bei einem Gleichstrom von 6 A und einem Lastwiderstand von 22 Ω ; der Elektrodenabstand (Kupfer) beim Lichtbogen beträgt 2 mm (Berechnung des Leistungsdichtespektrums: siehe Abschnitt 3.1.4)

Für den Abgleich mit eventuellen Umgebungseinflüssen bei späteren Messungen ist in Abb. 3.6 das Leistungsdichtespektrum des Stroms bei normalen Versuchsbedingungen mit und ohne Lichtbogen dargestellt. Der Lastwiderstand ist auf 22 Ω und der Strom auf 6 A eingestellt, die Elektroden sind bei der Messung des Grundrauschens überbrückt und bei der Messung mit Lichtbogen beträgt der Elektrodenabstand 2 mm.

Bei der Messung des Grundrauschens sind oberhalb von 40 kHz viele schmalbandige Störsignale zu sehen, welche auf die Störemission der Spannungsquelle zurückzuführen sind. Ein Empfang von Langwellenrundfunk ist unwahrscheinlich, da die Störungen nicht auf den entsprechenden Frequenzbereich beschränkt sind. Durch Störungen des Stroms wird ein maximaler Wert von -89,5 dB bei 180 kHz erreicht. Diese Messung wurde bei unterschiedlichen Strömen (2 ... 17 A) ohne signifikante Änderungen im Ergebnis wiederholt.

3.1.3 Versuchsdurchführung

Um vergleichbare Ergebnisse zu erzielen, werden alle Versuche nach dem gleichen Ablauf durchgeführt:

- Einsetzen neuer Elektroden und Einstellen eines definierten Kontaktabstands
- Einstellen des Lastwiderstands
- Herstellen einer elektrischen Verbindung der Elektroden durch Einklemmen von Kupferlitze (Durchmesser der Verbinung ca. 1 mm)
- Einschalten der Stromversorgung und Einstellen des DC-Stroms
- Beginn der Aufzeichnung der Messdaten von Strom und Spannung mit Oszilloskop und PC
- Zündung des Lichtbogens durch herausziehen der Kupferlitze
- Stopp der Messung nach 30 Sekunden

Während der Messung wird der Lichtbogen visuell überwacht und alle Parameter wie Strom oder Elektrodenabstand bleiben konstant. Die Messdaten werden auf der Festplatte (Format: tdms) gespeichert, um sie mit externer Software zu analysieren.

3.1.4 Datenanalyse

Zur Aufbereitung, Verarbeitung und Analyse der Messdaten wird die Software Matlab R2011b [83] verwendet und die Aufbereitung der Messdaten erfolgt gemäß des in Abb. 3.7 dargestellten Schemas.

Die Messdaten Data(n) werden zunächst entsprechend der Einstellungen des Oszilloskops nach Gl. 3.3 aufbereitet.

$$s(n) = (\text{Data}(n) \cdot \text{Gain} + \text{Offset}) \cdot \text{ScaleFactor} \tag{3.3}$$

Dabei ist $s(n)$ ein Vektor mit realen Messwerten, Data(n) ein Vektor mit Rohdaten, n eine fortlaufende Nummer der Messwerte, Gain die Dämpfung der Messwandler, Offset ein messgeräteinterner Wert und ScaleFactor die vertikale Auflösung des Messbereichs. Die Auswertung der Messdaten beginnt immer 100 ms nach Zündung des Lichtbogens. Dieser Zeitpunkt wird zu $t = 0$ gesetzt.

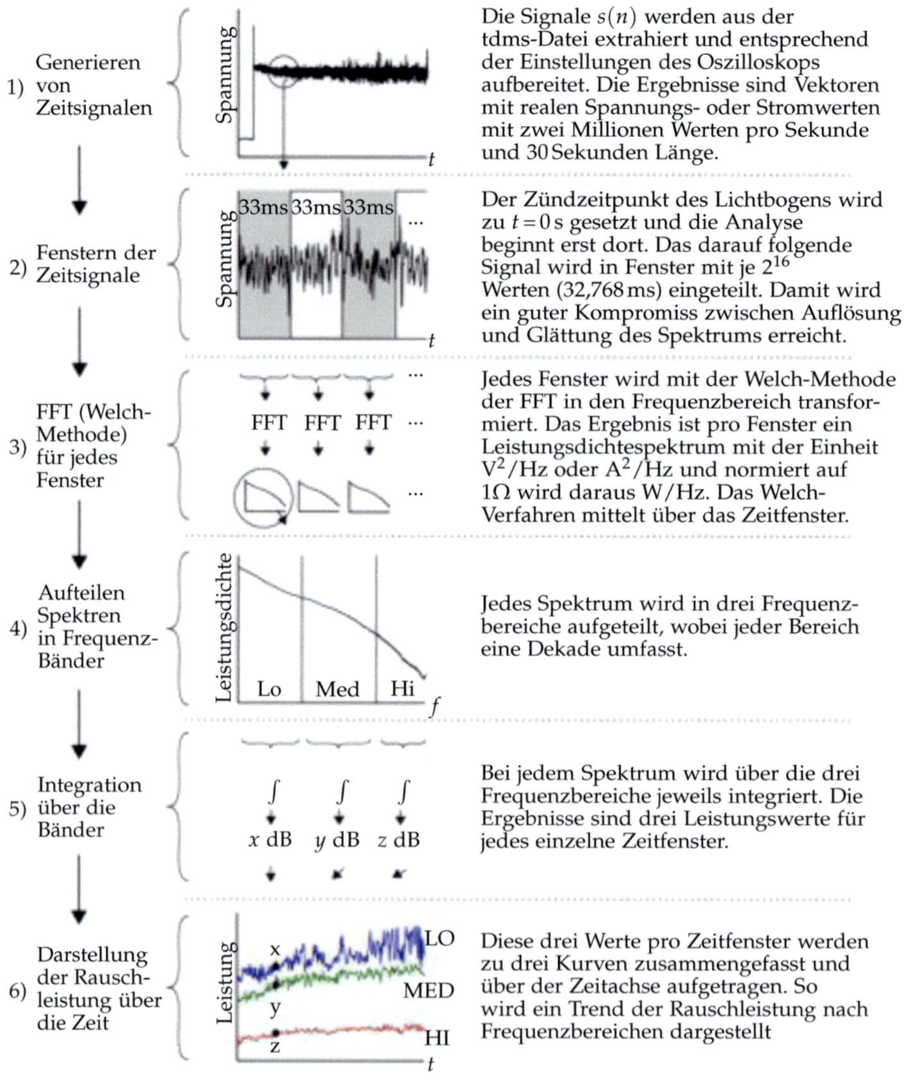

Abbildung 3.7: Schematische Beschreibung der Vorgehensweise bei der Aufbereitung und Analyse der Messdaten

Der so generierte Vektor aus Messwerten wird in Fenster mit 2^{16} Werten (entspr. 32,768 ms) aufgeteilt, welche dann in den Frequenzbereich transformiert werden. Dafür wird das „Welch-Verfahren“ [47] angewandt. Die Besonderheit dieses Verfahrens ist, dass das resultierende Spektrum weniger Frequenzpunkte enthält als eine normale Fouriertransformation, diese dann aber einen Mittelwert über das Zeitfenster darstellen, wodurch der Verlauf glatter ist. Zudem ist das Ergebnis ein Leistungsdichtespektrum (LDS), welches sich besser zum Rechnen eignet als das Spektrum einer Spannung (z. B. bei Integration über Frequenzbänder).

Dafür wird jedes Fenster zunächst in N_{Frag} gleich große Fragmente der Länge L_{Frag} mit einer ganzzahligen Potenz von Zwei Messwerten aufgeteilt, wobei sich die Fragmente hier zu 50% überlappen. Jedes Fragment mit der Nummer n_{Frag} wird nach Gl. 3.4 unter Verwendung des Algorithmus der Fast Fourier Transformation (FFT [103]) in den Frequenzbereich übertragen und nach Gl. 3.5 durch Quadrieren der einzelnen Werte ein leistungsäquivalentes Spektrum generiert.

$$\underline{S(n)} = \mathcal{F}\left(s\left(n\right)\right) \qquad |n = 1..L_{\text{Frag}} \tag{3.4}$$

$$\text{LDS}_{\text{Frag}}(n) = \left(\left|\underline{S(n)}\right| \cdot 2\right)^2 \qquad |n = 1..\frac{L_{\text{Frag}}}{2} + 1 \tag{3.5}$$

Bei diesem Schritt ist $\underline{S(n)}$ die Fouriertransformierte des diskreten Zeitsignals $s\left(n\right)$ und $\text{LDS}_{\text{Frag}}(n)$ das Leistungsdichtespektrum eines Fragments. Über alle Fragmente eines Fensters wird dann ein Mittelwert nach Gl. 3.6 gebildet und das resultierende Leistungsdichtespektrum des Fensters $\text{LDS}_{\text{Fenster}}(n)$ nach Gl. 3.7 logarithmisch dargestellt.

$$\text{LDS}_{\text{Fenster}}(n) = \sum_{\text{Frag}=1}^{N_{\text{Frag}}} \text{LDS}_{\text{Frag}}(n) / N_{\text{Frag}} \tag{3.6}$$

$$\text{LDS}_{\text{dB}}(n) = 10 \cdot \log_{10}\left(\text{LDS}_{\text{Fenster}}(n)\right) \tag{3.7}$$

Bei der Wahl der Anzahl von Datenpunkten pro Fragment L_{Frag} muss berücksichtigt werden, dass bei einer zu hohen Anzahl der Vorteil der Mittelung verloren geht und der spektrale Verlauf eine hohe Varianz aufweist. Bei einer zu geringen Zahl von Datenpunkten ist die spektrale Auflösung zu gering und es geht Information verloren. In den Untersuchungen stellte sich ein Wert von $L_{\text{Frag.}} = 2048$ als guter Mittelweg zwischen Glättung des Spektrums und dessen Auflösung heraus und wurde für die Datenanalyse entsprechend festgelegt. Somit besitzt das Leistungsdichtespektrum eine Anzahl von $(L_{\text{Frag.}}/2)+1 = 1025$ Werten, wobei der erste den Gleichanteil bei der Frequenz $f = 0$ repräsentiert.

Zur Darstellung des Zeitverlaufs des Leistungsdichtespektrums gibt es mehrere Möglichkeiten. Beim „Spektrogramm“ wird der Pegel entsprechend einer Farbskala dargestellt und in einem zweidimensionalen Koordinatensystem die Frequenz über der Zeit dargestellt. Dabei ist es schwierig, bei einem bestimmten Zeitpunkt

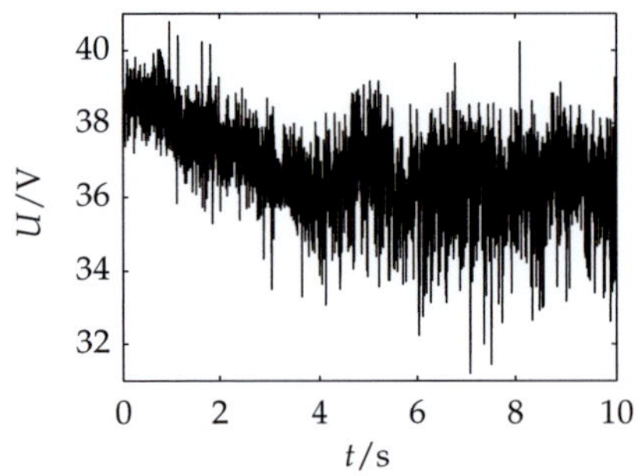

(a) Verlauf der Brennspannung, gemessen an den Elektroden

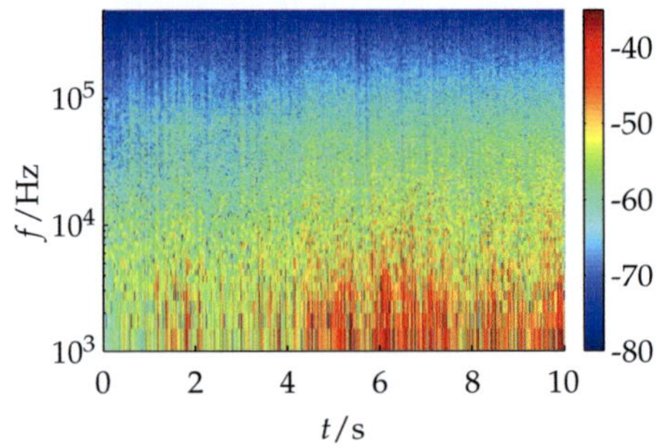

(b) Spektrogramm der Rauschleistungsdichte, die auf der Farbskala ablesbaren Werte sind in dB/Hz

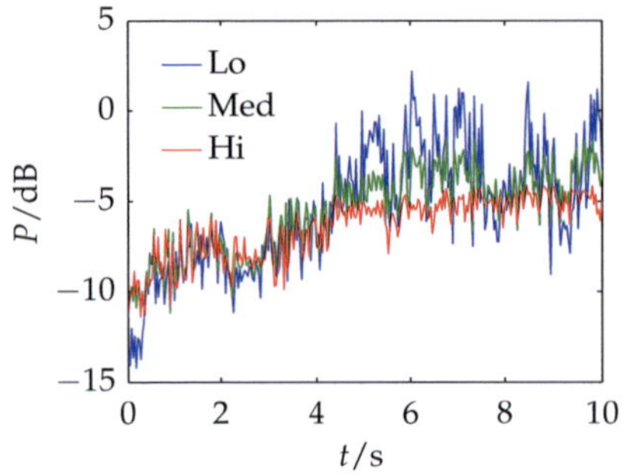

(c) Verlauf der Signalleistung, integriert über drei Frequenzbänder (Lo: 1...10 kHz; Med: 4...40 kHz; Hi: 40...400 kHz)

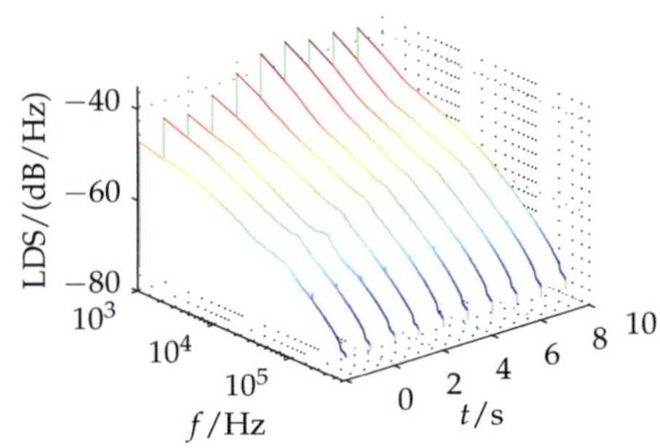

(d) Leistungsdichtespektrum jeweils gemittelt über eine Sekunde als Wasserfall-Diagramm, die Farbskala ist entsprechend oben (b)

Abbildung 3.8: Brennspannung und deren Leistungsdichtespektrum im Zeitverlauf, die Diagramme (b) bis (d) wurden aus dem Spannungsverlauf in (a) berechnet (Lichtbogen mit $I = 6$ A, Elektrodenabstand $d = 2$ mm, Kupferelektroden)

den spektralen Verlauf zu erkennen, da zuerst die Einfärbungen über die Farbskala in Zahlenwerte übertragen werden müssen (vgl. Abb 3.8(b)). Auch ist ein direkter Vergleich von zwei Zeitpunkten schwierig.

Eine weitere Möglichkeit ist die Verwendung eines dreidimensionalen Koordinatensystems und Darstellung des Verlaufs z. B. als „Wasserfall-" Diagramm (vgl. Abb 3.8(d)). Dabei kann aufgrund der Übersichtlichkeit nur eine grobe zeitliche Auflösung dargestellt werden und aufgrund der dreidimensionalen Darstellung kann es sein, dass Bereiche mit niedrigen Werten komplett von benachbarten Bereichen mit hohen Werten „verdeckt“ werden. Zur Unterstützung wird auch hier häufig eine Farbskala verwendet.

Um jedoch absolute Werte im Zeitverlauf darzustellen, welche sich zum direkten Vergleich eignen, wird das Leistungsdichtespektrum hier auf drei Werte reduziert. Diese gehen aus der Integration über drei Frequenzbänder hervor.

- Lo: 1 . . . 10 kHz
- Med: 4 . . . 40 kHz
- Hi: 40 . . . 400 kHz

Für die Festlegung der Bandgrenzen spielen folgende Überlegungen eine Rolle:

- Jedes Frequenzband soll eine Dekade umfassen, da so bestimmte Verläufe des Leistungsdichtespektrums einfach erkannt werden können (z. B. $1/f$-Rauschen: gleiche Leistung in jeder Dekade)
- Unterhalb von 1 kHz können Netzoberwellen eine Rolle spielen und das Ergebnis verfälschen
- Oberhalb von 400 kHz gerät der Versuchsaufbau in Resonanz

Die Integration der Leistungsdichte zu einer Gesamtleistung (in diskreter Form: Summe) wird gemäß Gl. 3.8 durchgeführt.

$$P_{\text{Fenster, Frequenzband}} = \sum_{n=\frac{f_u+1}{\Delta f}}^{n=\frac{f_o}{\Delta f}} \text{LDS}_{\text{Fenster}}(n) \cdot \Delta f \tag{3.8}$$

Dabei ist $P_{\text{Fenster, Frequenzband}}$ die gesamte Rauschleistung innerhalb des Frequenzbandes, f_u die untere Grenzfrequenz, f_o die obere Grenzfrequenz und Δf die Frequenz-Schrittweite (hier: 2 MHz / 2048).

Die so ermittelten Leistungswerte für jedes Fenster können über die Zeit dargestellt werden und man erhält einen auf 32,768 ms aufgelösten Verlauf der Rauschleistung innerhalb der drei Frequenzbänder. Diese Darstellung ermöglicht ein Erkennen von zeitlichen Veränderungen in der Rauschleistung und die Zuordnung der Veränderungen zu den entsprechenden Frequenzbändern.

3.2 Lichtbogenexperimente mit Kupferelektroden

Kupfer ist aufgrund seiner guten Leitfähigkeit, Verarbeitbarkeit und seines günstigen Preises das am weitesten verbreitete Leitermaterial und kommt in weiten Bereichen der Elektrotechnik zur Anwendung. Kommt es aufgrund eines Fehlers in einem Leitersystem aus Kupfer zu einem Störlichtbogen, so sind für die Detektion und Lokalisierung das Verhalten des Lichtbogens mit Kupferelektroden von besonderem Interesse. Aus diesem Grund wird ein besonderes Augenmerk auf dieses Material gerichtet.

3.2.1 Allgemeine Beobachtungen

Bei den Experimenten mit Kupferelektroden (CU28b40) brennt der Lichtbogen mit grüner Farbe, wie das Foto in Abb. 3.9(a) bei einem 8 A Lichtbogen zeigt. Während des Experiments wanderte der kathodenseitige Fußpunkt des Lichtbogens über die Oberfläche, während der Fußpunkt auf der Anodenseite örtlich unverändert verblieb. Dies stimmt mit Schilderungen von Lafferty u. a. überein [74]. Die Folge dieser Wanderung ist in Abb. 3.9(b) anhand der punktuell angeschmolzenen Kathodenoberfläche (Krater) nachzuvollziehen, vgl. Abschnitt 2.1.3 auf Seite 41.

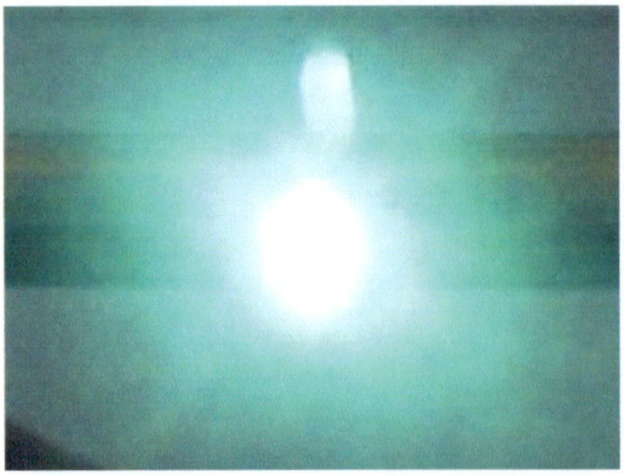

(a) Brennender Lichtbogen mit 2 mm Länge bei 8 A

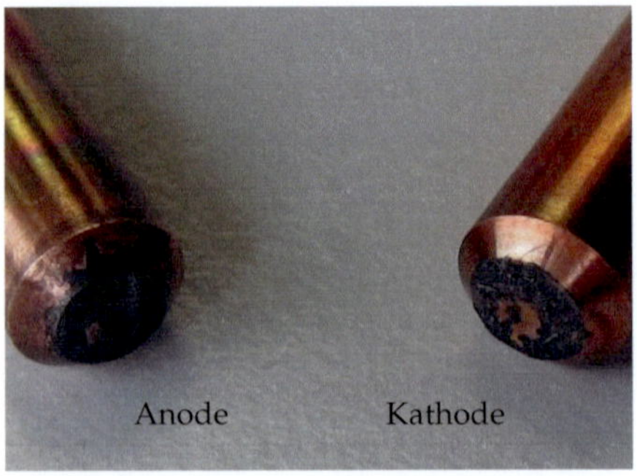

(b) Elektroden nach 20 Sekunden Brenndauer bei 8 A nach Reinigung mit einem trockenen Tuch

Abbildung 3.9: Lichtbogenexperiment mit Kupferelektroden

Die Anodenseite dagegen ist vergleichsweise glatt und mit dem bloßen Auge lassen sich keine Anzeichen von oberflächlich geschmolzenem Material erkennen.

Dies ist dem hohen Schmelzpunkt und der guten Wärmeleitfähigkeit des Materials nach Tab. 3.2 geschuldet. In Abb. 3.10 sind die Zeitverläufe von Lichtbo-

Tabelle 3.2: Relevante physikalische Eigenschaften des Leitermaterials Kupfer [138]

Schmelztemperatur	in	°C	1085
Wärmeleitfähigkeit [1]	in	W/(m·K)	401
Elektrische Leitfähigkeit bei 20 °C	in	$m/(\Omega{\cdot}mm^2)$	59,77

[1] Reinstkupfer bei 27 °C

genspannung und -Strom und daraus abgeleiteten Größen anhand einer Messung bei 6 A dargestellt. Der Zeitverlauf der Rauschleistung ist aus der Brennspannung berechnet und das Leistungsdichtespektrum repräsentiert die erste Sekunde der Lichtbogenspannung nach Zündung des Lichtbogens.

Während innerhalb der ersten fünf Sekunden die Brennspannung um ca. 2 V sinkt, nimmt zeitgleich die Rauschleistung in allen drei Frequenzbändern um ca. 5 dB zu.

3.2.2 Zeitverhalten der Rauschleistung

Zu Beginn der Messungen konnte zunächst ein breitbandiger Anstieg der Signalleistung verzeichnet werden. Nach diesem Anstieg schwankte die Rauschleistung um einen relativ konstanten Wert. Dieser Wert wurde für kleinere Ströme deutlich langsamer erreicht als für größere.

In Abb. 3.11 ist der Anstieg der Rauschleistung im Vergleich von 5 A und 10 A dargestellt, wobei man direkt die deutlich kürzere Anstiegszeit der Rauschleistung bei der höheren Lichtbogenleistung bei 10 A erkennt. Das Ansteigen der Rauschleistung hängt möglicherweise mit der Temperatur der Elektroden zusammen, welche bei hohem Strom schneller ansteigt als bei niedrigem.

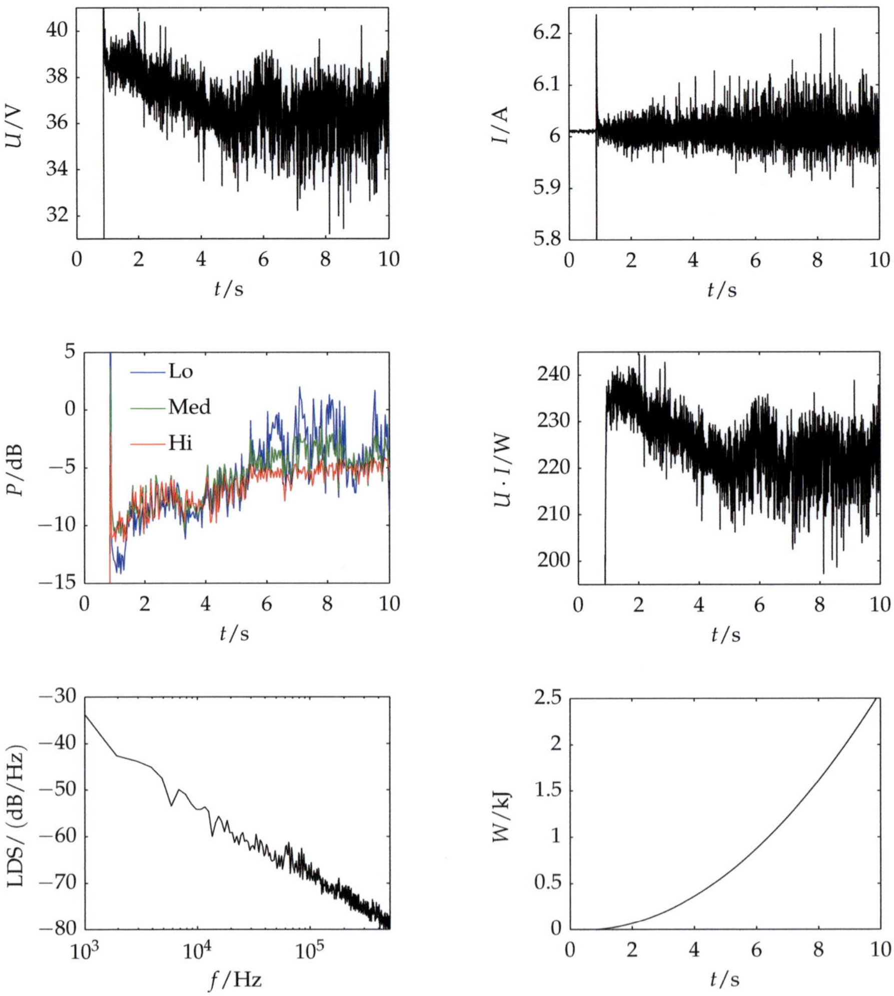

Abbildung 3.10: Zeitverläufe: Lichtbogenspannung U, -Strom I, Rauschleistung P der Spannung U (Lo: 1 … 10 kHz; Med: 4 … 40 kHz; Hi: 40 … 400 kHz), elektr. Leistung $U \cdot I$, Leistungsdichtespektrum v. U innerh. d. ersten Sek. n. Zündung, elektr. Energieeintrag $\int (U \cdot I)\, \mathrm{d}t$ bei Experiment mit 6 A, Kupferelektroden m. 2 mm Abstand

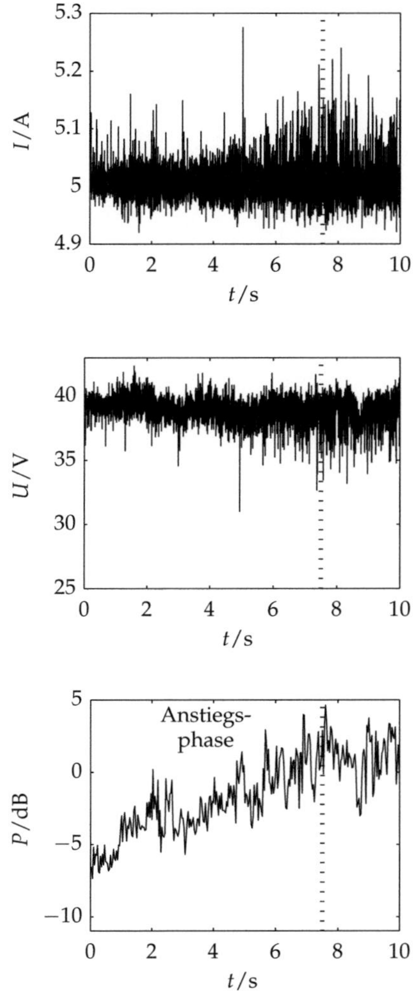

(a) Bei 5 A: 7,5 Sekunden Anstiegsphase

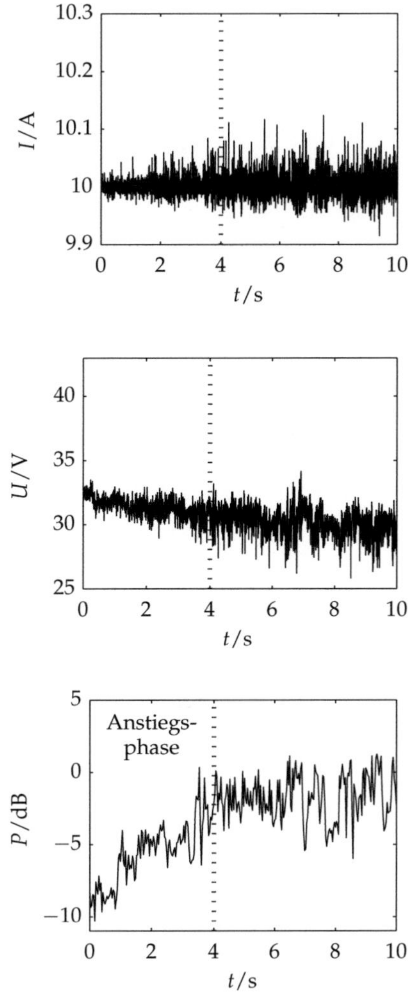

(b) Bei 10 A: 4 Sekunden Anstiegsphase

Abbildung 3.11: Ansteigen der Rauschleistung zu Beginn der Messungen, Vergleich zweier Messungen mit unterschiedlichen DC-Strömen (Rauschleistung P der Spannung U integriert von 1 bis 400 kHz; Kupferelektroden, 2 mm Abstand)

3.2.3 Verhalten bei unterschiedlichen Strömen

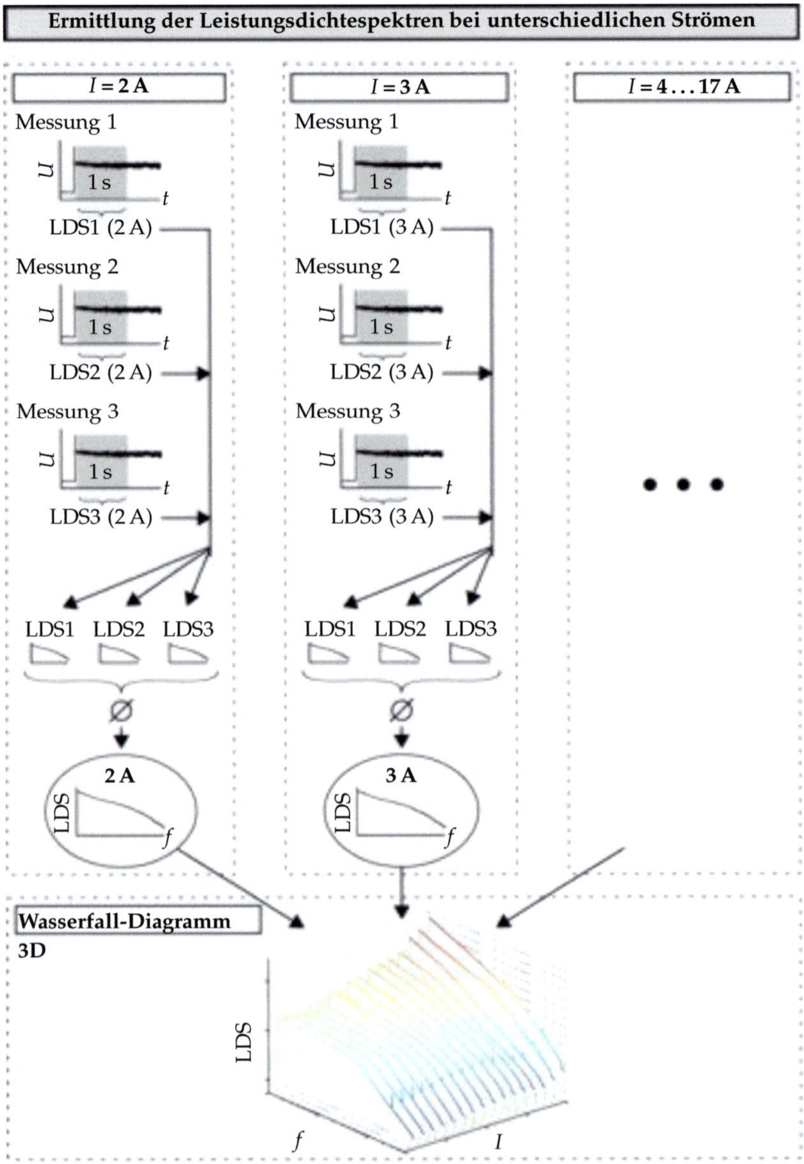

Abbildung 3.12: Schematische Darstellung des Verfahrens zur Ermittlung der Leistungsdichtespektren von Lichtbögen bei unterschiedlichen Strömen innerhalb der ersten Sekunde nach Zündung des Lichtbogens (Auswertung beginnt 100 ms nach Zündung)

Unterschiedliche Ströme: Erste Sekunde nach Zündung Nach der amerikanischen Vorschrift UL1699 [134] wird ein Erkennen und Löschen von Lichtbögen nach maximal 2 s vorgeschrieben, oder spätestens dann, wenn der gesamte Wärmeenergieeintrag 750 J beträgt. Vor diesem Hintergrund ist für die Detektion von Störlichtbögen die erste Zeit nach Zündung von besonderem Interesse, weshalb die hochfrequenten Signalanteile der Lichtbogenspannung innerhalb der ersten Sekunde nach Zündung genauer betrachtet werden. Dies geschieht bei Gleichströmen von 2 ... 17 A. Die einzelnen Messungen am Lichtbogen dauern jeweils maximal 30 s und somit deutlich länger als für eine Lokalisierung vorgesehen. Der Grund dafür ist, dass bei der Erforschung des Verhaltens der hochfrequenten Signalanteile der Lichtbogenspannung möglicherweise Erkenntnisse gewonnen werden, welche für eine Lokalisierung von Störlichtbögen von Nutzen sein können.

Das Vorgehen ist in Abb. 3.12 graphisch dargestellt. Für jeden Strom werden drei Messungen durchgeführt und für jede Messung das Leistungsdichtespektrum über die erste Sekunde nach Zündung gebildet. Die drei Spektren pro Strom werden durch Mittelwertbildung (frequenzselektiv) zu einem Leistungsdichtespektrum pro Strom zusammengefasst und in ein gemeinsames dreidimensionales Diagramm (Wasserfall-Diagramm) aufgetragen. Auch bei dieser Betrachtung beginnt die Auswertung erst 100 ms nach Zündung, um das Verhalten in einem stabilen Zustand zu untersuchen.

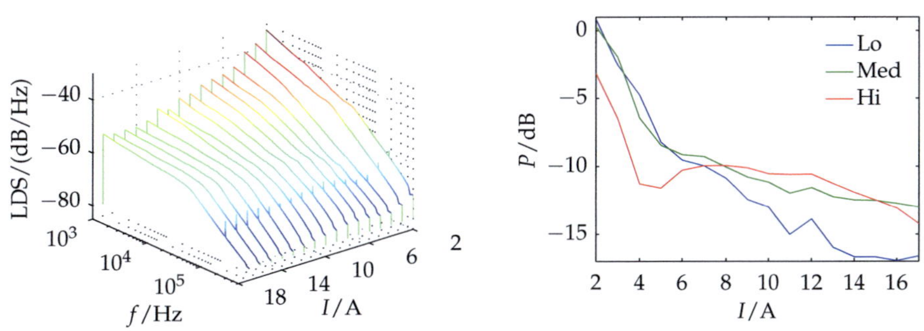

(a) Leistungsdichtespektren nach DC-Strömen

(b) Integrierte Rauschleistung nach Frequenzbändern (Lo: 1 ... 10 kHz; Med: 4 ... 40 kHz; Hi: 40 ... 400 kHz)

Abbildung 3.13: Hochfrequente Signalanteile der Lichtbogenspannung bei verschiedenen Strömen, gemittelt über die erste Sekunde nach Zündung (Kupferelektroden, 2 mm Abstand)

In Abb. 3.13 sind die Leistungsdichtespektren der Lichtbogenspannung für verschiedene Ströme jeweils über die erste Sekunde nach Zündung gemittelt. In allen Frequenzbereichen fand sich die höchste Rauschleistung bei dem niedrigsten untersuchten Strom von 2 A. Mit zunehmendem Strom nahm die Rauschleistung der Bogenspannung ab, wobei die Änderungen bei den niedrigen Strömen bis 5 A stärker ausgeprägt waren als bei höheren Strömen. Dies wird auch in der Literatur so beschrieben, vgl. hierzu Abschnitt 1.3.

Allerdings sank die Rauschleistung im niedrigen Frequenzbereich (bis 10 kHz) deutlich stärker als darüber.

Zustände des Leistungsdichtespektrums Über die Dauer einer Messung ist weder die Rauschleistung, noch der Verlauf des LDS konstant. Allerdings kann man keine kontinuierliche Änderung des spektralen Verlaufs über die Zeit erkennen, sondern vielmehr plötzliche Änderungen der Leistungsgrößen.

Bei den hier durchgeführten Untersuchungen kann man verschiedene charakteristische Formen des LDS unterscheiden, welche im Folgenden als „Zustände" bezeichnet werden. Dabei waren die Übergänge nicht fließend, sondern ein Wechsel geschah immer sprunghaft. Auch war die Dauer eines Zustands nicht vorhersagbar, einige Zeiträume waren von permanentem Wechsel im Millisekundentakt variabler Dauer geprägt. In manchen Strombereichen dagegen blieb ein Zustand für die gesamte Messdauer von 30 Sekunden stabil oder ein stabiler Zustand wurde nach einer gewissen Brenndauer erreicht. Der hier untersuchte Strombereich von 2 . . . 17 A lässt sich in vier stabile Zustände untergliedern, welche reproduzierbar beobachtet wurden.

Abb. 3.14 zeigt den zeitlichen Verlauf der Rauschleistung, jeweils integriert über die in Abschnitt 3.1.4 definierten Frequenzbänder. Sowohl der abrupte Sprung zum nächsten Zustand, als auch der instabile Wechsel zwischen zwei Zuständen ist gut zu erkennen.

Zustand 1 (2 . . . 3 A) Dieser Zustand trat bei niedrigen Strömen von $\leq$ 3A auf und zeichnet sich durch die höchste hier gemessene Rauschleistung aus. Er trat häufiger bei 2 A als bei 3 A auf und kam bei 4 A gar nicht mehr vor. Es gibt wenige Zeiträume, in denen sich Zustand 1 (Z 1) für mehr als eine Sekunde als stabil abzeichnete, die meiste Zeit war von einem Wechsel zwischen den beiden Zuständen (Z 1 und Z 2) geprägt.

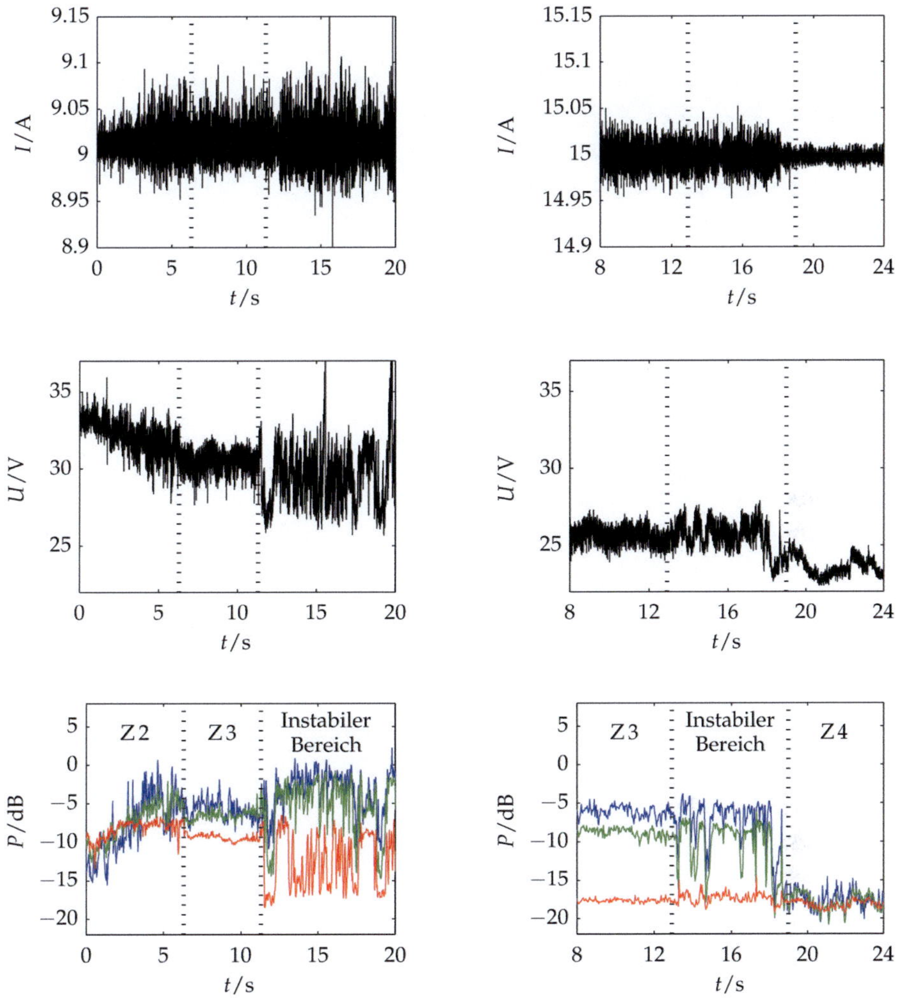

(a) Lichtbogen bei 9 A (b) Lichtbogen bei 15 A

Abbildung 3.14: Zeitverlauf v. Lichtbogenspannung U, -Strom I, Rauschleistung v. U mit Zustandswechsel (Kupferelektroden; 2 mm Abstand; blau: 1 ... 10 kHz; grün: 4 ... 40 kHz; rot: 40 ... 400 kHz)

Das Leistungsdichtespektrum bei Zustand 1 besitzt einen ausgeprägten Knick, wie in Abb. 3.15(d) dargestellt. Die Steigung fällt von -8 dB/Dekade auf -23 dB/Dekade und die Lage des Knicks verschiebt sich von 35 kHz bei 2 A auf 25 kHz bei 3 A. Auch sinkt die gesamte Rauschleistung um ca. 3 ... 5 dB.

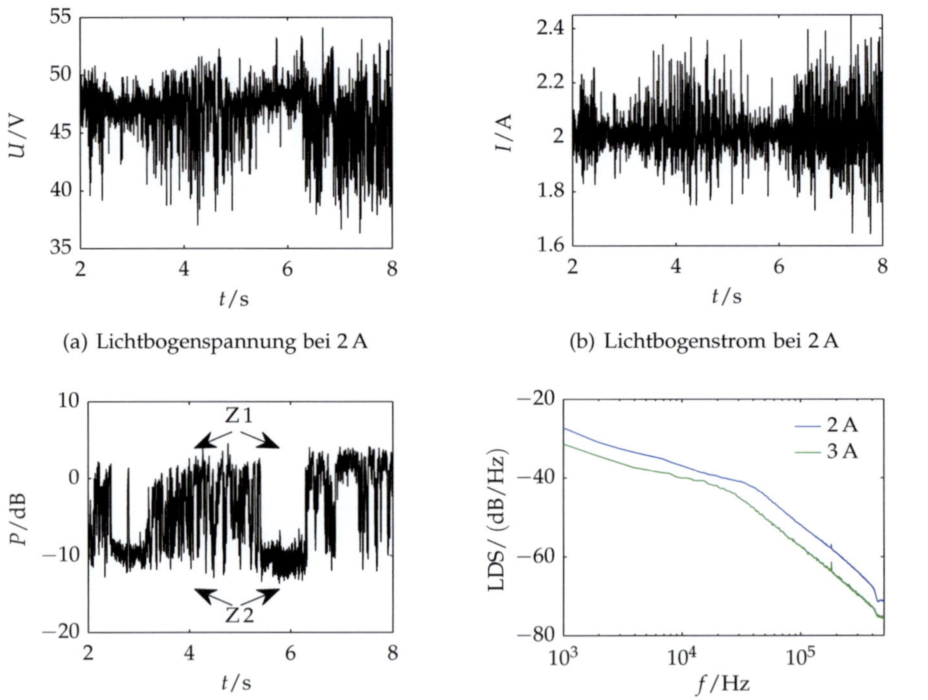

(a) Lichtbogenspannung bei 2 A

(b) Lichtbogenstrom bei 2 A

(c) Rauschleistung (40 . . . 400 kHz) bei 2 A

(d) Leistungsdichtespektren der Lichtbogenspannungen bei 2 A und 3 A in Zustand 1

Abbildung 3.15: Wechsel zwischen Zustand 1 und Zustand 2 und Leistungsdichtespektrum bei Zustand 1 (Kupferelektroden, 2 mm Abstand)

Zustand 2 (2 . . . 12 A) Bei niedrigen Strömen wechselte sich Zustand 2 (Z 2) noch mit Zustand 1 (Z 1) ab, zwischen 4 A und 8 A befand sich der Lichtbogen dann ausschließlich in Z 2 und bei weiter steigendem Strom wurde dieser Zustand dann immer von einem Sprung zu Zustand 3 abgelöst. Dieser Sprung erfolgte mit zunehmendem Strom immer früher. Verglichen mit Z 1, wurde in Z 2 eine ca. 13 dB niedrigere Rauschleistung beobachtet, jedoch erhöhte sich der Gleichanteil der Brennspannung um ca. 4 . . . 5 V.

In Abb. 3.16(b) ist der Verlauf der Rauschleistung über den untersuchten Strombereich in Zustand 2 dargestellt. Von 2 . . . 6 A steigt das Rauschen noch leicht an, wonach von 6 . . . 12 A ein deutlicher Abfall zu verzeichnen ist, welcher für den niedrigen Frequenzbereich (1 . . . 10 kHz) ca. 10 dB beträgt. Dabei ändert sich nach Abb. 3.16(a) auch die Form des LDS, da die Reduktion für die höheren Frequen-

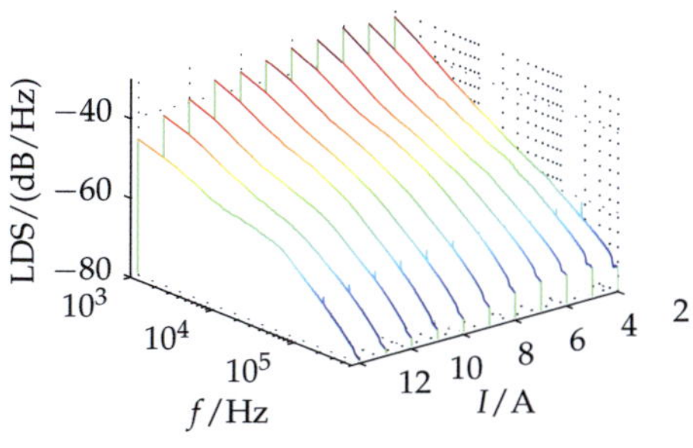

(a) Leistungsdichtespektren bei Zustand 2

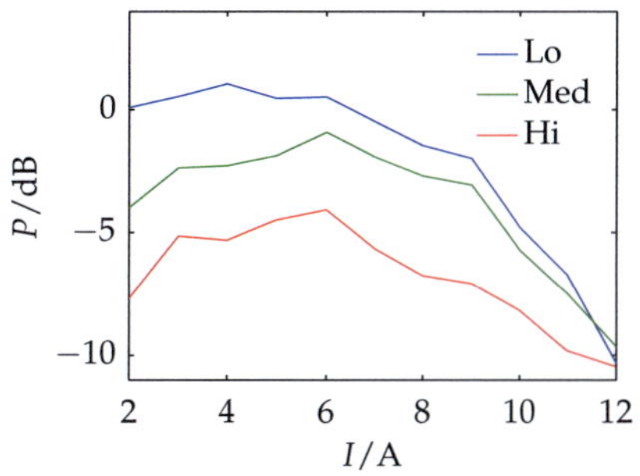

(b) Integrierte Rauschleistung nach Frequenzbändern (Lo: 1...10 kHz; Med: 4...40 kHz; Hi: 40...400 kHz)

Abbildung 3.16: Hochfrequente Signalanteile der Brennspannung von Lichtbögen unterschiedlicher Ströme bei Zustand 2 (Kupferelektroden, 2 mm Abstand)

zen deutlich schwächer ausfällt. Während bei 2 A die Steigung noch konstant -14,2 dB/Dekade beträgt, so findet man bei 12 A einen Knick bei 45 kHz im Spektrum, an welchem sich die Steigung von -8,1 dB/Dekade auf -21,1 dB/Dekade ändert.

Zustand 3 (9...17 A) Dieser Zustand konnte immer nur für wenige Sekunden stabil beobachtet werden. Beim Übergang vom Zustand 2 zu Zustand 3 fiel die Rauschleistung nur um ca. 2 dB und auch der Gleichanteil der Brennspannung sank um ca. 1 V.

Das Leistungsdichtespektrum besitzt einen Knick, ab welchem die Kurve steil abfällt (vg. Abb. 3.17(a)). Diese Eckfrequenz verschiebt sich bei zunehmendem Strom zu niedrigeren Frequenzen hin, was dann zu einem Abfall der Störleistung im hohen Frequenzbereich führt. Dabei erfährt der niedrige Frequenzbereich kaum Änderungen, wie in Abb. 3.17(b) zu erkennen ist.

Zustand 4 (10...17 A) Zustand 4 wurde für Ströme ab 10 A erstmals stabil erreicht. Gegenüber Zustand 3 sank die Rauschleistung im tiefen Frequenzbereich um ca. 9 dB und der Gleichanteil der Brennspannung war um ca. 3 V niedriger.

Je höher der Strom in den Untersuchungen war, desto früher wurde Zustand 4 erreicht und desto länger dauerte die Phase an, in welcher Z 4 beobachtet wur-

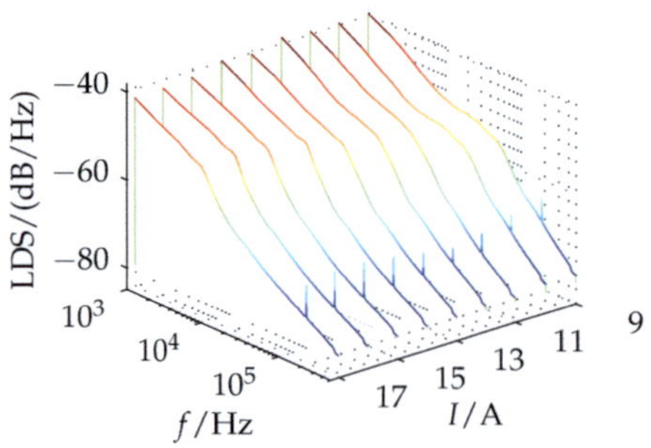

(a) Leistungsdichtespektren bei Zustand 3

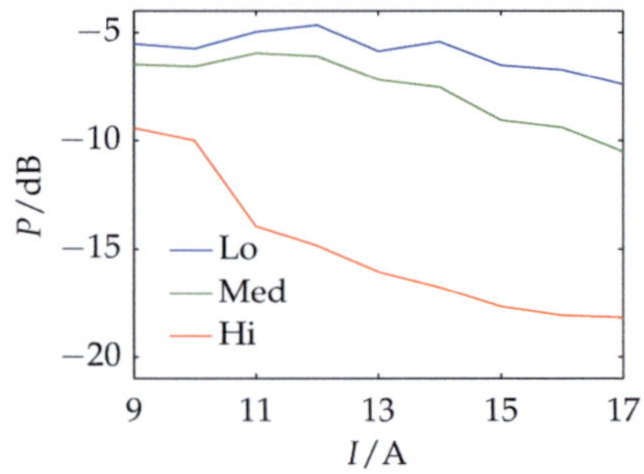

(b) Integrierte Rauschleistung nach Frequenzbändern (Lo: 1...10 kHz; Med: 4...40 kHz; Hi: 40...400 kHz)

Abbildung 3.17: Hochfrequente Signalanteile der Brennspannung von Lichtbögen mit unterschiedlichen Strömen bei Zustand 3 (Kupferelektroden, 2 mm Abstand)

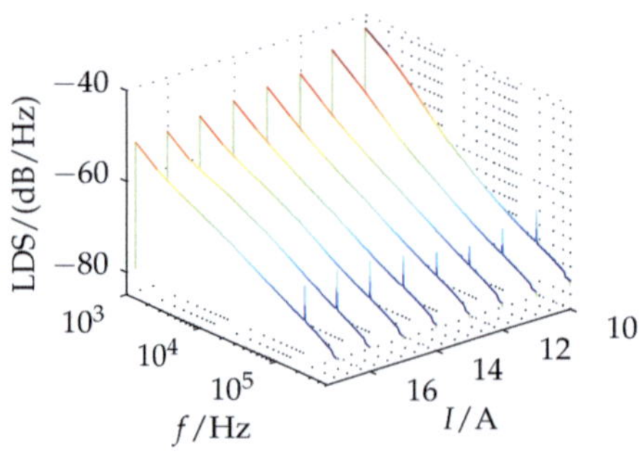

(a) Leistungsdichtespektren

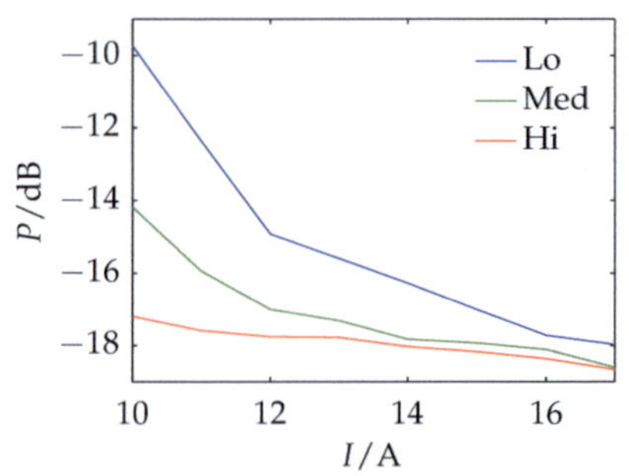

(b) Integrierte Rauschleistung nach Frequenzbändern (Lo: 1...10 kHz; Med: 4...40 kHz; Hi: 40...400 kHz)

Abbildung 3.18: Hochfrequente Signalanteile der Brennspannung von Lichtbögen unterschiedlicher Ströme bei Zustand 4 (Kupferelektroden, 2 mm Abstand)

de. Ab einem Strom von 12 A blieb Zustand 4 dann dauerhaft bis zum Ende der Messung.

Die spektrale Verteilung der Rauschleistung besitzt eine relativ konstante Steigung über den gesamten Frequenzbereich, die mit zunehmendem Strom von -13,7 dB/Dekade bei 10 A auf -9,6 dB/Dekade bei 17 A sinkt, vgl. Abb. 3.18(a). Somit entspricht das Leistungsdichtespektrum bei 17 A in Zustand 4 annähernd einem „Rosa Rauschen" ($1/f$-Rauschen, Flicker Noise) [100], welches durch einen

Abfall des Leistungsdichtespektrums mit -10 dB/Dekade charakterisiert ist. Dies wird besonders in Abb. 3.18(b) deutlich, da die drei dargestellten Frequenzbereiche bei 16 . . . 17 A annähernd den selben Leistungsgehalt enthalten. Jeder der drei Bereiche umfasst eine Dekade, was bei einer Steigung von -10 dB/Dekade zu exakt derselben Gesamtleistung innerhalb jeder Dekade führen würde.

3.2.4 Verhalten bei unterschiedlichen Elektrodenabständen

Für die Untersuchungen bei variabler Bogenlänge wurden Lichtbogenexperimente mit einem Strom von 6 A durchgeführt und dabei wurden je drei Messungen bei folgenden Elektrodenabständen vorgenommen (Werte in mm): 0,2 0,3 0,5 0,7 1,0 1,5 2,0 2,5 3,0 3,5 4,0.

Das Vorgehen geschieht analog zu Abb. 3.12, jedoch wurden anstatt verschiedene Ströme bei gleichem Elektrodenabstand verschiedene Elektrodenabstände bei gleichem Strom untersucht. Auch hier ist das Leistungsdichtspektrum innerhalb der ersten Sekunde nach Zündung des Lichtbogens und über die jeweils drei Messungen gemittelt. Um einen stabilen Zustand zu erreichen, beginnt die Auswertung erst 100 ms nach Zündung des Lichtbogens.

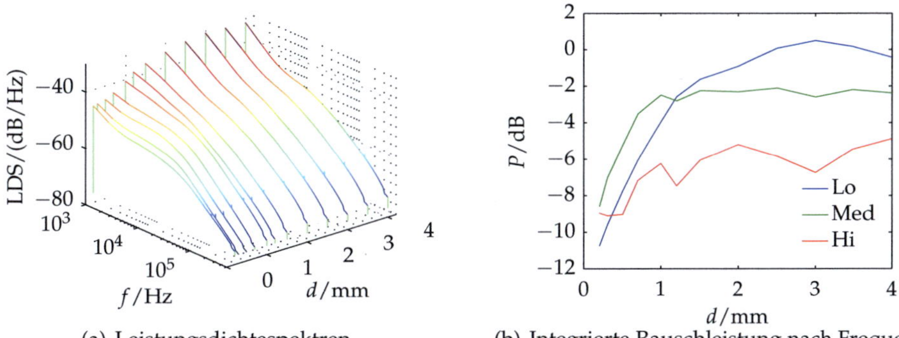

(a) Leistungsdichtespektren

(b) Integrierte Rauschleistung nach Frequenzbändern (Lo: 1 . . . 10 kHz; Med: 4 . . . 40 kHz; Hi: 40 . . . 400 kHz)

Abbildung 3.19: Hochfrequente Signalanteile der Brennspannung von Lichbögen bei unterschiedlichen Elektrodenabständen (Kupferelektroden; 6 A)

Nach Abb. 3.19(b) sind bei Lichtbogenlängen von 4 . . . 2 mm kaum Änderungen bei der Rauschleistung erkennbar, darunter jedoch fällt zuerst ein Absinken der Leistung im tiefen Frequenzbereich auf und unter 1 mm beginnt dann auch ein

Absinken der Leistung im mittleren bis hohen Frequenzbereich. Dadurch ändert sich die Form des LDS wie in Abb. 3.19(a) dargestellt in der Form, dass mit abnehmendem Abstand eine Eckfrequenz zu höheren Frequenzen hin verschoben wird. Unterhalb dieser Eckfrequenz nimmt die Rauschleistung mit abnehmendem Elektrodenabstand ab.

3.3 Lichtbogenexperimente mit Aluminiumelektroden

„Seine gute Leitfähigkeit und Verformbarkeit machen Kupfer zum Standardmaterial für Stromleitungen. Das Metall hat allerdings zwei Haken: Es ist schwer und wird immer teurer - seit 2008 hat sich der Kupferpreis mehr als verdreifacht. Deshalb setzen Ingenieure zunehmend auf Kabelkerne aus Aluminium." Spiegel Online, 2011 [37]

(a) Lichtbogen von 2 mm Länge bei 8 A

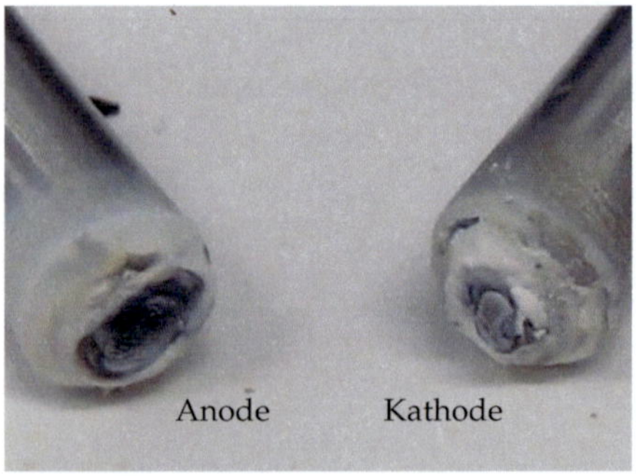

(b) Elektroden nach 20 Sekunden Brenndauer bei 8 A und 2 mm Bogenlänge

Abbildung 3.20: Lichtbogenexperiment mit Aluminiumelektroden

Dieses Leitermaterial wird auch in der Photovoltaik eingesetzt und muss bei der Installation anders als Kupfer behandelt werden. Auf der Oberfläche von Aluminium entsteht bei Kontakt mit Sauerstoff eine isolierende Oxidschicht, welche bei Kontaktierung einen erhöhten Übergangswiderstand zur Folge hat. Auch können herkömmliche Klemmen für Kupferleitungen nicht bei Aluminiumleitungen verwendet werden, da Aluminium unter Druck „fließt" [54]. Dadurch kommt es zu einer für manche Installateure ungewohnten Behandlung, welche zu Fehlern führen kann. Eine fehlerhafte Installation kann zu erhöhten Übergangswiderständen, Leitungsunterbrechungen oder Kurzschlüssen führen und einen Störlichtbogen

Tabelle 3.3: Maximale Massenanteile in % des hier verwendeten Aluminiums (AlZnMgCu1,5 nach DIN1712.3 [68])

Si	Fe	Cu	Mn	Mg	Cr	Zn	Ti	andere
0,4	0,5	1,2...2,0	0,3	2,1...2,9	0,18...0,28	5,1...6,1	0,2	0,15

zur Folge haben. In einer Untersuchung des Fraunhofer Institut für Solare Energiesysteme (ISE) zu Brandfällen mit Brandursache in der PV-Anlage wurde in 6,8 % der analysierten Fälle die Brandursache im Bereich einer Verkabelung aus Aluminium gefunden [75]. Aus diesem Grund ist es sinnvoll, das Verhalten von Lichtbögen bei Verwendung von Aluminiumelektroden zu untersuchen.

3.3.1 Allgemeine Beobachtungen

Während der gesamten Brenndauer des Lichtbogens flogen verbrennende Metallteilchen in alle Richtungen des umgebenden Raums. Die Anzahl dieser Teilchen nahm mit steigendem Strom zu. Dies lässt sich zum einen dadurch erklären, dass Aluminium stark exotherm verbrennen kann, zum anderen durch den Magnesiumgehalt von bis zu 2,9 % (siehe Tab. 3.3).

Der Lichtbogen brannte mit hellblauer Farbe und es bildete sich viel weißes Oxyd, welches sich in der Umgebung niederschlug. Bei einem Strom von 2 A und einem Elektrodenabstand von 2 mm war es im Gegensatz zu Kupfer oder Stahl nicht möglich, einen stabil brennenden Lichtbogen zu erzeugen, da er immer nach weniger als einer Sekunde von selbst erlosch.

In Abb. 3.21 sind die Zeitverläufe von Lichtbogenspannung und -Strom und daraus abgeleiteten Größen anhand einer Messung bei 6 A dargestellt. Der Zeitverlauf der Rauschleistung ist aus der Brennspannung berechnet und das Leistungsdichtespektrum repräsentiert die erste Sekunde der Lichtbogenspannung nach Zündung des Lichtbogens.

Die Brennspannung ist hier mit ca. 70 V deutlich höher als bei einer vergleichbaren Messung mit Kupferelektroden, wo nur 36...38 V gemessen wurden.

Durch den niedrigen Schmelzpunkt von 480...640 °C (siehe Tab. 3.4) entsteht an den Elektrodenoberflächen viel flüssiges Metall, welches in den Bereich zwischen den Elektrodenoberflächen eingebracht wird. Man kann beobachten, wie der Lichtbogen regelrecht in Richtung Anode „bläst“ . Dort wo der Teilchenstrom

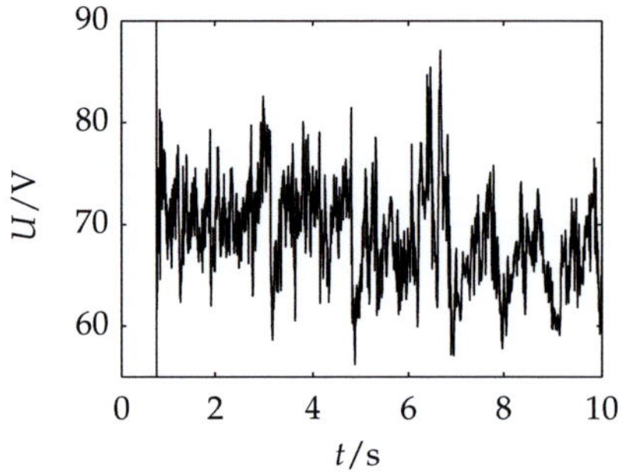

(a) Lichtbogenspannung

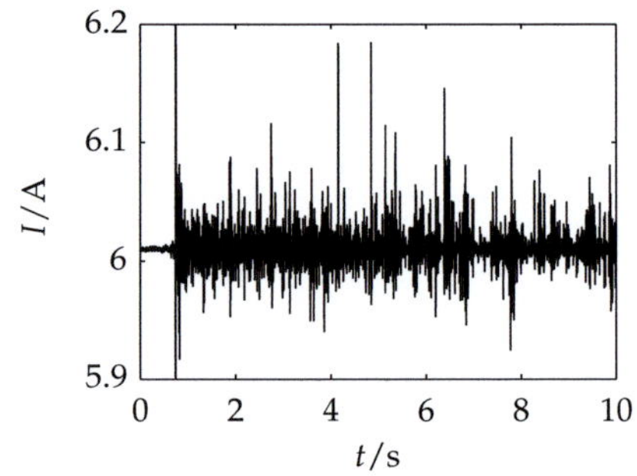

(b) Lichtbogenstrom

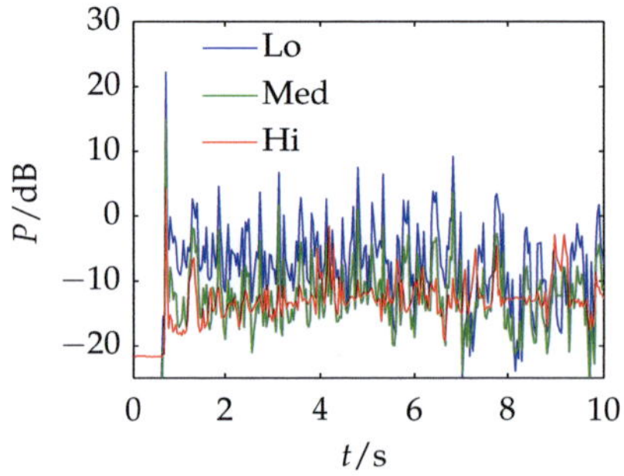

(c) Rauschleistung nach Frequenzbändern

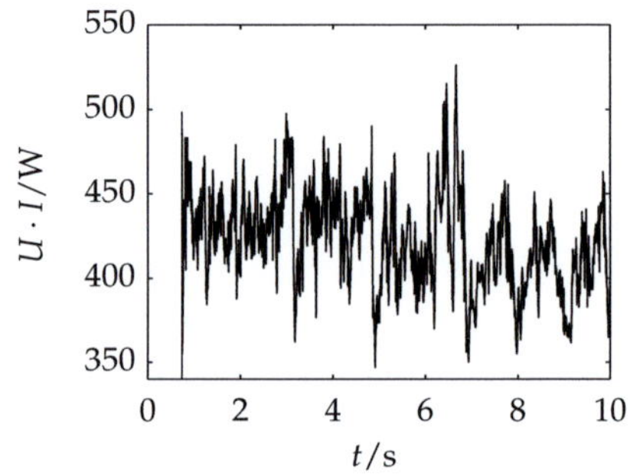

(d) Momentane elektr. Leistung ($U \cdot I$)

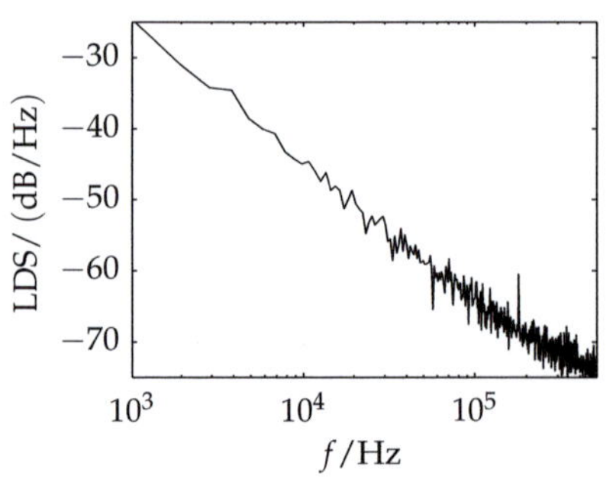

(e) LDS d. Spannung (1 s nach Zündung)

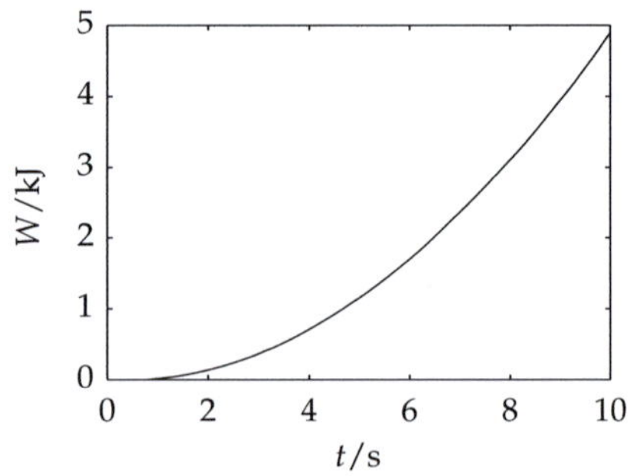

(f) Energieeintrag $\int (U \cdot I)\, dt$

Abbildung 3.21: Zeitverläufe von Spannung, Strom, Rauschleistung (Lo: 1 ... 10 kHz; Med: 4 ... 40 kHz; Hi: 40 ... 400 kHz), elektr. Leistung, Leistungsdichtespektrum innerhalb der ersten Sekunde nach Zündung und des elektr. Energieeintrags (6 A, Aluminiumelektroden, 2 mm Abstand)

Tabelle 3.4: Physikalische Eigenschaften von AlZnMgCu1,5 [68]

Schmelztemperatur	in	°C	480...640
Siedetemperatur [1]	in	°C	ca. 2500
Wärmeleitfähigkeit	in	W/(m·K)	130...160
Elektrische Leitfähigkeit	in	m/(Ω·mm^2)	18...22

[1] Reinstaluminium Al99,99

auf die Anodenoberfläche auftrifft wird so viel Material herausgeschlagen dass ein Krater entsteht, welcher sichtbar größer ist als der Materialverlust auf der Kathode. Das ionisierte Aluminium wird im elektrischen Feld zur Kathode hin beschleunigt, wo es sich dann wieder niederschlägt. In Abb. 3.20(b) erkennt man, dass auf der Kathodenoberfläche eine Spitze aus niedergeschlagenem Material entstanden ist, wogegen in der Anode ein Krater zurückbleibt.

3.3.2 Zeitverhalten der Rauschleistungsdichte

Die Brennspannung des Lichtbogens schwankte zeitlich sehr stark. Diese Fluktuationen stiegen zu niedrigen Strömen hin an und erreichten bei einem Lichtbogenstrom von 3 A mehr als 20 V (siehe Abb. 3.22(b)).

Auch die Rauschleistung der Brennspannung änderte ihren Wert permanent, besonders im unteren Frequenzbereich bis 10 kHz waren Schwankungen von bis zu 35 dB innerhalb von 130 ms zu beobachten, wie in Abb. 3.22(b) dargestellt. Es traten besonders bei hohen Strömen auch langsame starke Änderungen der Rauschleistung im Bereich von mehreren Sekunden auf. Dies kann auf die Veränderung der Form der Elektroden durch Abschmelzen zurückgeführt werden. Der Verlauf der Rauschleistung und der Spannungsverlauf am Lichtbogen weisen keine Korrelation auf.

3.3.3 Verhalten bei unterschiedlichen Strömen

Unterschiedliche Ströme: Erste Sekunde nach Zündung Wie auch bei den Untersuchungen mit Kupferelektroden wird das spektrale Verhalten der Lichtbogenspannung innerhalb der ersten Sekunde nach Zündung bei verschiedenen Strömen verglichen. Die Ergebnisse für das LDS der Lichtbogenspannung und die Veränderung der Rauschleistung über den Strom sind in Abb. 3.23 dargestellt. Das Vorgehen verläuft analog zu dem in Abschnitt 3.2.3.

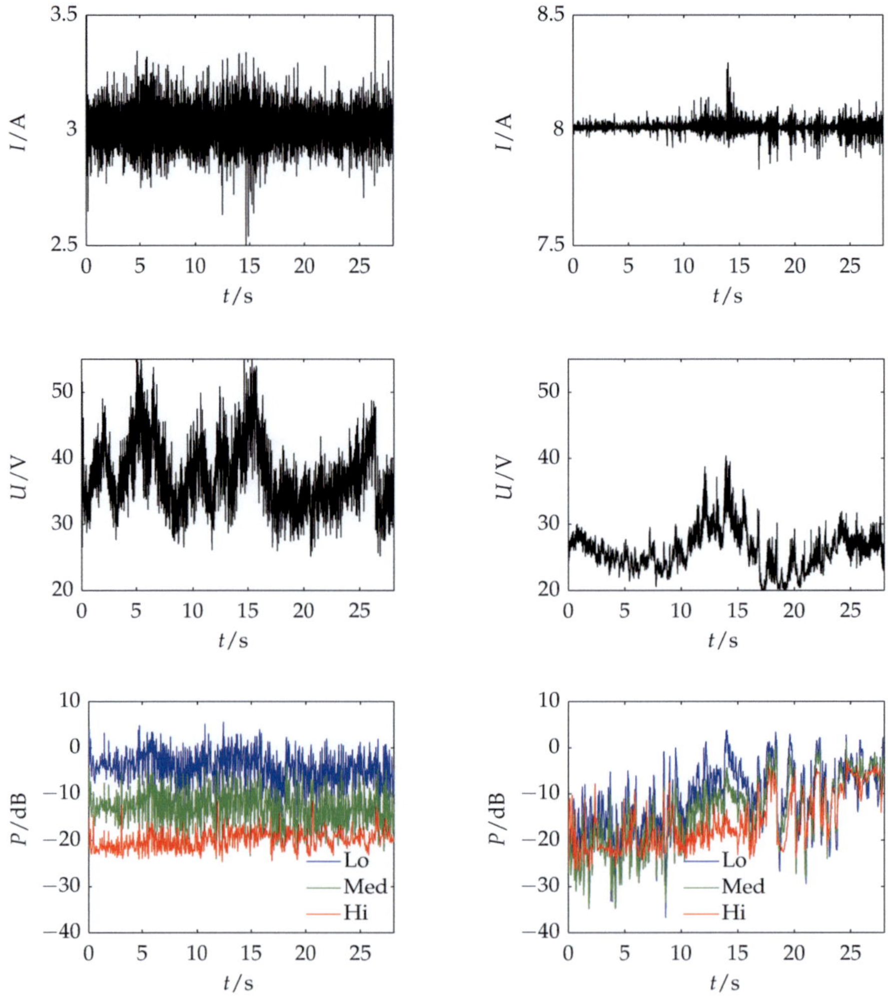

(a) Lichtbogen bei 3 A

(b) Lichtbogen bei 8 A

Abbildung 3.22: Zeitverlauf der Messgrößen bei Lichtbogenexperimenten mit Aluminiumelektroden (2 mm Abstand)

Wie bei der Verwendung von Kupferelektroden konnte auch hier ein Abfall der Störleistung mit zunehmendem Strom beobachtet werden. Die Änderungen konzentrierten sich auf den tiefen Frequenzbereich und fanden in erster Linie bei kleinen Strömen statt, wie in Abb. 3.23(a) ersichtlich. Der größte Unterschied beträgt 19 dB bei 1 kHz.

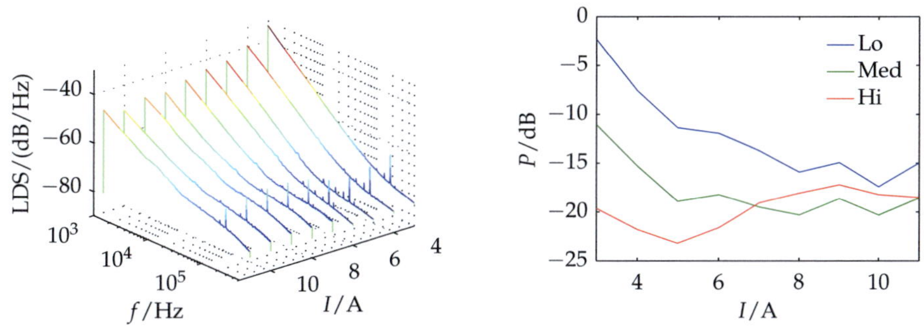

(a) Leistungsdichtespektrum

(b) Integrierte Rauschleistung nach Frequenzbändern (Lo: 1…10 kHz; Med: 4…40 kHz; Hi: 40…400 kHz)

Abbildung 3.23: Hochfrequente Signalanteile der Brennspannung von Lichtbögen bei verschiedenen Strömen, gemittelt über die erste Sekunde nach Zündung (Aluminiumelektroden, 2 mm Abstand)

Zustände des Leistungsdichtespektrums Es stellten sich im untersuchten Strombereich von 3…11 A drei unterschiedliche wiederkehrende Zustände ein, die sich voneinander durch die Form des Leistungsdichtespektrums und die Höhe der Rauschleistung unterscheiden. Anders als bei der Verwendung von Kupferelektroden war beim Wechsel zwischen den Zuständen keine Änderung des Gleichanteils der Brennspannung zu erkennen, wie Abb. 3.24 zeigt.

Bei einem Vergleich der Zustände wie sich sich bei Aluminiumelektroden einstellen, mit denen welche bei der Verwendung von Kupferelektroden beobachtet wurden, können keine gemeinsamen Merkmale erkannt werden. Weder die Form des LDS, noch die Höhe der Rauschleistung stellt sich bei den unterschiedlichen Elektrodenmaterialien in ähnlicher Form ein. Daher sind die bei der Verwendung von Aluminiumelektroden beobachteten Zustände gesondert zu betrachten.

Zustand 1 (3…8 A) Dieser Zustand trat in den untersuchten Lichtbögen nur bei Strömen bis 8 A auf, wobei er bei niedrigen Strömen häufiger und deutlich länger zu beobachten war. Bei 3 A gab es keinen anderen Zustand, wobei bei 8 A Zustand 1 nur kurz nach Zündung für eine Sekunde auftrat. In Abb. 3.25(a) ist das LDS der Brennspannung bei unterschiedlichen Strömen dargestellt.

Mit zunehmendem Strom von 3…8 A lassen sich innerhalb von Zustand 1 folgende Veränderungen beobachten:

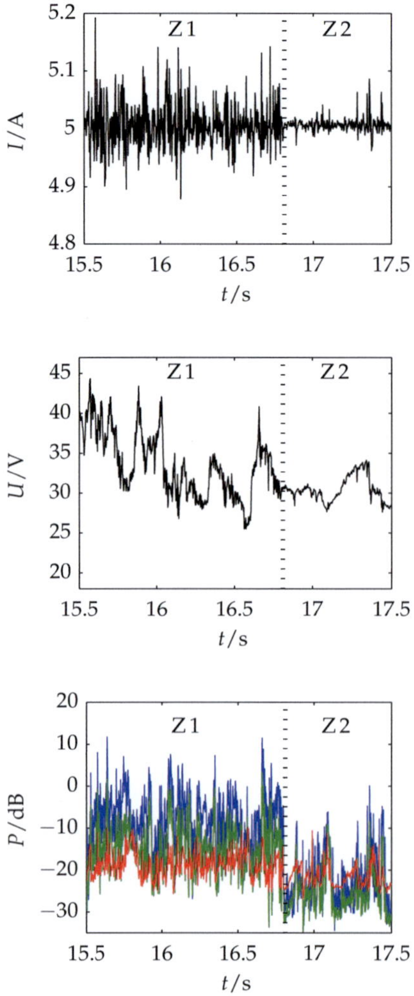

(a) Aluminium-Lichtbogen bei 5 A

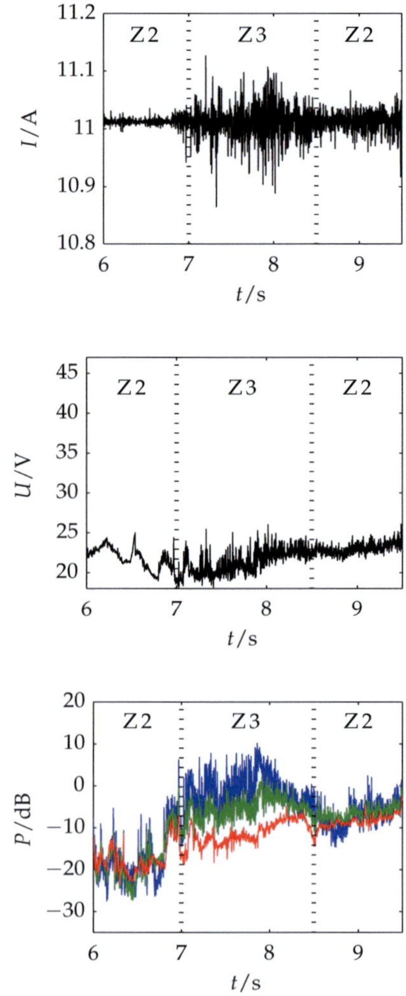

(b) Aluminium-Lichtbogen bei 11 A

Abbildung 3.24: Wechsel der Rauschzustände: Lichtbogenstrom, -Spannung und integrierte Rauschleistung im Zeitverlauf (Aluminiumelektroden; 2 mm; blau: 1 . . . 10 kHz; grün: 4 . . . 40 kHz; rot: 40 . . . 400 kHz)

- Die Rauschleistung bei tiefen bis mittleren Frequenzen fällt ab (bei 2 kHz durchschnittlich 2,5 dB/A)
- Die Steigung des LDS steigt von -21,8 dB/Dekade bei 3 A auf -15,3 dB/Dekade bei 8 A

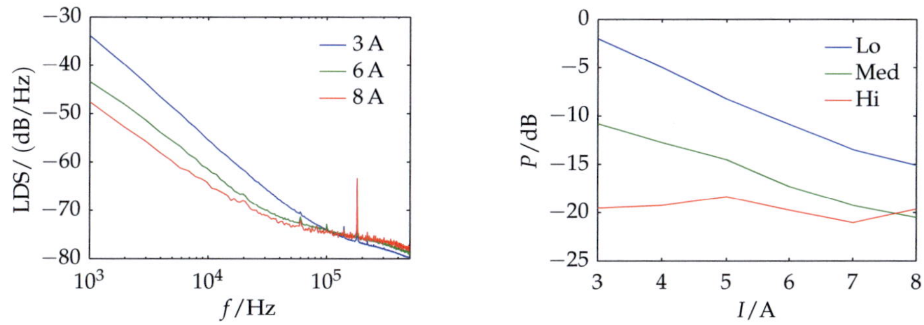

(a) Leistungsdichtespektrum bei Zustand 1 fällt mit -21,8 bis -15,3 dB/Dekade für $f < 30\,\text{kHz}$

(b) Integrierte Rauschleistung nach Frequenzbändern (Lo: 1...10 kHz; Med: 4...40 kHz; Hi: 40...400 kHz)

Abbildung 3.25: Hochfrequente Signalanteile der Brennspannung von Lichtbögen unterschiedlicher Ströme bei Zustand 1 (Aluminiumelektroden, 2 mm Abstand)

- Die Rauschleistung bei hohen Frequenzen über 40 kHz ändert sich kaum

Dieser Zustand wurde meist abgelöst von Zustand 2, wobei auch ein instabiler Bereich folgen konnte, bei welchem aufgrund der schnellen Änderungen kein Zustand als stabil angenommen werden konnte.

Zustand 2 (7...11 A) Bei einem Vergleich mit Zustand 1 zeichnet sich dieser Zustand sowohl durch eine geringere gesamte Rauschleistung, als auch durch eine konstantere Steigung des LDS von ca. -10 dB/Dekade aus, wie in Abb. 3.26 dargestellt. Mit zunehmendem Strom von 7 A...11 A stieg die Rauschleistung in allen Frequenzbereichen gleichermaßen bis zu einem Strom von 10 A an, um dann wieder zu sinken. Dabei ändert sich die Steigung des LDS nur wenig. Zustand 2 war besonders bei niedrigen Strömen immer nur kurz stabil – max. 0,7 Sekunden bei 7 A, zu höheren Strömen hin verlängerten sich die Zeiten jedoch. Am längsten trat er bei 11 A auf, wo er bis zu 5,6 Sekunden stabil beobachtet wurde, dann aber immer von Zustand 3 abgelöst wurde.

Zustand 3 (6...11 A) Die Unterschiede zu Zustand 2 bestehen in einem steileren Abfall des LDS von -17...-14,5 dB/Dekade und einer deutlich höheren gesamten Rauschleistung, wie in Abb. 3.27 dargestellt. Betrachtet man den Verlauf der Rauschleistung über den Strom in Abb. 3.27(b), so ist ein Ansteigen über den gesamten Strombereich in allen Frequenzbändern zu verzeichnen.

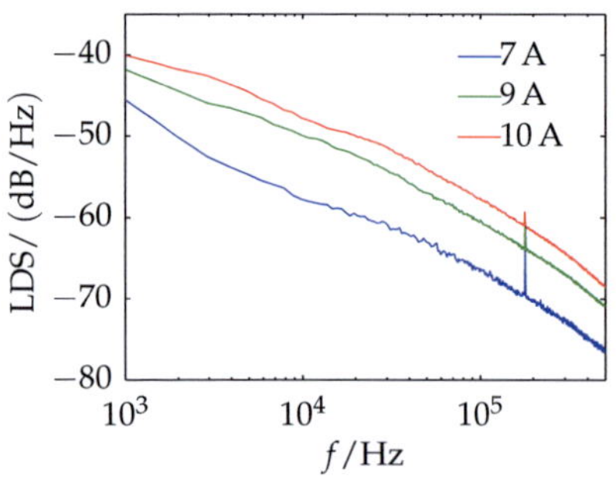

(a) Leistungsdichtespektrum bei Zustand 2 fällt mit ungefähr -10 dB/Dekade

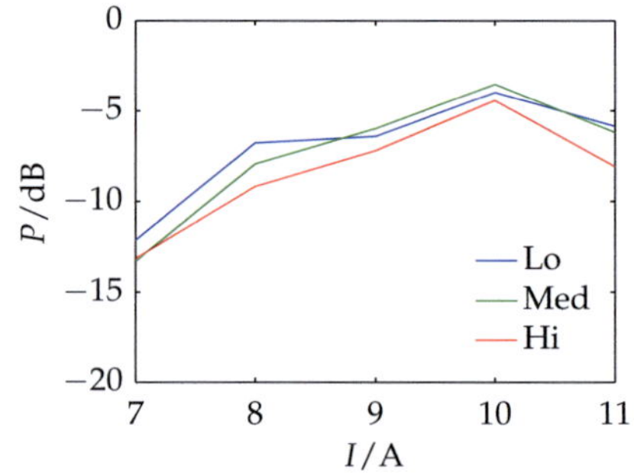

(b) Integrierte Rauschleistung nach Frequenzbändern (Lo: 1 . . . 10 kHz; Med: 4 . . . 40 kHz; Hi: 40 . . . 400 kHz)

Abbildung 3.26: Hochfrequente Signalanteile der Brennspannung von Lichtbögen unterschiedlicher Ströme bei Zustand 2 (Aluminiumelektroden, 2 mm Abstand)

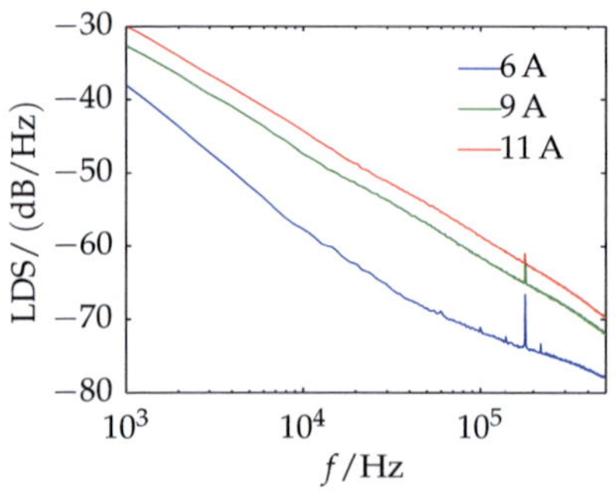

(a) Leistungsdichtespektrum bei Zustand 3 fällt mit ca. -14,5 . . . -17 dB/Dekade

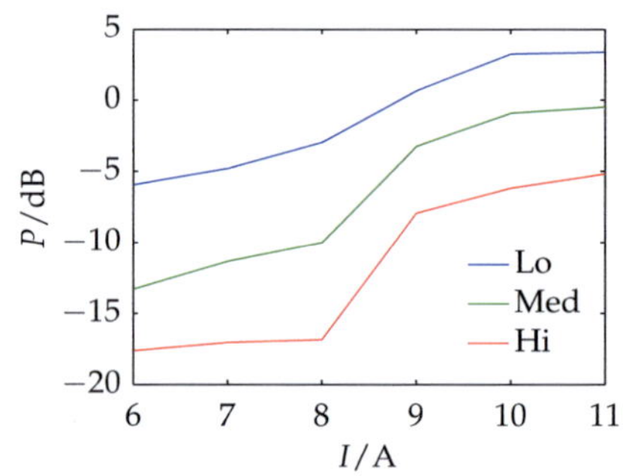

(b) Integrierte Rauschleistung nach Frequenzbändern (Lo: 1 . . . 10 kHz; Med: 4 . . . 40 kHz; Hi: 40 . . . 400 kHz)

Abbildung 3.27: Hochfrequente Signalanteile der Brennspannung von Lichtbögen unterschiedlicher Ströme bei Zustand 3 (Aluminiumelektroden, 2 mm Abstand)

Besonders bei hohen Strömen war Zustand 3 lange stabil, so trat er bei 11 A nach ca. 7 Sekunden auf und blieb dann bis zum Ende der Messung bei 28 Sekunden stabil. Zu niedrigeren Strömen hin verkürzte sich die Zeit in der Zustand 3 stabil war, bei 6 A wurde er nach maximal 3 Sekunden von einer instabilen Phase abgelöst.

3.3.4 Verhalten bei unterschiedlichen Elektrodenabständen

Die Untersuchungen bei variabler Bogenlänge wurden mit einem Strom von 6 A durchgeführt und die Ergebnisse sind über die erste Sekunde nach Zündung des Lichtbogens und über jeweils drei Messungen gemittelt (Vorgehen wie in Abschnitt 3.2.3). Es wurden Experimente mit folgenden Elektrodenabständen durchgeführt (Werte in mm): 0,2 0,3 0,5 0,7 1,0 2,0 3,0

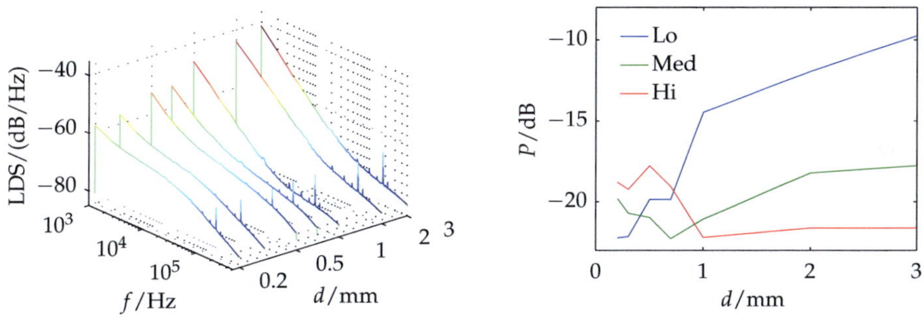

(a) Leistungsdichtespektrum

(b) Integrierte Rauschleistung nach Frequenzbändern (Lo: 1 … 10 kHz; Med: 4 … 40 kHz; Hi: 40 … 400 kHz)

Abbildung 3.28: Hochfrequente Signalanteile der Brennspannung von Lichtbögen unterschiedlicher Elektrodenabstände innerhalb der ersten Sekunde nach Zündung (Aluminiumelektroden; 6 A)

Im Bereich oberhalb von 1,0 mm kann ein stetiger Anstieg der Rauschleistung in allen Frequenzbereichen beobachtet werden. Wie aus Abb. 3.28(b) zu entnehmen ist, findet dieser Anstieg hauptsächlich im tiefen Frequenzbereich statt, im hohen sind kaum Veränderungen erkennbar. Auch ändert sich die Form des LDS nach Abb. 3.28(a) stark. Es ist jedoch auffällig, dass unterhalb von 1 bis 0,7 mm wieder ein Ansteigen der Rauschleistung im mittleren und hohen Frequenzbereich zu beobachten ist.

Nach einer Brenndauer von mehreren Sekunden änderte sich nur bei den niedrigen Abständen unter 0,7 mm die Form des LDS insofern, dass eine höhere Rauschleistung im niedrigen Frequenzbereich zu beobachten ist.

3.4 Lichtbogenexperimente mit Stahlelektroden

In Photovoltaikanlagen mit einseitig geerdetem Generator kann es im Fehlerfall zu einem DC-seitigen Kurzschluss gegen eine geerdete Stahlkonstruktion kommen. Ein solcher Fehlerfall kann einen Lichtbogen zur Folge haben (vgl. Abb. 3.29), weshalb es sinnvoll erscheint, das Verhalten des Lichtbogens bei der Verwendung von Elektroden aus Stahl genauer zu charakterisieren.

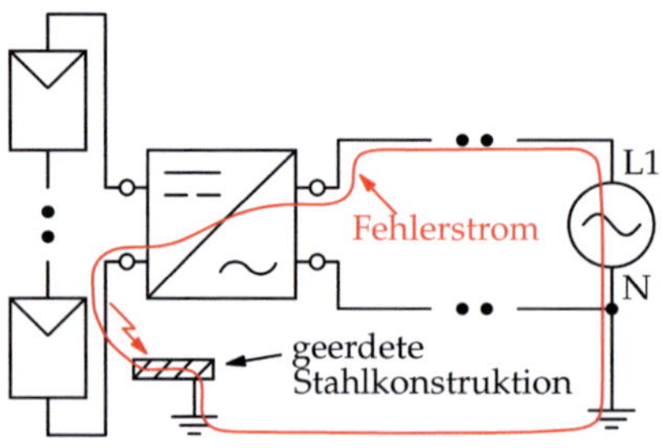

(a) Fehlerstrom durch Erdschluss des Niederspannungsnetzes

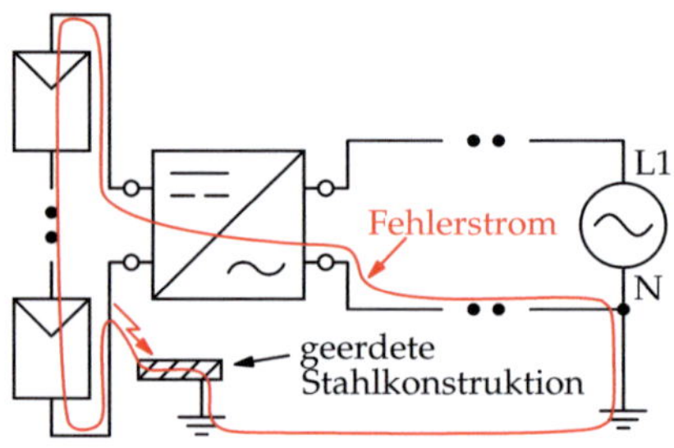

(b) Fehlerstrom durch Kurzschluss des PV-Generators

Abbildung 3.29: Weg des Fehlerstroms bei einem Störlichtbogen vom Minuspol des PV-Generators gegen eine geerdete Stahlkonstruktion. Der Strom fließt über die Erde zum geerdeten Sternpunkt der Transformatorstation. Voraussetzung: trafoloser Wechselrichter

Für die Experimente wurde ein unlegierter Baustahl ST70-2 (nach DIN EN 10025-2: E360) verwendet. Dieser enthält einen maximalen Kohlenstoffanteil von 0,5 % und keine weiteren Beimischungen [45].

3.4.1 Allgemeine Beobachtungen

Nach Zündung des Lichtbogens flogen für wenige Sekunden verbrennende Metallteilchen in alle Richtungen des umgebenden Raums. Je höher der Strom war, desto kürzer war die Zeit, in der diese Teilchen beobachtet werden konnten. Danach brannte der Lichtbogen in weißblauer Farbe, wie das Foto in Abb. 3.30(a) zeigt. Das Verbrennen der Teilchen ist möglicherweise mit Verunreinigungen der Elektroden aufgrund des Fertigungsverfahrens zu erklären. Durch die relativ niedrige Wärmeleitfähigkeit von ST70-2 (siehe Tab. 3.5) kann die Wärmeenergie an den Elektrodenoberflächen nicht schnell genug abtransportiert werden, wodurch dort

(a) Lichtbogen mit 8 A und 2 mm Abstand

(b) Durch den Lichtbogen verschweißte Elektroden nach 20 Sekunden Brenndauer mit 11 A

Abbildung 3.30: Lichtbogenexperiment mit Stahlelektroden

Tabelle 3.5: Relevante physikalische Eigenschaften von unlegiertem Baustahl [67]

Schmelztemperatur	in	°C	1500
Wärmeleitfähigkeit	in	W/(m·K)	48 bis 58

die Temperatur schnell ansteigt und recht früh der Schmelzpunkt des Stahls erreicht wird. In Abb. 3.30(b) ist erkennbar, wie das Material geschmolzen ist und am vorderen Ende der Elektroden kleben Tropfen erkalteter Stahlschmelze.

Ein so gravierender Massetransfer wie bei Aluminium war nicht zu erkennen, allerdings oxidierte das Eisen an den Elektrodenoberflächen und es blieb eine rote Rostschicht zurück.

Durch das flächige Schmelzen der gesamten Elektrodenoberflächen blieben auch keine Krater auf der Kathode zurück, wie sie bei Kupfer beobachtet wurden. In Abb. 3.31 sind die Zeitverläufe von Lichtbogenspannung und -Strom und daraus abgeleiteten Größen anhand einer Messung bei 6 A dargestellt. Der Zeitverlauf der Rauschleistung ist aus der Brennspannung berechnet und das Leistungsdichtespektrum repräsentiert die erste Sekunde der Lichtbogenspannung nach Zündung des Lichtbogens.

Die Brennspannung ist hier mit 23 ... 26 V deutlich niedriger als bei einer vergleichbaren Messung mit Kupferelektroden, wo 36 ... 38 V gemessen wurden.

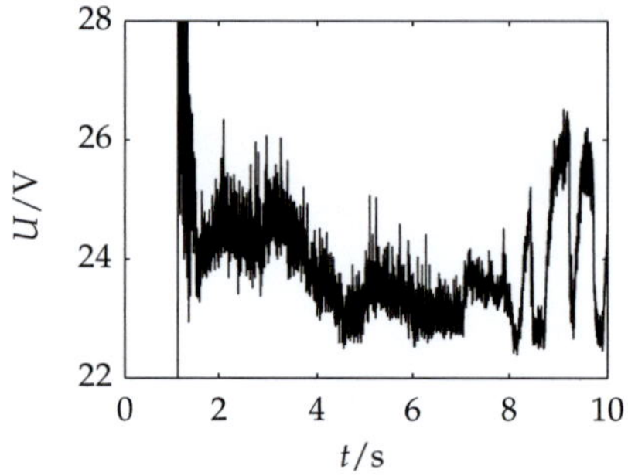

(a) Lichtbogenspannung

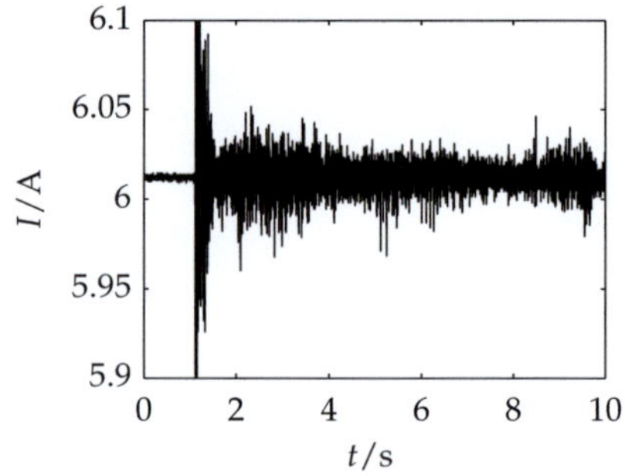

(b) Lichtbogenstrom

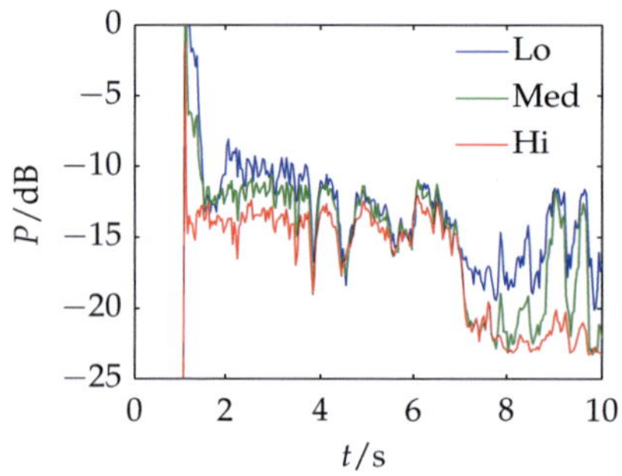

(c) Rauschleistung nach Frequenzbändern

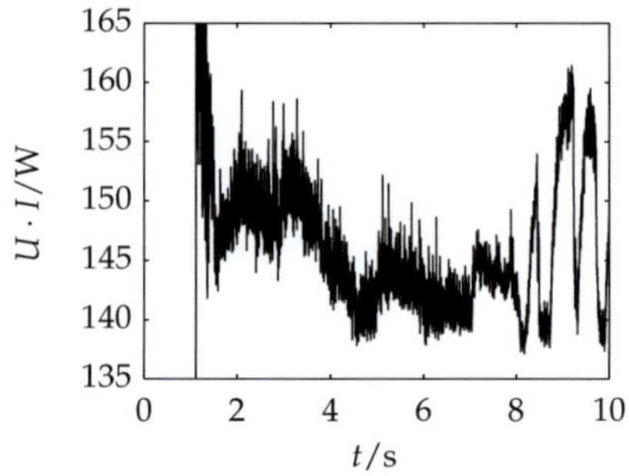

(d) Momentane elektr. Leistung ($U \cdot I$)

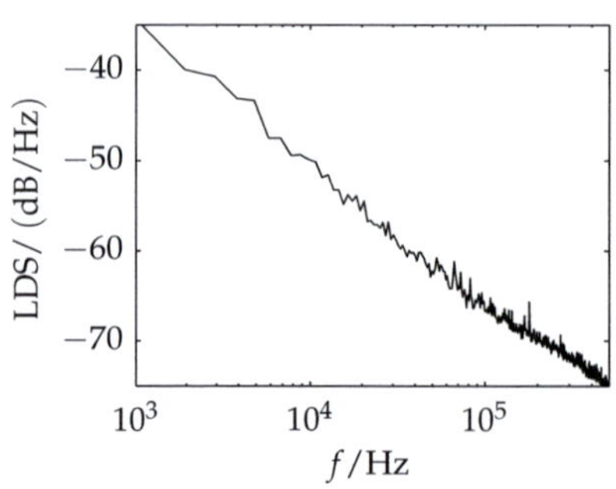

(e) LDS d. Spannung (1 s nach Zündung)

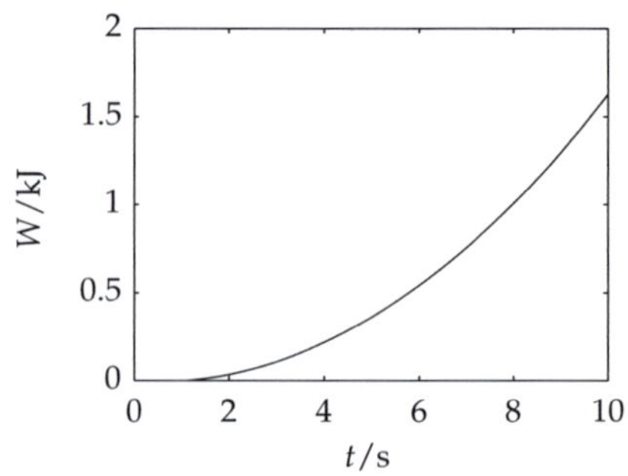

(f) Energieeintrag $\int (U \cdot I)\, dt$

Abbildung 3.31: Zeitverläufe von Spannung, Strom, Rauschleistung (Lo: 1 ... 10 kHz; Med: 4 ... 40 kHz; Hi: 40 ... 400 kHz), elektr. Leistung, Leistungsdichtespektrum innerhalb der ersten Sekunde nach Zündung und des elektr. Energieeintrags (6 A, Kupferelektroden, 2 mm Abstand)

3.4.2 Zeitverhalten der Rauschleistungsdichte

Besonders bei niedrigen Strömen schwankte die Rauschleistung um mehr als 13 dB und die Brennspannung des Lichtbogens variierte um bis zu 10 V (bei 2 A). Zu höheren Strömen hin verhielten sich die Größen jedoch deutlich stabiler, bei 11 A brannte der Lichtbogen nach kurzer Zeit in einem konstanten Zustand, wobei Brennspannung und Rauscheistungsdichte nur langsam variierten.

3.4.3 Verhalten bei unterschiedlichen Strömen

Unterschiedliche Ströme: Erste Sekunde nach Zündung Wie auch bei den Untersuchungen mit Kupferelektroden wird das spektrale Verhalten der Lichtbogenspannung innerhalb der ersten Sekunde nach Zündung bei verschiedenen Strömen verglichen. Das Vorgehen verläuft analog zu dem in Abschnitt 3.2.3. Die Ergebnisse für das LDS der Lichtbogenspannung und die Veränderung der Rauschleistung über den Strom sind in Abb. 3.32 dargestellt.

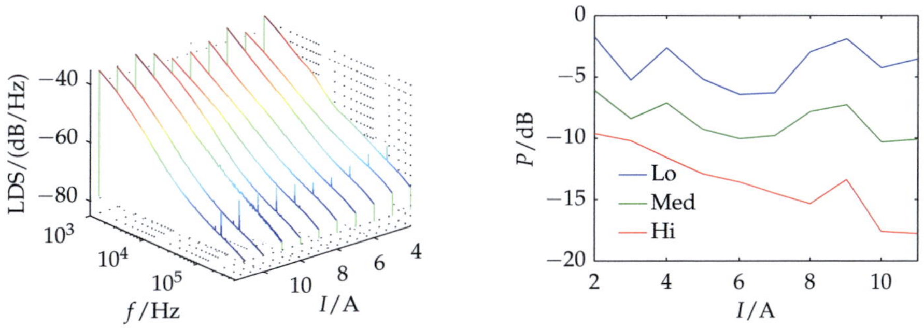

(a) Leistungsdichtespektrum

(b) Integrierte Rauschleistung nach Frequenzbändern (Lo: 1 . . . 10 kHz; Med: 4 . . . 40 kHz; Hi: 40 . . . 400 kHz)

Abbildung 3.32: Hochfrequente Signalanteile der Brennspannung von Lichtbögen bei variablem Strom (Stahlelektroden; 2 mm; erste Sekunde nach Zündung)

Während die Rauschleistung im hohen Frequenzbereich mit zunehmendem Strom abfällt, kann man für den tiefen Frequenzbereich keine klare Tendenz erkennen. Auch die Form des LDS ändert sich über den gesamten Strombereich von 2 . . . 11 A kaum. Innerhalb der ersten Sekunden flogen verbrennende Metallteilchen vom Lichtbogen weg. Sobald dies nach wenigen Sekunden endete, änderte sich auch das Leistungsdichtespektrum wie im folgenden beschrieben wird.

Zustände des Leistungsdichtespektrums Es stellten sich im untersuchten Strombereich von 2 ... 11 A, neben dem oben erwähnten Zeitraum, drei weitere unterschiedliche Zustände ein, die sich durch die Form des Leistungsdichtespektrums, die Höhe der Rauschleistung und der Brennspannung voneinander unterscheiden.

Diese Zustände traten in allen Messungen wiederkehrend auf und wechselten sich gegenseitig ab oder blieben längere Zeit stabil. Zur Untersuchung der einzelnen Zustände wurden aus den Messungen entsprechende Bereiche extrahiert, in welchem das LDS den entsprechenden Zustand annahm.

Zustand 1 (2 ... 11 A) Jede der Messungen startete mit Zustand 1, welcher im Abschnitt 3.4.3 auf Seite 94 charakterisiert ist. Dieser Zustand wurde dann bei Strömen von 2 ... 4 A von Zustand 2 abgelöst und bei einem höheren Strom ging er in Zustand 3, für 10 ... 11 A direkt in Zustand 4 über. Die zeitlichen Übergänge zwischen den Zuständen sind in Abb. 3.33 und 3.34 dargestellt. Zur Illustration der Unterschiede sind die Brennspannung und die Rauschleistung mit einer zeitlichen Auflösung von 2,048 ms abgebildet.

Zustand 2 (2 ... 6 A) Zustand 2 wurde im Strombereich von 1 ... 6 A beobachtet, wobei er bei 2 A erst nach mehr als 10 Sekunden und auch immer nur für kurze Zeit auftrat. Am häufigsten war er bei 5 A zu beobachten, wo er bis zu 8,5 Sekunden lang ununterbrochen aktiv war. Zu höheren Strömen hin trat er immer seltener auf und war bei einem Strom von mehr als 6 A nicht mehr stabil zu beobachten. Beim Übergang von Zustand 1 zu Zustand 2 stieg die Brennspannung um ca. 6 V an, die Rauschleistung im tiefen Frequenzbereich bis 10 kHz stieg um ca. 5 dB, während die im hohen Frequenzbereich bis 400 kHz um ca. 3 dB fiel.

In Abb. 3.35 ist das Leistungsdichtespektrum von Zustand 2 bei verschiedenen Stömen dargestellt, welches sich über den gesamten Strombereich nur wenig ändert (-13,6 ... -12,4 dB/Dekade für 1 kHz $< f <$ 500 kHz). Die über drei Frequenzbänder integrierte Rauschleistung, ebenfalls in Abb. 3.35 dargestellt, fällt mit zunehmendem Strom kontinuierlich ab.

Zustand 3 (2 ... 8 A) Dieser Zustand trat im Strombereich von 2 ... 8 A auf und war am längsten bei 5 A mit einer unterbrechungsfreien Dauer von ca. 15 Sekunden zu beobachten. Zu höheren wie auch zu niedrigeren Strömen hin wurde dieser Zustand sowohl immer seltener als auch immer kürzer. Verglichen mit Zu-

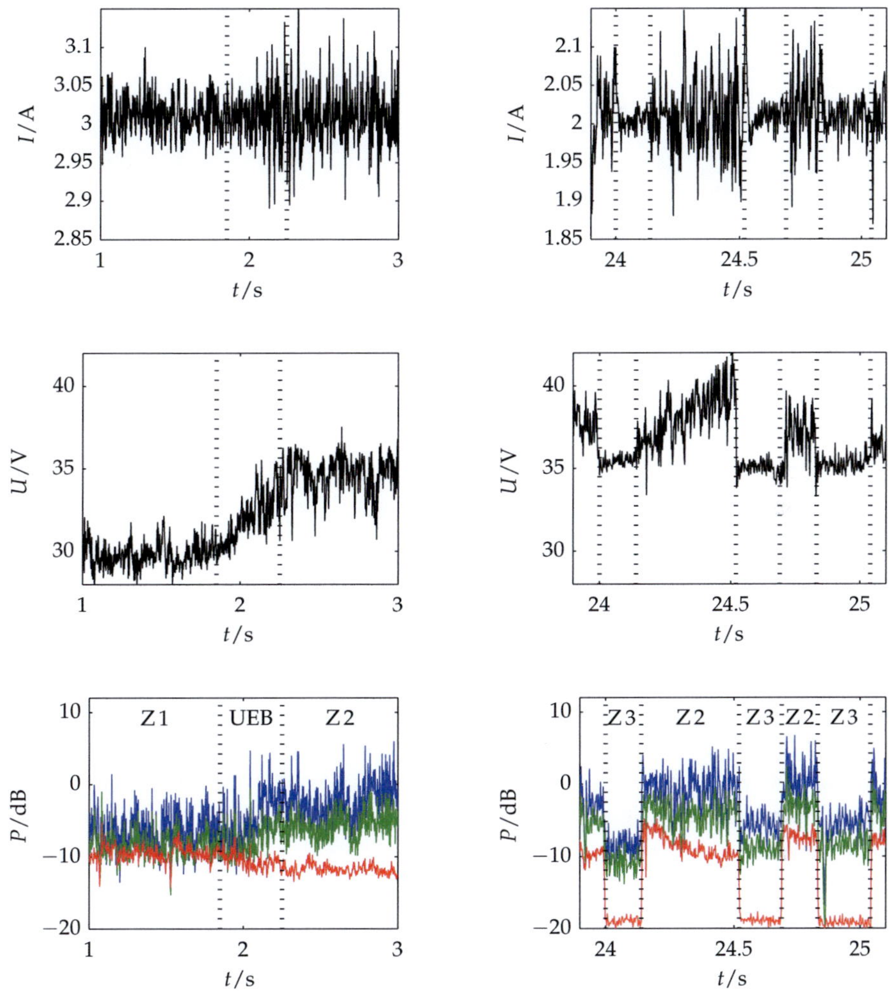

(a) Stahl-Lichtbogen bei 3 A

(b) Stahl-Lichtbogen bei 2 A

Abbildung 3.33: Wechsel der Zustände: Lichtbogenstrom, -Spannung und integrierte Rauschleistung im Zeitverlauf (Stahlelektroden; 2 mm; blau: 1 . . . 10 kHz; grün: 4 . . . 40 kHz; rot: 40 . . . 400 kHz)

stand 2 zeichnet sich Zustand 3 durch eine 2 . . . 4 V niedrigere Brennspannung und ein deutlich niedrigeres Gesamtrauschen aus. Dies macht einen Unterschied von 10 dB für den hohen Frequenzbereich bis 400 kHz und für den niedrigen beträgt der Abfall noch ca. 4 dB.

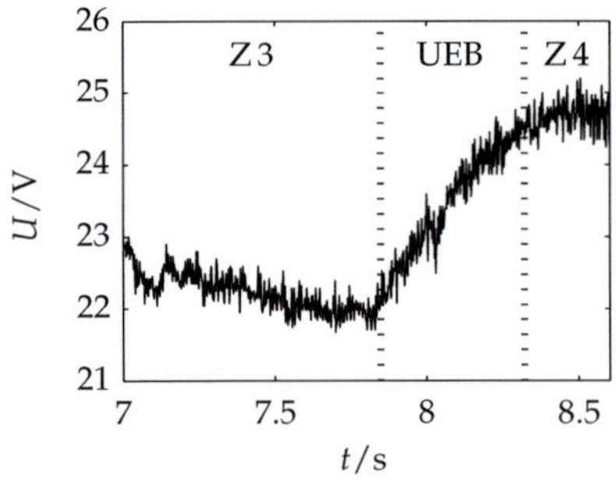

(a) Lichtbogenspannung

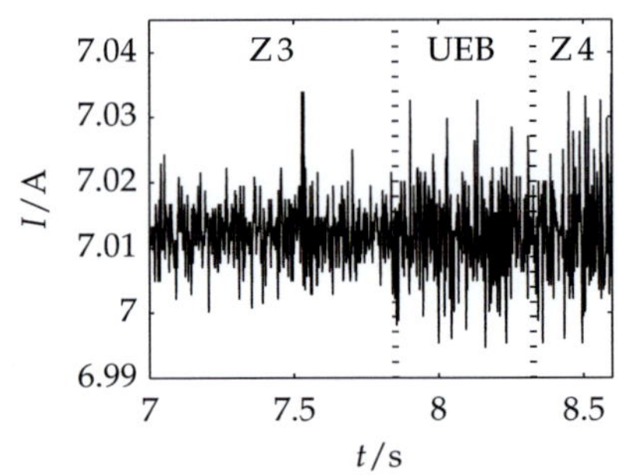

(b) Lichtbogenstrom

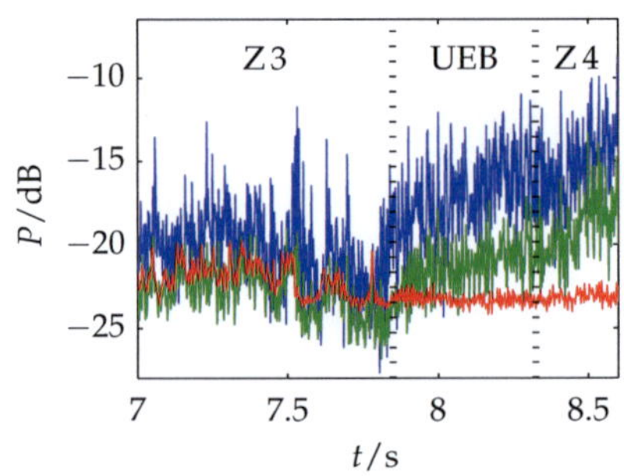

(c) Rauschleistung der Brennspannung

Abbildung 3.34: Übergang von Zustand 3 (Z 3) nach Zustand 4 (Z 4) im Zeitverlauf über einen Übergangsbereich (UEB) (Stahlelektroden; 2 mm; 7 A) (blau: 1 . . . 10 kHz; grün: 4 . . . 40 kHz; rot: 40 . . . 400 kHz)

Das Leistungsdichtespektrum variierte bei Veränderung des Stroms recht stark, wie in Abb. 3.36 dargestellt. Diese Veränderungen sind bei 2 . . . 3 A am stärksten ausgeprägt und betreffen hauptsächlich den tiefen bis mittleren Frequenzbereich. Der hohe Frequenzbereich ändert sich kaum, weshalb die Steigung des LDS mit zunehmendem Strom abnimmt (-20,9 . . . -10,1 dB/Dekade für $f < 30$ kHz und mit -10 . . . -8 dB/Dekade für $f > 30$ kHz).

Zustand 4 (7 . . . 11 A) Bei einem Strom von 7 A trat Zustand 4 nur sehr kurz auf, mit steigendem Strom verlängerten sich die Zeiten jedoch und bei 10 . . . 11 A brannte der Lichtbogen nach kurzer Zeit von ca. 5 Sekunden für die Restdauer der Messungen (ca. 25 Sekunden) in Zustand 4. Charakteristisch für diesen Zustand ist eine um 2 . . . 3 V höhere Brennspannung, verglichen mit Zustand 3, und eine

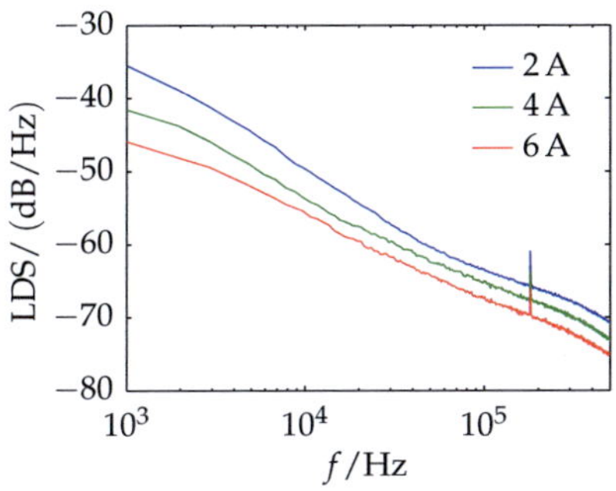

(a) Leistungsdichtespektrum fällt mit -13,6…-12,4 dB/Dekade für 1 kHz $< f <$ 500 kHz

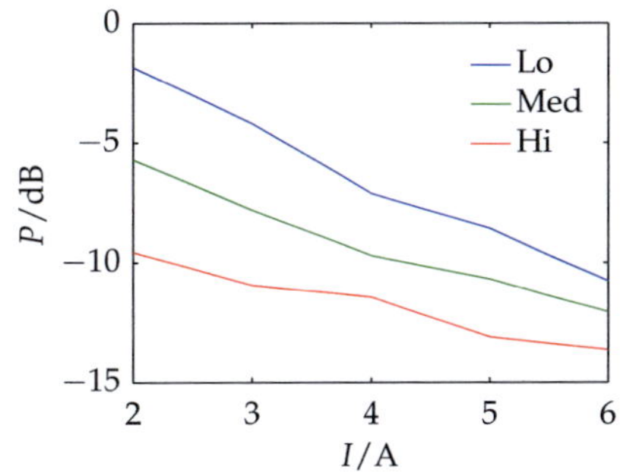

(b) Integrierte Rauschleistung nach Frequenzbändern (Lo: 1…10 kHz; Med: 4…40 kHz; Hi: 40…400 kHz)

Abbildung 3.35: Hochfrequente Signalanteile der Brennspannung von Lichtbögen unterschiedlicher Ströme bei Zustand 2 (Stahlelektroden; 2 mm)

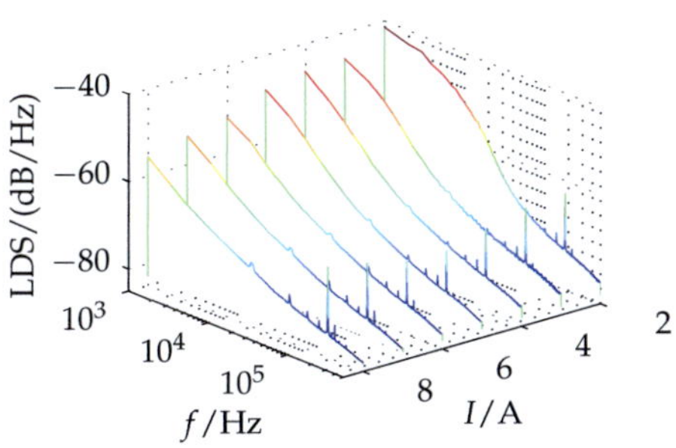

(a) Leistungsdichtespektrum fällt mit -20,9…-10,1 dB/Dekade für $f <$ 30 kHz und mit -10…-8 dB/Dekade für $f >$ 30 kHz

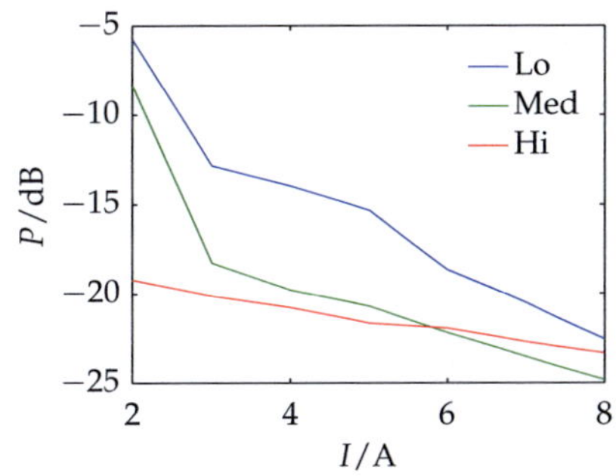

(b) Integrierte Rauschleistung nach Frequenzbändern (Lo: 1…10 kHz; Med: 4…40 kHz; Hi: 40…400 kHz)

Abbildung 3.36: Hochfrequente Signalanteile der Brennspannung von Lichtbögen unterschiedlicher Ströme bei Zustand 3 (Stahlelektroden; 2 mm)

um ca. 6 dB höhere Rauschleistung für den tiefen Frequenzbereich bis 10 kHz. Die Leistung im mittleren Frequenzbereich bis 40 kHz steigt nur um ca. 3 dB an und die Leistung der hohen Frequenzen bis 400 kHz sinkt sogar minimal und hält, verglichen mit allen anderen hier beobachteten Zuständen, ihren Wert recht konstant über die gesamte Zeit der Messung.

Im LDS ist ein leichter Knick bei ungefähr 30 kHz zu erkennen und wie aus Abb. 3.37 ersichtlich steigt die Steigung für linke Hälfte mit zunehmendem Strom

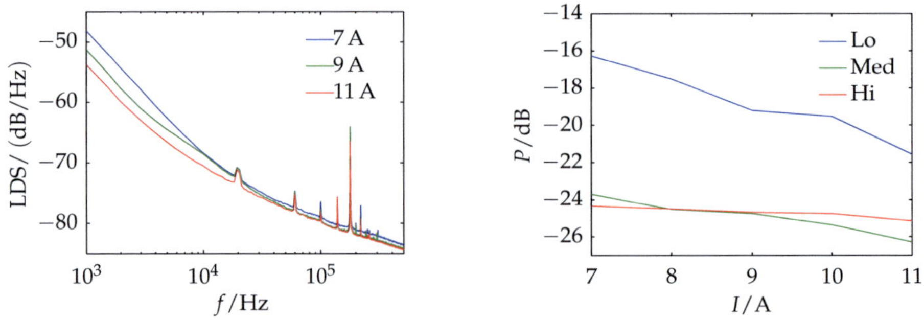

(a) Leistungsdichtespektrum fällt mit -17 ... -12,7 dB/Dekade für $f < 30$ kHz und mit -7,5 ... -7,4 dB/Dekade für $f > 30$ kHz

(b) Integrierte Rauschleistung nach Frequenzbändern (Lo: 1 ... 10 kHz; Med: 4 ... 40 kHz; Hi: 40 ... 400 kHz)

Abbildung 3.37: Hochfrequente Signalanteile der Brennspannung von Lichtbögen unterschiedlicher Ströme bei Zustand 4 (Stahlelektroden; 2 mm)

von -17 auf -12,7 dB/Dekade leicht an. Die Steigung der rechten Hälfte bleibt mit -7,5 ... -7,4 dB/Dekade relativ konstant. Insgesamt fällt die Rauschleistung mit zunehmendem Strom hauptsächlich für die tiefen Frequenzen bis 10 kHz mit insgesamt 7,6 dB über den Strombereich von 7 ... 11 A ab.

3.4.4 Verhalten bei unterschiedlichen Elektrodenabständen

Die Untersuchungen bei variabler Bogenlänge wurden mit einem Strom von 6 A durchgeführt und die Ergebnisse sind über die erste Sekunde nach Zündung des Lichtbogens und über die jeweils drei Messungen gemittelt (Vorgehen wie in Abschnitt 3.2.3). Es wurden Experimente mit folgenden Elektrodenabständen durchgeführt (Werte in mm): 0,2 0,3 0,4 0,5 0,7 1,0 2,0 3,0
Für die Auswertung der Ergebnisse sind zwei Zeitbereiche zu unterscheiden. In der ersten Phase nach Zündung, während verbrennende Metallteilchen vom Lichtbogen ausgehend in den Raum fliegen, ist die Rauschleistung ca. 10 dB höher als danach, weshalb die beiden Bereiche getrennt voneinander betrachtet werden.

Erste Sekunde nach Zündung Bei Vergrößern des Elektrodenabstands von 0,2 mm sank die Rauschleistung zunächst im hohen Frequenzbereich, welche dann ab 0,7 mm konstant blieb (vgl. Abb. 3.38(b)).

Die Rauschleistung im tiefen und mittleren Frequenzbereich fällt im Intervall von

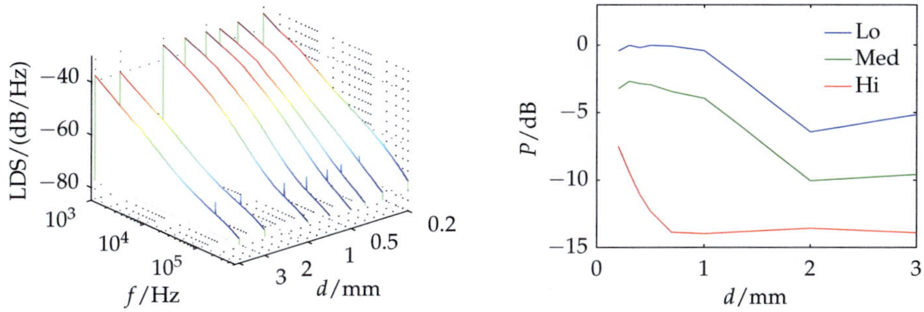

(a) Leistungsdichtespektrum

(b) Integrierte Rauschleistung nach Frequenzbändern (Lo: 1...10 kHz; Med: 4...40 kHz; Hi: 40...400 kHz

Abbildung 3.38: Hochfrequente Signalanteile der Brennspannung von Lichtbögen bei Elektrodenabständen von 0,2...3,0 mm (erste Sekunde nach Zündung; Stahlelektroden; 6 A)

1 bis 2 mm um je 6 dB, oberhalb von 2 mm sind in allen Frequenzbereichen kaum noch Änderungen zu verzeichnen. Die Steigung des Leistungsdichtespektrums änderte sich bei vergrößern des Abstands nur von -13,6 auf -14,1 dB/Dekade. Da die Rauschleistung nicht in allen Frequenzbereichen gleichförmig absinkt, ändert sich die Form des LDS im Bereich bis 2 mm beim Übergang zu einem anderen Abstand immer.

Sekunde 9 bis 14 nach Zündung Sobald das Verbrennen von Teilchen endet, sinkt die Rauschleistung um ca. 10 dB. In den Experimenten war dies nach spätestens 8 s der Fall. Dies ist eine Besonderheit bei der Verwendung von Stahlelektroden, weshalb ein zweiter Zeitbereich gesondert betrachtet wird. Die Veränderung bei variablem Abstand ist vergleichbar mit der innerhalb der ersten Sekunde nach Zündung, sofern Abstände größer als 1 mm betrachtet werden.

Allerdings sinkt die Störleistung bei einem Abstand von weniger als 0,3 mm wieder stark ab, besonders im niedrigen Frequenzbereich. Dieses Verhalten konnte auch bei der Verwendung von Kupferelektroden in Abschnitt 3.2.4 beobachtet werden.

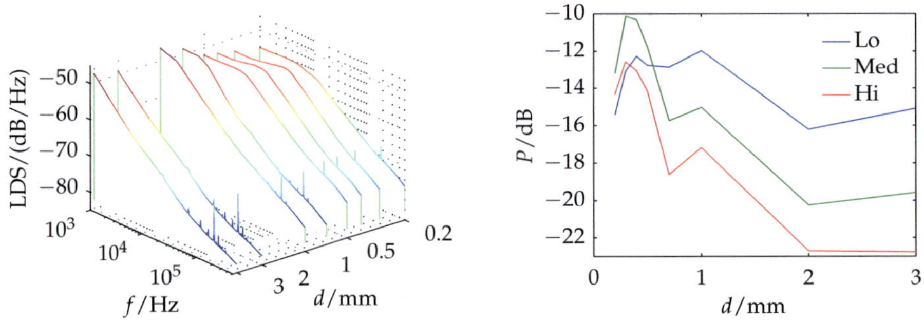

(a) Leistungsdichtespektrum

(b) Integrierte Rauschleistung nach Frequenzbändern (Lo: 1 ... 10 kHz; Med: 4 ... 40 kHz; Hi: 40 ... 400 kHz)

Abbildung 3.39: Hochfrequente Signalanteile der Brennspannung von Lichtbögen bei Elektrodenabständen von 0,2 bis 3,0 mm (9. bis 14. Sekunde nach Zündung; Stahlelektroden; 6 A)

3.5 Vergleich der verschiedenen Elektrodenmaterialien und Diskussion

3.5.1 Allgemeines

Die physikalischen Eigenschaften wie Schmelzpunkt und Wärmeleitfähigkeit nach Tab. 3.6 spielen bei diesen Experimenten eine große Rolle. Grundsätzlich ist die Temperatur der Brennflecke gleich der Siedetemperatur des Kathodenmaterials. Außerhalb der Brennflecke wird bei Kupfer der hohe Schmelzpunkt nur schwer erreicht, da aufgrund der guten Wärmeleitfähigkeit die Wärmeenergie von den Elektrodenoberflächen gut abfließt. Aus diesem Grund sind bei Kupfer keine nennenswerten Aufschmelzungen zu beobachten, weshalb die auf der Kathode von den Brennflecken verursachten Krater gut erkennbar sind.

Dagegen wird bei Aluminium auch neben den kathodischen Brennflecken der Schmelzpunkt recht schnell erreicht und am Brennfleck wird ein Strahl von Partikeln generiert, welcher beim Aufprall auf der Anode einen Krater hinterlässt. Das dort herausgeschlagene Material wird aufgrund der hohen Temperaturen ionisiert und im elektrischen Feld zur Kathode hin beschleunigt, wo es sich dann auf deren Oberfläche absetzt. Das Lösen von Material an den Elektrodenoberflächen wird dadurch begünstigt, dass Aluminium mit Sauerstoff exotherm reagiert. Dies führt auch zu verbrennenden Metallteilchen, welche in den Raum um den

Tabelle 3.6: Physikalische Eigenschaften von Kupfer, Aluminium und Stahl im Vergleich [67] [68] [138] [123]

	Kupfer	Aluminium	Stahl	Eisen
Bezeichnung	Cu	AlZnMgCu1,5	St70-2	Fe
Schmelzpunkt (°C)	1085	480…640	1500	1537
Siedepunkt (°C)	2595	2450	k. A.	2750
Wärmeleitfähigkeit (W/(m · K))[1]	401	130…160	48…58	75
Spez. Widerstand (μΩ · cm)[1]	1,65	2,65	55	10,3
Austrittsarbeit (eV)	4,5	4,0…4,4	k. A.	4,1…4,8
Ionisierungsenergie (eV)	7,72	5,98	k. A.	7,9

[1] bei 20 °C

Lichtbogen fliegen.

Tabelle 3.7: Allgemeine Beobachtungen bei Lichtbögen unterschiedlicher Elektrodenmaterialien im Vergleich

Material	Brennfarbe	Teilchenflug	Materialtransfer	Schmelzen
Kupfer	grün	nein	nicht erkennbar	an Brennflecken
Aluminium	blau	permanent	stark	ungleichmäßig
Stahl	weißblau	zu Beginn	nicht erkennbar	gleichmäßig

Stahl besitzt zwar einen sehr hohen Schmelzpunkt von 1500 °C, allerdings ist seine Wärmeleitfähigkeit so gering, dass sich die Elektrodenoberflächen lokal stark erhitzen. Dies führt wiederum zu einem Abschmelzen der Oberflächen und das geschmolzene Material wird in den Lichtbogen eingebracht oder setzt sich als Metalltröpfchen auf den Elektrodenoberflächen ab.

3.5.2 Gleichstrom-Verhalten

Durch die hohen Temperaturen schmilzt und verdampft Material an den Elektrodenoberflächen, welches in Form von Mikro- und Makropartikeln in den Lichtbogen eingebracht wird. Dies führt zu einem veränderten Kathodenfall, der nach Child [3] unter anderem vom Schmelzpunkt des verwendeten Metalls abhängt. Auch wird der Anteil des ionisierten Metalldampfs am Plasma nach Lafferty u. a. [74] maßgeblich von Metalltröpfchen bestimmt, welche an der Kathodenoberfläche entstehen und in den Lichtbogen gelangen. Damit werden auch die Plasmaeigenschaften durch den Schmelzpunkt und die Wärmeleitfähigkeit des Kathodenmaterials beeinflusst.

In der „Niedrigstromregion“ unterhalb des Transitpunkts (vgl. Abschnitt 2.1.2) fällt die Spannung über dem Lichtbogen mit zunehmendem Strom stetig ab. Dies ist auch in Abb. 3.40(a) erkennbar.

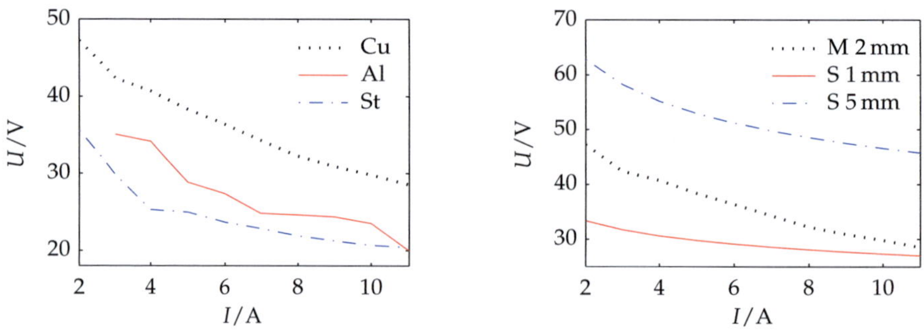

(a) Lichtbogenspannung über -Strom bei 2 mm Elektrodenabstand

(b) Vergleich der Messergebnisse mit Kupfer u. $d = 2$ mm (M 2 mm) mit Simulationsergebnissen für 1 und 5 mm (S 1 mm; S 5 mm) (Formeln v. Paukert [1])

Abbildung 3.40: Vergleich der Brennspannungen verschiedener Elektrodenmaterialien: Kupfer (Cu) - Aluminium (Al) - Stahl (St)

Es liegen aus der Literatur Werte für die Spannungsabhängigkeit für Kupfer bei den Elektrodenabständen von 1 und 5 mm vor. Diese sind in Abb. 3.40(b) mit den Messergebnissen für 2 mm in ein Schaubild aufgetragen und es kann eine leicht unterschiedliche Steigung erkannt werden. Die Ursache für die Abweichung liege möglicherweise bei den ungekühlten Elektroden, welche bei den verschiedenen Leistungen hier in den Experimenten auch auf unterschiedliche Temperaturen erhitzt wurden. Dies wirkt sich über den Ionisationsgrad des Plasmas (vgl. Abschnitt 2.1.2) auf den Widerstand des Lichtbogens und somit auf den Spannungsabfall aus.

Für den geringsten hier im Experiment gemessenen Abstand von 200 µm kann man näherungsweise von einem reinen Metalldampfbogen ohne Bogensäule ausgehen [41][105], die gemessene Spannung entspricht dann ungefähr dem Kathodenfall (vgl. 2.1.3 auf Seite 41). In Tab. 3.8 sind die Spannungen der Kathodenbrennflecken aus der Literatur mit den Brennspannungen der Messungen mit 0,2 mm verglichen. Die hier gemessenen Spannungen liegen im Bereich der Werte aus der Literatur, wobei verschiedene Autoren unterschiedliche Werte angeben.

Tabelle 3.8: Vergleich der Lichtbogenspannungen aus Messergebnissen (0,2 mm Elektrodenabstand; 6 A) mit Werten aus der Literatur für den Kathodenfall [23] [14] [15] [98] [123] (Werte in V)

Material	Messwert	Werte aus Literatur
Kupfer	17,7	13,0...20,0
Aluminium	15,7	14,4...20,0
Stahl	15,1	k. A.
Eisen		11,5...16,5

Bei vergrößern des Elektrodenabstands beobachtet man in Abb. 3.41 für alle Materialien ein Ansteigen der Lichtbogenspannung, wobei in allen Fällen die höchste Spannung bei Kupfer und die niedrigste bei Stahl gemessen wurde. Der Anstieg

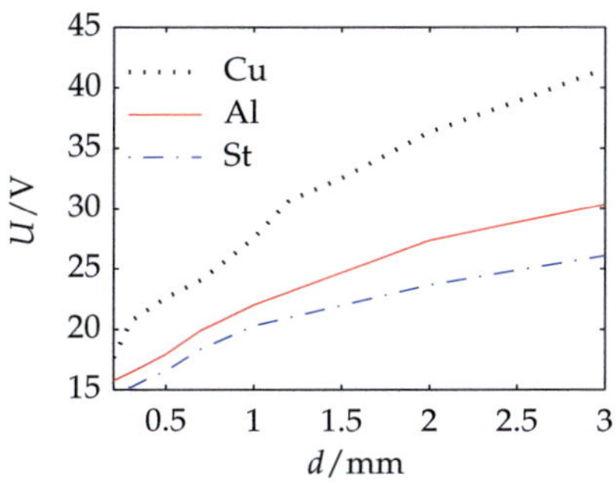

Abbildung 3.41: Brennspannungen von Lichtbögen bei variablem Elektrodenabstand d, Vergleich verschiedener Elektrodenmaterialien: Kupfer (Cu) - Aluminium (Al) - Stahl (St)

erfolgt nicht konstant, sondern nimmt mit zunehmendem Elektrodenabstand ab. Dies ist mit einer Zunahme der Temperatur aufgrund der höheren Leistung und des damit abnehmenden Widerstands der Bogensäule zu erklären.

3.5.3 HF-Verhalten

Das Störverhalten von Lichtbögen ist vom verwendeten Elektrodenmaterial abhängig. In Abb. 3.42 ist für jedes verwendete Material (Kupfer, Stahl, Aluminium) das jeweils niedrigste und höchste in dieser Arbeit aufgetretene Leistungsdichtespektrum der Lichtbogenspannung aufgetragen und der Bereich dazwischen schraffiert.

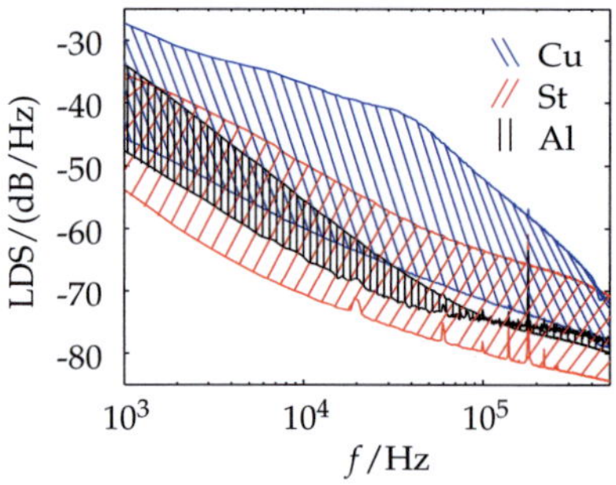

Abbildung 3.42: Bereiche des Leistungsdichtespektrums der Lichtbogenspannung zwischen minimal und maximal gemessenen Werten unter Verwendung von Elektroden aus Kupfer, Aluminium und Stahl – es wurden für die Bestimmung der minimalen und maximalen Rauschleistungsdichte alle Messungen dieser Arbeit ausgewertet und bei entsprechenden Bedingungen jeweils über drei Messungen gemittelt

Die Bereiche überlappen sich, jedoch werden die höchsten Werte der Rauschleistungsdichte bei Kupfer erreicht und die niedrigsten bei Stahl. Auch gibt es die größte Differenz zwischen minimaler und maximaler Rauschleistungsdichte (Dynamik) bei Kupfer, wogegen die Dynamik bei Aluminium am geringsten ausfällt.

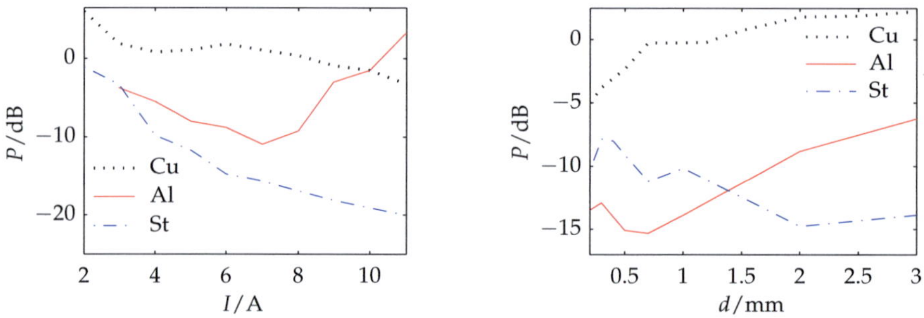

(a) Rauschleistung über Strom bei 2 mm Elektrodenabstand

(b) Rauschleistung über Elektrodenabstand bei 6 A

Abbildung 3.43: Vergleich verschiedener Elektrodenmaterialien: Kupfer, Aluminium und Stahl (Rauschleistung integriert von 1 bis 400 kHz; 2 mm Elektrodenabstand)

Betrachtet man die Veränderung der Rauschleistung bei steigendem Gleichstrom in Abb. 3.43(a), so fällt diese bei Kupfer und Stahl mit zunehmendem Strom ab, in guter Übereinstimmumg mit Lafferty u. a. [74]. Bei Aluminium jedoch nimmt die Rauschleistung zunächst ab, um dann ab 8 A wieder anzusteigen. Dieser Anstieg bei höheren Strömen ist wahrscheinlich der Neigung des Aluminium zur exothermen Reaktion mit Sauerstoff bei hohen Temperaturen geschuldet. Im Experiment ließ sich das durch eine Zunahme verbrennender Metallteilchen im Raum um den Lichtbogen bei einem Strom von mehr als 8 A beobachten. Durch das exotherme

Verbrennen von Aluminium werden vermutlich explosionsartig Partikel in den Lichtbogen eingebracht, wodurch es zu Fluktuationen in der Leitfähigkeit der Bogensäule und resultierend daraus zu einem höheren Rauschen kommt.

Bemerkenswert ist die Veränderung der Rauschleistung bei zunehmendem Elektrodenabstand in Abb. 3.43(b). Während bei Kupfer ein stetiges Ansteigen zu verzeichnen ist, steigt die Rauschleistung bei Aluminium erst oberhalb von 0,7 mm stetig an. Das Verhalten bei der Verwendung von Stahlelektroden unterscheidet sich jedoch grundsätzlich. Nach einem leichten Anstieg bis 0,3 mm fällt die Rauschleistung mit zunehmendem Abstand eher ab.

Ein steigender Elektrodenabstand hat bei gleichem Strom eine höhere Joulsche Wärme zur Folge, wodurch auch die Elektrodenoberflächen stärker erhitzt werden. Bei Aluminium kann aus einer höheren Temperatur auch eine Zunahme der Reaktionen des Materials mit Sauerstoff folgen, wodurch man eine Zunahme der Fluktuationen erwarten kann. Dies ist schematisch in Abb. 3.44(b) skizziert.

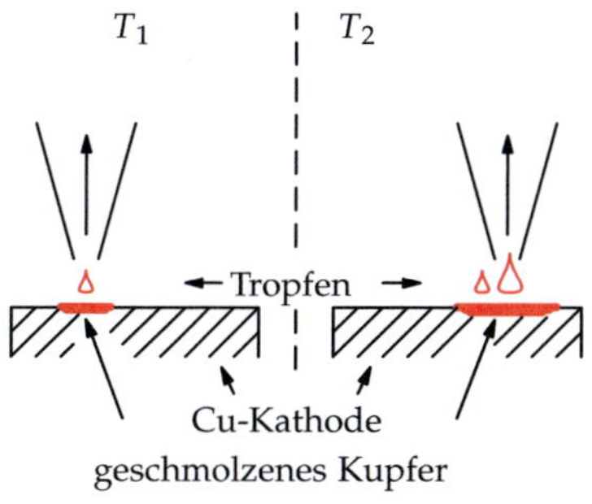

(a) Brennfleck bei Kupferelektroden lässt lokal Kupfer schmelzen; höhere Temperatur bedeutet mehr geschmolzenes Material

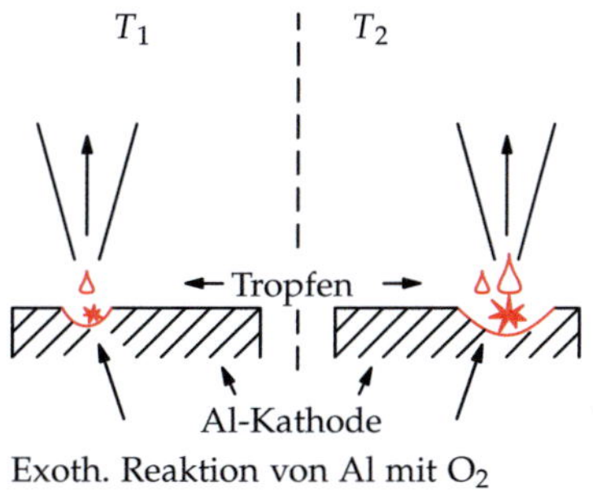

(b) Brennfleck bei Aluminiumelektroden lässt Material mit Sauerstoff reagieren; höhere Temperatur bedeutet stärkere exotherme Reaktion

Abbildung 3.44: Schematische Darstellung bei je zwei Temperaturen ($T_1 < T_2$); bei höherer Temperatur werden größere Mengen des Kathodenmetalls in den Lichtbogen eingebracht

Die Kupferelektroden schmelzen aufgrund des hohen Schmelzpunkts und der guten Wärmeleitfähigkeit in diesen Experimenten nicht flächig auf, sondern nur lokal sehr begrenzt (µm-Bereich) an den Kathodenbrennflecken (Krater). Somit kann ein höherer Wärmeenergieeintrag in der Form einen Einfluss auf die Kathoden-Brennflecke haben, dass lokal begrenzt etwas mehr Kupfer schmilzt, wodurch die geschmolzenen Flächen nach Abb. 3.44(a) größer würden.

Nach dem „Ecton-Modell" (vgl. Abschnitt 2.1.3) verursachen kleine „Explosionen" an der Kathodenoberfläche ein herauslösen von Material, welches in den Lichtbogen gelangt und dessen Eigenschaften verändert. Bei größeren geschmolzenen Flächen kann bei jeder Explosion mehr Material als Mikro- und Makropartikel die Fluktuationen der Leitfähigkeit erhöhen.

Die verwendeten Stahlelektroden beginnen bereits bei geringem Abstand an der Oberfläche zu schmelzen. Dies führt allerdings nicht zu einer höheren Rauschleistung, sondern hier sinkt sie mit zunehmendem Elektrodenabstand.

3.6 Verhalten des Lichtbogens als Rauschspannungsquelle

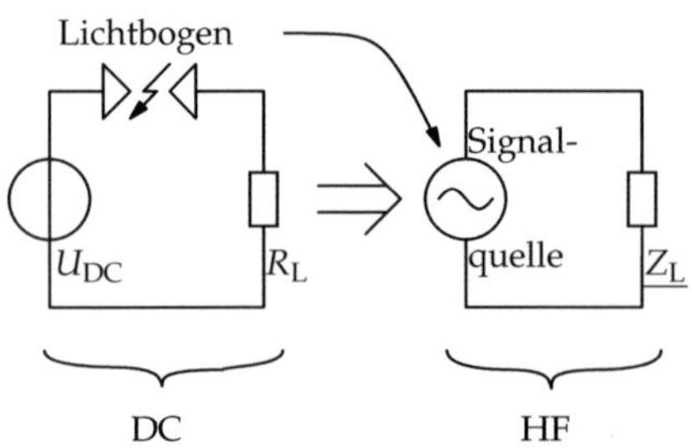

Abbildung 3.45: Betrachtung des Lichtbogens als Signalquelle durch Vernachlässigung der Gleichanteile von Strom und Spannung und Beschreibung des angeschlossenen elektrischen Systems als Lastimpedanz $\underline{Z}_L$ durch die Kleinsignalersatzschaltbilder seiner Komponenten

Die vom Lichtbogen erzeugten hochfrequenten Signalanteile werden über die Komponenten des Stromkreises übertragen und verändern dabei ihre spektrale Zusammensetzung. Für eine Simulation dieses Verhaltens mit einer Software für Schaltungssimulation benötigt man Kenntnis über die hochfrequenten Quelleigenschaften des Lichtbogens, ob er sich wie eine

- Rauschstromquelle oder
- Rauschspannungsquelle

verhält. Bei Kenntnis des Quellverhaltens und bekannter Systemimpedanz lässt sich nach Abb. 3.45 ein Hochfrequenzersatzschaltbild erstellen, um damit das Leistungsdichtespektrum von Strömen und Spannungen im System zu berechnen.

Über die Beschreibungsmöglichkeit des Lichtbogens als Signalquelle finden sich in der Literatur widersprüchliche Aussagen (vgl. Abschnitt 2.1.3), weshalb eine genauere Betrachtung des Quellverhaltens sinnvoll erscheint.

3.6.1 Experiment

Das Ziel des Experiments ist die Definition eines Modells, welches den Lichtbogen als elektrische Rauschquelle mit $f > 0$ beschreibt.

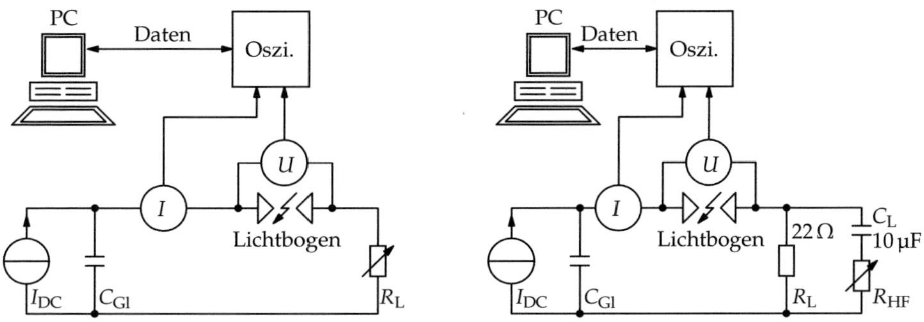

(a) Lastwiderstandsbereich 22 . . . 72,5 Ω (b) Lastwiderstandsbereich 2,5 . . . 22 Ω

Abbildung 3.46: Messaufbau zur Bestimmung des Quellverhaltens: Lichtbogenexperimente mit veränderlichem Lastwiderstand bei konstantem Strom und Elektrodenabstand unter Verwendung von Kupferelektroden; Messung des Stromrauschens im System und des Spannungsrauschens am Lichtbogen

Hierfür werden Lichtbogenexperimente bei veränderlicher Lastimpedanz im Bereich von 2,5 . . . 73,5 Ω gemäß Abb. 3.46 durchgeführt. Dies geschieht bei einem Gleichstrom von 6 A und einem Elektrodenabstand von 2 mm unter Verwendung von Kupferelektroden. Diese Randbedingungen wurden gewählt, da 6 A einen typischen Laststrom bei monokristallinen Solarzellen darstellt und bei einem Abstand von 2 mm auch im unteren Frequenzbereich von 1 . . . 10 kHz der volle Pegel messbar ist (siehe Abschnitt 3.2.4). Wie in Abschnitt 2.1.3 beschrieben ist, wird die Ursache der Fluktuationen in den Brennflecken gesehen. Diese sind als Quelle der hochfrequenten Signalanteile zunächst unabhängig von Strom oder Elektrodenabstand vorhanden. Daher kann davon ausgegangen werden, dass das grundsätzliche Quellverhalten – ob Strom- oder Spannungsquelle, mit oder ohne Innenwiderstand – nicht von Stromstärke und Elektrodenabstand beeinflusst wird.

In den Experimenten wird sowohl das Stromrauschen im System als auch das Spannungsrauschen am Lichtbogen mit 2 MSpS gemessen.

Der verwendete Lastwiderstand besitzt einen einstellbaren minimalen Widerstand von 22 Ω . Um das Quellverhalten des Lichtbogens zu charakterisieren, muss die

Lastimpedanz jedoch auch minimiert werden. Nur so kann der Einfluss eines möglichen „Innenwiderstands der Signalquelle" auch tatsächlich beobachtet werden. Daher wird für Werte von $|\underline{Z}_\mathrm{L}| < 22\,\Omega$ der Testaufbau nach Abb. 3.46(b) modifiziert. Mithilfe von Keramik-Kondensatoren ($C_\mathrm{L} = 10\,\mu\mathrm{F}$) wird ein zusätzlicher Signalpfad parallel zu R_L geschaffen, und die Lastimpedanz für die hochfrequenten Signalanteile kann über R_HF bis zu einem Wert von $|\underline{Z}_\mathrm{L}| = 2,5\,\Omega$ reduziert werden.

Die in Gl. 3.2 beschriebene Impedanz der Versuchsanlage gemäß Abb. 3.46(a) erweitert sich somit um C_L und R_HF und wird gemäß Abb. 3.46(b) zu Gl. 3.9.

$$\underline{Z}_\mathrm{L} = \frac{R_\mathrm{L} \cdot \left(R_\mathrm{HF} + \frac{1}{\mathrm{j}\omega C_\mathrm{L}}\right)}{R_\mathrm{L} + R_\mathrm{HF} + \frac{1}{\mathrm{j}\omega C_\mathrm{L}}} + \frac{1}{\mathrm{j}\omega C_\mathrm{Gl}} + \mathrm{j}\omega L_\mathrm{Ltg} \tag{3.9}$$

Die jeweils eingestellte Lastimpedanz wird vor jedem Experiment mit einem LCR-Meter gemessen und dokumentiert.

Auch bei dieser Messreihe wird jedes Experiment drei Mal bei gleichbleibendem Aufbau, allerdings mit jeweils neuen Elektroden durchgeführt und ein Mittelwert über die dadurch gewonnenen Leistungsdichtespektren gebildet.

Die Impedanz der Versuchsanlage ist im Bereich von 1 … 10 kHz annähernd konstant (vgl. Abb. 3.5(a)), weshalb die Auswertung der Ergebnisse in diesem Frequenzbereich geschieht.

3.6.2 Ergebnis

In Abb. 3.47 sind Messergebnisse von Lichtbogenspannung U und -Strom I exemplarisch bei Lastwiderständen von $Z_\mathrm{L} = 5\,\Omega$; $25\,\Omega$ und $65\,\Omega$ dargestellt. Man erkennt sowohl im Zeit- als auch im Frequenzbereich ein Absinken der Amplitude des Stroms bei zunehmender Lastimpedanz, während das Spannungsrauschen weitestgehend konstant bleibt.

In Abb. 3.48 sind die Messergebnisse als Rauschleistung P (für jede Messreihe integriert von 1 … 10 kHz) über der entsprechenden Lastimpedanz dargestellt, zur besseren Übersichtlichkeit in doppelt-logarithmischer Form. Es wurde die Rauschleistung von

- Lichtbogenspannung

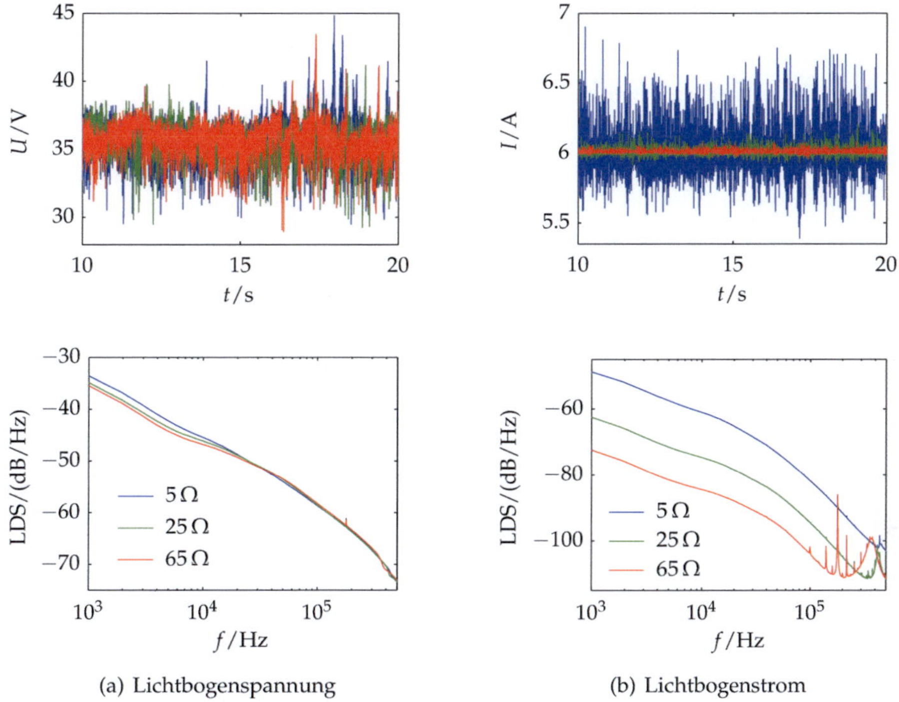

(a) Lichtbogenspannung

(b) Lichtbogenstrom

Abbildung 3.47: Zeitsignale und Leistungsdichtespektren als Messergebnis von Lichtbogenexperimenten mit veränderlicher Lastimpedanz (Z_L in allen Darstellungen: Blau: 5 Ω ; Grün: 25 Ω ; Rot: 65 Ω)

- Lichtbogenstrom
- Nach Gl. 3.10 errechnetem Lichtbogenstrom

berechnet und in das Diagramm übertragen.

Die Rauschleistung der Brennspannung des Lichtbogens verändert sich über den gesamten Bereich um etwa 4 dB, während bei der Rauschleistung des Stroms ein Abfall um ca. 32,4 dB zu verzeichnen ist.

Das Spannungsrauschen am Lichtbogen ruft im System ein Stromrauschen gemäß Gl. 3.10 hervor. Entsprechend ist das Stromrauschen berechnet und die Rauschleistung als blaue (Strichpunkt-) Linie in Abb. 3.48 eingetragen. Die so berechnete Kurve deckt sich nahezu mit den gemessenen Werten (blaue Linie).

$$\sqrt{\langle I^2 \rangle} = \sqrt{\langle U^2 \rangle} / \left| \underline{Z}_L \right| \tag{3.10}$$

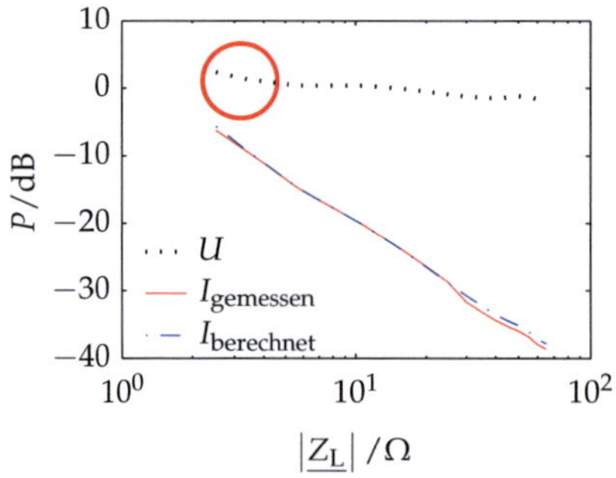

Abbildung 3.48: Verhalten von Strom- und Spannungsrauschen bei Lichtbogenexperimenten mit veränderlichem Lastwiderstand $|\underline{Z}_{\mathrm{L}}|$ und sonst konstanten Bedingungen; Rauschleistung jeweils integriert von 1-10 kHz; blaue (Strichpunkt-) Kurve ist errechnet über Spannungsrauschen und Lastimpedanz; $\underline{Z}_{\mathrm{L}}$ ist für $|\underline{Z}_{\mathrm{L}}| > 6\,\Omega$ annähernd reell, Anstieg der Signalleistung bei niedriger Lastimpedanz rot markiert

Aufgrund des über den gesamten Bereich relativ konstanten Spannungsrauschens scheint sich der Lichtbogen wie eine Rauschspannungsquelle zu verhalten, welche unabhängig vom Lastwiderstand ein konstantes Spannungsrauschen erzeugt.

Im Bereich unter $6\,\Omega$ ist in den Messergebnissen ein leichtes Ansteigen des Spannungsrauschens zu verzeichnen. Dieser Bereich ist in Abb. 3.48 rot markiert. Eine Ursache hierfür ist möglicherweise der dort zunehmende kapazitive Anteil an der Lastimpedanz, da im Experiment die Lastimpedanz aus einer Serienverschaltung von Kapazität C_{L} und Widerstand R_{HF} ist (bei Vernachlässigung von R_{L}).

Hierfür liefern Lafferty u. a. [74] und Smeets [124] Erklärungen. Bei einer steigenden Parallelkapazität beobachtete Smeets [124] ein Sinken der Lebensdauer bei Niederstrom-Lichtbögen.

Steigende Parallelkapazität → Sinkende Lebensdauer

Nach Lafferty u. a. [74] ist die Lebensdauer des Lichtbogens mit dem Inversen der Höhe der Fluktuationen der Lichtbogenspannung korreliert.

Sinkende Lebensdauer → *Steigende Fluktuationen der Brennspannung*

Eine steigende Parallelkapazität bedeutet also ein Ansteigen der hochfrequenten Signalanteile der Brennspannung.

Steigende Parallelkapazität → *Steigende Fluktuationen der Brennspannung*

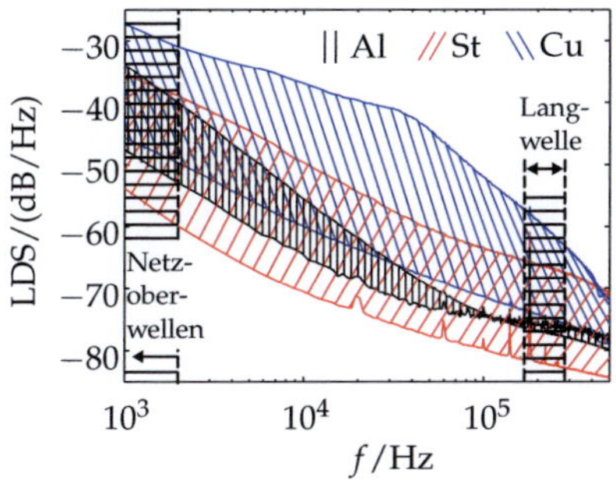

Abbildung 3.49: Bereiche des Leistungsdichtespektrums der Lichtbogenspannung zwischen minimalen und maximalen in dieser Arbeit gemessenen Werten unter Verwendung von Elektroden aus Kupfer, Aluminium und Stahl - es sind zudem Bereiche markiert, in welchen Grenzwerte für die Störaussendung von netzgekoppelten Baugruppen existieren. Dies sind die Netzoberwellen (bis 2 kHz) und Langwellenrundfunk (148,5 . . . 283,5 kHz)

3.7 Zusammenfassung der Ergebnisse/ Fazit

Es konnte gezeigt werden, dass in dem untersuchten Strombereich von 2 . . . 17 A ein wie in der Literatur für höhere Ströme beschriebenes $1/f^2$-Rauschen nicht auftritt. Allerdings konnte besonders beim Einsatz von Kupferelektroden ein Ansteigen der hochfrequenten Signalanteile innerhalb der ersten Sekunden beobachtet werden. Dieser Anstieg dauerte bei niedrigen Strömen länger, was einen Zusammenhang mit dem Temperaturanstieg der Elektroden vermuten lässt.

So ist die Signalleistung bei höherer Temperatur höher, was möglicherweise mit dem „Ecton“ -Modell [3] erklärt werden kann. Danach wird explosionsartig Material von der Kathode in den Lichtbogen eingebracht, wodurch dessen Leitfähigkeit und damit die Spannung am Lichtbogen verändert wird. Bei höherer Temperatur wäre das Kathodenmaterial weicher und es könnte bei einem solchen Vorgang mehr Material auf einmal in den Raum zwischen die Elektroden eingebracht werden, was wiederum zu einem größeren Spannungssprung und in der Folge zu einer höheren Signalleistung führen könnte.

Bei einer Verkleinerung des Stroms steigen die Fluktuationen an, dieser Anstieg ist unterhalb von 5 A besonders ausgeprägt und konnte bei Verwendung von Kupfer- und Aluminiumelektroden klar beobachtet werden. Dies deckt sich mit den Angaben in der Literatur [137] [125].

Es konnte zudem ein Zusammenhang zwischen dem Leistungsdichtespektrum der Brennspannung und dem Elektrodenabstand hergestellt werden. Besonders bei Kupfer- und Aluminiumelektroden sinkt die Rauschleistung bei einem Verkleinern des Elektrodenabstands. Dieses Absinken findet zunächst im niedrigen Frequenzbereich statt und je kleiner der Abstand ist, desto höher ist der Frequenzbereich, welcher in der Leistung sinkt. Dies zeigt, dass die Fluktuationen in der Brennspannung ihre Ursache nicht nur an der Kathodenoberfläche haben, sondern auch im Raum zwischen den Elektroden. Auch hier kann das „Ecton“ -Modell [3] die Erklärung liefern. Ein kurzer Lichtbogen erzeugt weniger Wärme als ein langer, weshalb auch die Elektroden bei kleinen Elektrodenabständen weniger stark erhitzt werden. Dies würde nach obiger Erklärung ein breitbandiges Absinken der Rauschleistung erklären, nicht aber das frequenzbandselektive Verhalten. Betrachtet man die Zeit, die das explosionsartig eingetragene Kathodenmaterial benötigt, um die gesamte Bogensäule zu durchdringen, so wäre diese Zeitkonstante abhängig vom Abstand der Elektroden. Bei Verringern des Abstandes verkleinerten sich somit die Zeitkonstanten, einen solchen Vorgang abzuschließen. Da große Zeitkonstanten tiefe Frequenzen hervorrufen, würde sich ein kleinerer Abstand zunächst in einem Absinken der Leistung im tiefen Frequenzbereich bemerkbar machen.

Das Leistungsdichtespektrum änderte während der Dauer eines Lichtbogenexperiments oft sprunghaft seine Form. Dabei traten immer wieder die gleichen Formen auf, welche dann bestimmten Zuständen zugeordnet wurden. Die Zustände unterschieden sich voneinander in der Form des Leistungsdichtespektrums, dem Wert der Signalleistung und dem Wert der Brennspannung über dem Lichtbogen. Sie konnten verschiedenen Strombereichen zugeordnet werden und traten in allen Experimenten reproduzierbar auf.

Ein $1/f^2$ „rotes“ Rauschen konnte nicht beobachtet werden, allerdings wies der Frequenzgang der Lichtbogenspannung bei Kupferelektroden mit 17 A einen relativ konstanten Abfall des Leistungsdichtespektrums von etwa 10 dB/Dekade auf. Dies entspricht einem $1/f$ „rosa“ Rauschen.

Bei der Verwendung von Elektroden aus Aluminium und Stahl wurden im Vergleich zu Kupfer große Schwankungen in der Brennspannung und auch in der Amplitude der hochfrequenten Signalanteile gemessen. Diese Variationen waren besonders bei niedrigen Strömen besonders stark ausgeprägt.

Des weiteren konnte gezeigt werden, dass sich ein Lichtbogen wie eine Rauschspannungsquelle verhält, der hochfrequente Strom stellt sich über die Impedanz des Stromkreises ein. Zudem konnte ein Ansteigen der Rauschleistung des Lichtbogens bei kapazitiver Last beobachtet werden.

Für die Entwicklung von Methoden zur Lokalisierung von Störlichtbögen in Photovoltaiksystemen sind die folgenden Erkenntnisse von zentraler Bedeutung.

- In einer HF-Schaltungssimulation ist der Lichtbogen als HF- (AC-) Spannungsquelle zu implementieren.

- Da sich das Stromsignal über die Impedanz des Stromkreises einstellt, ist die Impedanz der Photovoltaikanlage von zentraler Bedeutung.
- Je nach überwachtem Frequenzbereich, Länge des Störlichtbogens, Stromstärke oder Elektrodenmaterial kann die Signalstärke um mehr als 30 dB variieren. Diese Dynamik ist bei der Auslegung möglicher Schaltungen zu berücksichtigen.
- Die höchsten Pegel wurden bei Kupfer, niedrigem Strom und langem Lichtbogen gemessen.
- Die niedrigsten Pegel wurden bei Stahl, hohem Strom und 2 mm Elektrodenabstand gemessen.
- Bei konstanten Bedingungen kann der Pegel zeitlich um mehr als 35 dB schwanken.

4 Hochfrequenz-Simulation von Störlichtbögen in Photovoltaikanalgen

Für das Gleichstromverhalten von Photovoltaikanlagen sind in der Literatur Simulationsmodelle für Schaltungssimulation beschrieben [27], jedoch werden in dieser Arbeit Konzepte zur Lokalisierung von Störlichtbögen in Photovoltaikanlagen entwickelt, die auf der Bewertung der hochfrequenten Signalanteile des PV-Stroms basieren. Aus diesem Grund wird ein Simualtionsmodell entwickelt, welches das hochfrequente Übertragungsverhalten einer Photovoltaikanlage bei veränderlichen Umgebungsbedingungen abbildet. Mit dem Modell soll es möglich sein, Signale im Zeit- und Frequenzbereich an verschiedenen Orten in der Anlage zu simulieren und dabei verschiedene Einstrahlungen und Verschattungsmöglichkeiten zu berücksichtigen.

Die Ersatzschaltbilder der einzelnen Komponenten eines Photovoltaiksystems sind zwar allgemein bekannt (vgl. Abschnitt 2.2), jedoch fehlen genaue Werte der Parameter, welche zunächst messtechnisch ermittelt werden.

Für die Modellbildung wird ein PV-System mit handelsüblichen PV-Modulen aus kristallinem Silizium „Bosch M60" [22] verwendet, da diese Technologie in der Praxis am häufigsten zum Einsatz kommt. Auf eine Modellierung des Temperaturverhaltens wurde zur Vereinfachung verzichtet. Zwar besitzt die Temperatur einen Einfluss auf das Verhalten einer Solarzelle, jedoch lassen sich für die vorliegende Aufgabe diese Parameter auch über die Einstellung des Arbeitspunktes variieren.

4.1 Modellbildung

Als Basis für die Modellbildung dient eine Photvoltaikanlage mit 12 seriell verschalteten Modulen, ca. 80 m langen Zuleitungen und einem Wechselrichter. Die Parameter werden mithilfe der Impedanzspektroskopie ermittelt, als Messgerät wird ein LCR-Meter von Sourcetronic (ST2826A) verwendet. Das Modell wird in PSpice erstellt, da sich dieses Schaltungs-Simulationsprogramm sowohl für eine

AC-Simulation im Frequenzbereich als auch für eine Transienten-Simulation im Zeitbereich eignet.

4.1.1 Erdkapazität des Photovoltaikgenerators

Der Solargenerator besitzt aufgrund seiner flächigen Ausdehnung und seiner Nähe zu geerdeten Teilen wie z. B. dem Modulrahmen eine nicht zu vernachlässigende Kapazität gegen Erde (vgl. Abschnitt 1.2.2 auf Seite 18). Nach Takashima u. a. [133] beträgt die Erdkapazität eines PV-Moduls aus polykristallinem Silizium mit 150 W_p ungefähr 500 pF pro Modul. Diese Kapazität ist nach Takashima u. a. nicht einstrahlungsabhängig und wird nur durch die Geometrie des PV-Systems und dessen Verbausituation bestimmt. Leider gibt es in der Veröffentlichung keine Angaben zur Kabellängen, Geometrie der Module und deren Umgebung, so dass eine Übertragung der Werte auf die in dieser Arbeit eingesetzten PV-Module schwer möglich ist.

Die Modellbildung wird für PV-Module aus monokristallinem Silizium mit 240 W_p durchgeführt. Diese besitzen einen Modulrahmen aus Aluminium, welcher leitend mit einer geerdeten Konstruktion aus Aluminium und Stahl verbunden ist.

Auch der Verkabelung kann eine Erdkapazität zugeordnet werden, welche in diesem Fall mit der Generatorkapazität zusammengefasst behandelt wird. Zur Be-

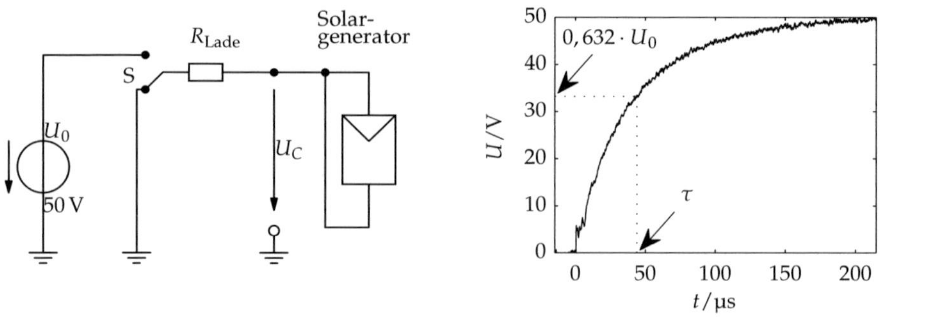

(a) Messaufbau zur Bestimmung der Kapazität des Solargenerators gegen Masse (Erde)

(b) Zeitverlauf der Spannung am PV-System gegen Masse beim Aufladen über den Ladewiderstand

Abbildung 4.1: Experimentelle Bestimmung der Erdkapazität eines Solargenerators mit 12 seriell verschalteten Modulen

stimmung dieser Kapazität wird eine Messung durchgeführt, welche dem Laden eines Kondensators über einen Ladewiderstand entspricht. Mithilfe der Ladekurve lässt sich dann die Kapazität bestimmen. Der gesamte Solargenerator wird dabei als ein Pol eines Kondensators betrachtet, während die Erde den anderen Pol bildet.

Für die Bestimmung der Ladekurve wird der kurzgeschlossene und zunächst geerdete Solargenerator über einen 1 kΩ Widerstand von 0 V auf 50 V aufgeladen.

Bei $t = 0$ wird der Schalter S nach Abb. 4.1(a) betätigt und der Spannungsverlauf am Solargenerator über die Zeit mit einem Oszilloskop gemessen. Das zeitliche Aufladen geht nach Gl. 4.1 vonstatten, wobei nach einer Ladezeit von τ_C die Spannung am PV-Generator genau $0,632 \cdot U_0 = 31,6\,\text{V}$ beträgt.

$$u_C(t) = U_0 \cdot \left(1 - e^{-\frac{t}{\tau_C}}\right) \tag{4.1}$$

$$\tau_C = R \cdot C \tag{4.2}$$

Die gesuchte Kapazität lässt sich dann nach Gl. 4.2 berechnen und beträgt 44 nF für den PV-Generator mit Verkabelung.

Aufgrund der großen räumlichen Ausdehnung des PV-Generators wird die Erdkapazität nicht als ein konzentriertes Bauelement modelliert, sondern gleichmäßig über die Solarzellen verteilt. Bei 12 Modulen im System mit jeweils 60 Solarzellen ergibt sich nach Gl. 4.3 eine Erdkapazität für die einzelne Zelle zu 61,11 pF.

$$C_g = 44\,\text{nF}/(12 \cdot 60) = 61,11\,\text{pF} \tag{4.3}$$

4.1.2 Solarzelle

Kleinsignalersatzschaltbild Das Kleinsignalersatzschaltbild einer Solarzelle besteht aus der Serienschaltung eines Widerstands, einer Induktivität und einer Parallelschaltung aus einem Widerstand und einer Kapazität (vgl. Abschnitt 2.2). Diese vereinfachte und linearisierte Darstellung einer Solarzelle nach Abb. 4.2 beschreibt das Übertragungsverhalten in einem bestimmten Betriebspunkt, wobei hier auf eine Modellierung des Gleichstromverhaltens verzichtet ist. Die Parameter R_s, L_s und C_g werden als konstant angenommen, wogegen C_p und R_p vom Arbeitspunkt der Zelle abhängen.

Die Zellverbinder sind Leitungsstücke, welche die Verbindung zwischen den Solarzellen im Modul übernehmen. Deren Induktivität L_s wird mit dem LCR-Meter zu 184 nH bestimmt, die übrigen Parameter werden anhand der im Testsystem

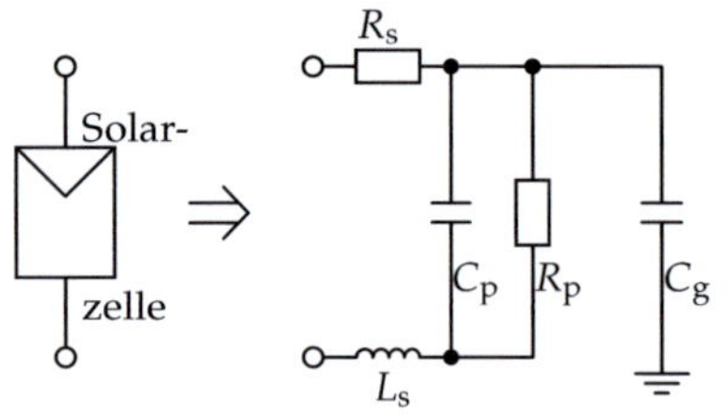

Abbildung 4.2: Kleinsignalersatzschaltbild einer Solarzelle aus kristallinem Silizium: R_s ist der serielle Widerstand der Kontakte und des Halbleiters außerhalb der Raumladungszone; R_p ist die Parallelschaltung aus Dioden- und Shuntwiderstand; C_p ist die Parallelschaltung aus Diffusions- und Sperrschichtkapazität, C_g ist die Kapazität der Solarzelle gegen Masse und L_s die Induktivität der Zellverbinder

verbauten Solarzelle „Bosch Solar Cell M 3BB" [21] mittels Impedanzspektroskopie ermittelt. Während der Charakterisierungsmessungen befindet sich die Solarzelle in Dunkelheit. So lassen sich definierte Arbeitspunkte reproduzierbar über eine entsprechende Vorspannung U_{Bias} erreichen, welche von außen an die Solarzelle angelegt wird. Eine ausführliche Begründung der Methodik findet sich in Abschnitt 4.1.2 auf Seite 120.

Serieller Widerstand Nach Suresh u.a. [130] lässt sich der serielle Zellwiderstand aus dem Nyquist-Diagramm grafisch bestimmen. Bei einer ausreichend hohen

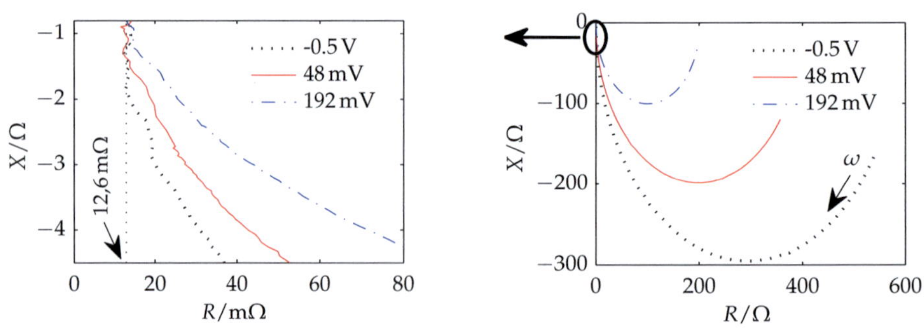

(a) Vergrößerte Darstellung zur Bestimmung des seriellen Widerstands

(b) Darstellung von 20 Hz bis 1 MHz

Abbildung 4.3: Impedanz der Solarzelle in der komplexen Ebene (Nyquist-Diagramm) bei verschiedenen Vorspannungen U_{Bias} zur grafischen Bestimmung des seriellen Zellwiderstands

Testfrequenz sinkt der Blindwiderstand von C_p soweit, dass die Impedanz der Solarzelle annähernd reel wird und den Wert des seriellen Widerstands repräsentiert. Da dieser Widerstand arbeitspunktunabhängig ist, treffen sich in Abb. 4.3

alle Kurven bei einem Realteil von $R_s = 12{,}6\,\mathrm{m\Omega}$. Die arbeitspunktunabhängigen Solarzell-Parameter sind in Tab. 4.1 zusammengefasst.

Tabelle 4.1: Konstante Solarzell-Parameter

Parameter	Wert
R_s	$12,6\,\mathrm{m\Omega}$
L_s	$184\,\mathrm{nH}$
C_g	$61,11\,\mathrm{pF}$

Parallelwiderstand und Parallelkapazität Diese Parameter sind von dem Betriebspunkt der Solarzelle abhängig und sind mittels Impedanzspektroskopie in Dunkelheit gemäß Suresh u. Chenvidhya u. a. [130] [30] ermittelt. In Abb. 4.4 sind die

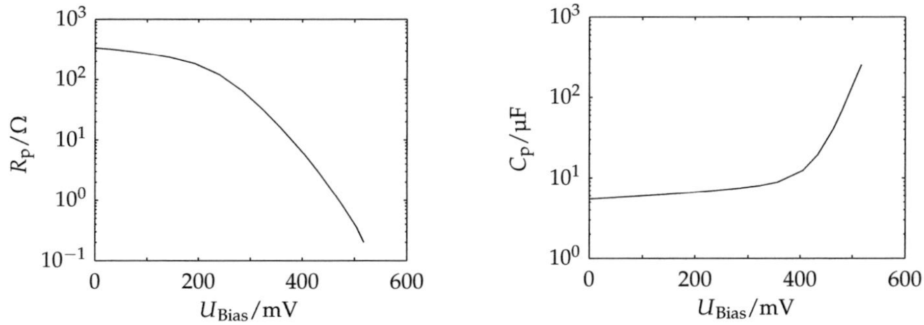

(a) Parallelwiderstand der Solarzelle (Shunt- und Diodenwiderstand)

(b) Parallelkapazität der Solarzelle (Diffusions- und Sperrschichtkapazität)

Abbildung 4.4: Arbeitspunktabhängige Zellparameter als Messergebnis der Impedanzspektroskopie in Dunkelheit bei verschiedenen Vorspannungen

Messergebnisse für R_p und C_p als Funktion der Vorspannung dargestellt. Diese experimentell ermittelten Abhängigkeiten von R_p und C_p fließen in das einstrahlungsabhängige Simulationsmodell ein.

In der Literatur findet man vergleichbare Werte, so kann aus einem Beispiel von Mukerjee u. a. von 2011 [86] die Zellkapazität von einer Fläche von $0{,}785\,\mathrm{cm^2}$ auf die hier verwendete Zellfläche von $230\,\mathrm{cm^2}$ hochgerechnet werden. Damit besäße die von Mukerjee verwendete Zelle eine Kapazität von $34{,}1\,\mathrm{\mu F}$ bei $U_{Bias} = 0{,}4\,\mathrm{V}$. Der in dieser Untersuchung ermittelte Wert liegt bei $10\,\mathrm{\mu F}$.

Bei einer Umrechnung der Zellkapazität der von Suresh 1996 [130] verwendeten Solarzellen auf 230 cm^2 kommt man bei $U_{\mathrm{Bias}} = 0{,}4\,\mathrm{V}$ auf $C_{\mathrm{p}} = 13{,}5\,\mu\mathrm{F}$ (vgl. hier: 10 µF). Die Abweichungen lassen sich durch die unbekannten Dotierungen der in den Experimenten verwendeten Solarzellen erklären, da die Dotierung der p- und n-Schichten der Halbleiter einen entscheidenden Einfluss auf die Kapazität des PN-Übergangs hat (vgl. Gl. 2.8 in Abschnitt 2.2). Firmeninterne Messungen des seriellen und parallelen Widerstandes vergleichbarer Solarzellen zeigen eine sehr gute Übereinstimmung mit den hier ermittelten Werten.

Zuordnung der Zellparameter $\mathbf{R_p}$ und $\mathbf{C_p}$ zu Einstrahlungswerten Die in Dunkelheit ermittelten Werte für R_{p} und C_{p} können auf den beleuchteten Zustand ohne externe Spannungsversorgung übertragen werden, indem man berücksichtigt, dass sich die Stromrichtung umdreht und somit eine andere Spannung am Serienwiderstand abfällt (siehe Abb. 4.2). Aus Messungen [92] des entsprechenden Solarmoduls „Bosch M60" [22] im jeweiligen MPP sind Ströme und Spannungen bei Einstrahlungen (Irr) von 100 ... 1000 W/m^2 bekannt. Nach Gl. 4.4 berechnet sich die jeweilige Spannung U_{PN}, die in der aktiven Zone am PN-Übergang einer einzelnen Solarzelle erzeugt wird, wobei $R_{\mathrm{Peripherie}}$ die Widerstände von Modulanschlussleitung, Steckern und Klemmen in der Modulanschlussdose repräsentiert.

$$U_{\mathrm{PN}} = \frac{U_{\mathrm{MPP}} + R_{\mathrm{Peripherie}} \cdot I_{\mathrm{MPP}}}{60} + R_{\mathrm{s}} \cdot I_{\mathrm{MPP}} \tag{4.4}$$

Diesen, nach Gl. 4.4 berechneten, zellinternen Spannungen werden auch die Messergebnisse der Solarzelle in Dunkelheit zugeordnet. Zuvor müssen die in Dunkelheit ermittelten Werte nach Gl 4.5 in Spannungswerte für den PN-Übergang umgerechnet werden.

$$U_{\mathrm{PN}} = U_{\mathrm{Bias}} - R_{\mathrm{s}} \cdot I_{\mathrm{Bias}} \tag{4.5}$$

Dabei ist I_{Bias} der durch die Vorspannung U_{Bias} von außen aufgeprägte Strom. Die Ergebnisse sind in Tab. 4.2 dargestellt und dienen für die Simulationen als einstrahlungsabhängige Zellparameter.

Übertragbarkeit Dunkelheit - Beleuchtung Die Zellparameter R_{p} und C_{p} sind eine Funktion der Gleichspannung an der Raumladungszone des PN-Übergangs (vgl. Abschnitt 2.2). Bei der Zuordnung der messtechnisch ermittelten Zellparameter zu den entsprechenden Einstrahlungen ist unter Vernachlässigung des Temperatureinflusses die Annahme getroffen, dass R_{p} und C_{p} nur von der Spannung am PN-Übergang U_{PN} abhängt. Dies ist z. B. aus Gl. 2.8 ersichtlich. Dabei macht es keinen Unterschied, ob diese Spannung durch Ladungsträgergenerierung aufgrund

Tabelle 4.2: Arbeitspunktabhängige Solarzell-Parameter R_p und C_p nach Einstrahlungen und bei Betrieb im MPP

$Irr/\frac{W}{m^2}$	I_{mpp}/A	U_{PN}/mV	$C_p/\mu F$	$R_p/m\Omega$
100	0,814	477,96	29,34	1557
200	1,639	503,03	64,39	716,4
300	2,459	520,48	124,70	394,4
400	3,266	536,48	213,23	244,9
500	4,099	546,85	326,18	169,3
600	4,891	560,43	449,10	128,3
700	5,708	570,42	681,97	90,4
800	6,522	580,38	960,77	68,0
900	7,351	590,67	1437,00	48,4
1000	8,120	599,81	2610,00	29,7

des photoelektrischen Effekts oder durch das externe Anlegen einer Vorspannung erzeugt wird.

Zur Überprüfung dieser Annahme sind Vergleichsmessungen von R_p und C_p in Dunkelheit mit unterschiedlichen Vorspannungen (U_{Bias}) und unter Beleuchtung im Leerlauf (U_{oc}) durchgeführt. Die Ergebnisse sind in Abb 4.5 dargestellt. Die

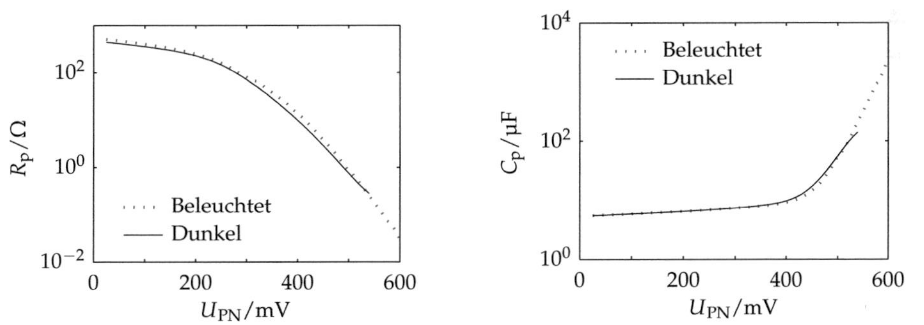

(a) Parallelwiderstand der Solarzelle (Shunt- und Diodenwiderstand)

(b) Parallelkapazität der Solarzelle (Diffusions- und Sperrschichtkapazität)

Abbildung 4.5: Vergleich der Zellparameter R_p und C_p aus zwei Messungen: In Dunkelheit mit externer Vorspannung und bei Beleuchtung ohne Stromfluss (Leerlaufspannung)

Zellspannung ist mit einem Voltmeter gemessen und um den Spannungsabfall über R_s bereinigt. Der größte Fehler im untersuchten Bereich beträgt für R_p 28% oder 2,14 dB und für C_p 17,9% oder 1,44 dB. Dieser Fehler ist wahrscheinlich der unregulierten Zelltemperatur bei den Versuchen geschuldet.

Diese Ergebnisse bestätigen die Annahme, dass die Zellparameter R_p und C_p als eine Funktion der Gleichspannung an der Raumladungszone des PN-Übergangs U_{PN} unabhängig davon sind, wie diese Gleichspannung zustande kommt – ob durch Ladungsträgergenerierung aufgrund des photoelektrischen Effekts oder durch das Anlegen einer Vorspannung von außen. Dies bestätigt auch die Methodik der Bestimmung von R_p und C_p bei verschiedenen Arbeitspunkten in Dunkelheit.

4.1.3 Bypassdiode

Die Bypassdioden werden im Normalfall in Sperrrichtung mit mehr als 10 V betrieben. In diesem Spannungsbereich haben Diodenwiderstand und Diffusionskapazität keinen nennenswerten Einfluss auf Gesamtimpedanz, es wirken der Shuntwiderstand und die Sperrschichtkapazität. Diese hängen bei so großer Sperrspannung nur noch schwach vom Arbeitspunkt ab (vgl. Abschnitt 2.2).

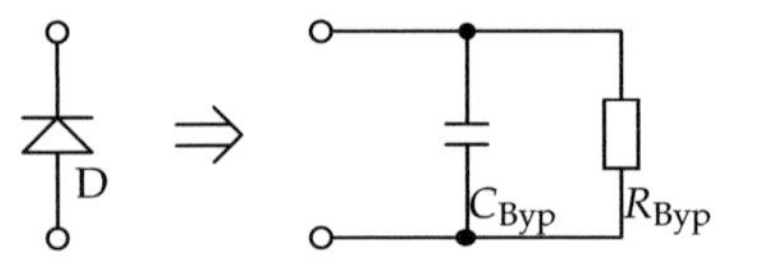

Abbildung 4.6: Vereinfachtes Kleinsignalersatzschaltbild einer Bypassdiode unter Vernachlässigung von Serieninduktivität und Serienwiderstand

Die Bypassdiode wird im unverschatteten Modul als eine Parallelschaltung von R_{Byp} und C_{Byp} ohne Arbeitspunktabhängigkeit angenommen. Die Parameter werden messtechnisch zu $R_{Byp} = 1\,\mathrm{M\Omega}$ und $C_{Byp} = 0{,}2\,\mathrm{nF}$ bestimmt.

Die gesamte Impedanz von $Z_{Byp} \approx 1\,\mathrm{M\Omega}$ bei Betrieb in Sperrrichtung ist um mehr als drei Größenordungen größer als die Impedanz des Solarmoduls, in welchem sie verbaut ist. Aus diesem Grund können die verhältnismäßig kleinen Werte von seriellem Diodenwiderstand und Induktivität der Diodenanschlussleitungen vernachlässigt werden.

4.1.4 Solarmodul

Der eingesetzte Solarmodultyp „Bosch Solar Module c-Si M60 (M240 3BB)“ [22] besteht aus einer Reihenschaltung von 60 Solarzellen „Bosch Solar Cell M 3BB“

Tabelle 4.3: Ersatz-Parameter der Bypassdiode

Parameter	Wert
R_{Byp}	$1\,M\Omega$
C_{Byp}	0,2 nF

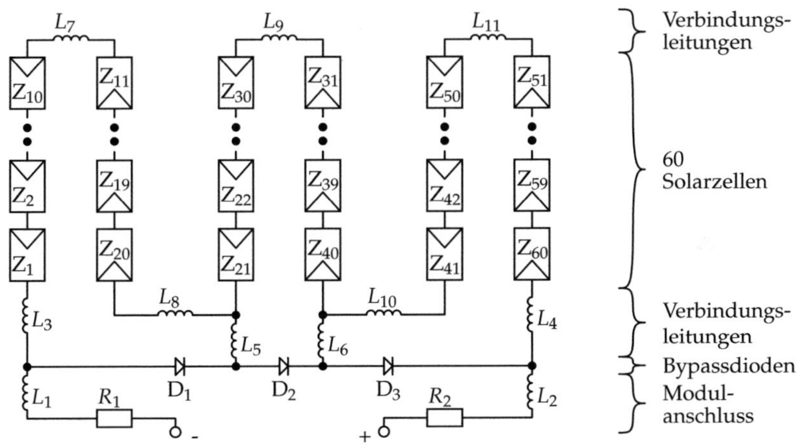

Abbildung 4.7: Simulationsaufbau des Solarmoduls „Bosch Solar Module c-Si M 60" mit allen Verbindungsleitungen; die Ersatzschaltbilder von Solarzellen und Bypassdioden sind nach Abb. 4.2 und 4.6 integriert

[21], wobei je 20 mit einer Bypassdiode antiparallel verschaltet sind. Das Modul liefert unter „Standard Test Conditions" (STC [1]) eine Leistung von 240 W und eine MPP-Spannung von 29,7 V bei einem Strom von 8,5 A.

Der Simulationsaufbau eines einzelnen Moduls ist in Abb. 4.7 dargestellt. Die Modellierung der Solarzellen geschieht nach Abschnitt 4.1.2 und die der Bypassdioden nach Abschnitt 4.1.3. Alle modulinternen Verbinder werden als reine Induktivitäten ohne ohmschen Anteil angenommen. Der Induktivitätsbelag wurde zu 11,49 nH/cm ermittelt, in guter Übereinstimmung mit Werten aus der Litera-

[1] „Die Angaben für Strom, Spannung und Leistung bei Standard-Testbedingungen gelten bei einer Einstrahlung von 1000 W/m^2 in Modulebene, einer Modultemperatur von 25°C und einem in der Norm IEC 60904-3 (1989) Teil III definierten Spektrum des Sonnenlichts bei einer Air Mass von 1,5. Die ermittelte Leistung wird meist mit der Angabe Peak versehen." Wikipedia, 2014 [146]

tur von z. B. 12,57 nH/cm bei einer Leiterschleife über einer leitenden Grundplatte (Böck, 2006 [20]).

Die Modulanschlussleitungen mit Steckverbindern sind messtechnisch charakterisiert und als L-R-Serienschaltung modelliert. Die Werte aller Verbindungsleitungen im und am Modul können Tab. 4.4 entnommen werden.

Tabelle 4.4: Ersatzparameter der Verbindungen im und am Solarmodul

Verbindung	L in nH	l in cm	R in mΩ
L_1; R_1	953,5	83	60,9
L_2; R_2	1378,5	120	88,2
$L_{3,4}$	425,0	37	0,0
$L_{5,6}$	92,0	8	0,0
$L_{7\text{-}11}$	184,0	16	0,0

4.1.5 Verkabelung

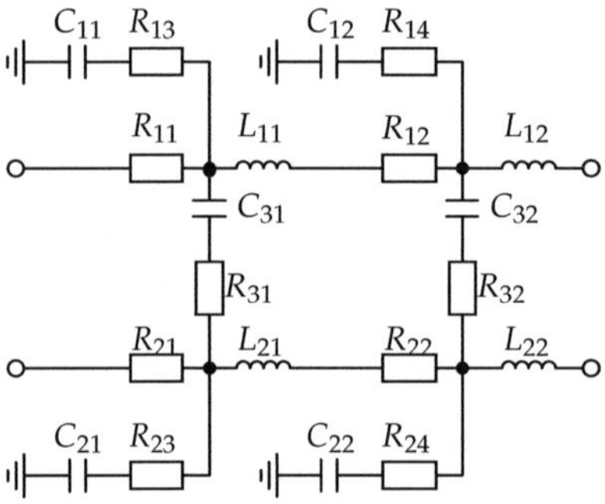

Abbildung 4.8: Ersatzschaltbild der Verkabelung (Zweidrahtleitung) zwischen Solargenerator und Wechselrichter; die Kabel besitzen einen Querschnitt von 16 mm^2, eine Länge von je 80 m und sind parallel im Kabelkanal geführt; am Wechselrichter und nach ca. 40 m werden die Kabel durch jeweils einen Schaltschrank geführt mit entsprechenden parasitären Ableitkapazitäten

Die Länge der Photovoltaik-Kabel mit einem Querschnitt von 16 mm^2 zwischen Wechselrichter, PV-Generator und wieder zurück beträgt bei der Testanlage ca. 160 m. In der Mitte und am Wechselrichter befinden sich Schaltschränke, welche die Möglichkeit bieten, mittels DC-Schützen andere Verschaltungsvarianten herbeizuführen. Darum wird die Verkabelung zweigeteilt betrachtet und entsprechend modelliert. Die RC-Glieder gegen Erde stellen die parasitären Kapazitäten der Leitungen in den Schaltschränken dar. Bei Messung mit dem LCR-Meter wird eine Induktivität von $L_{\text{Zuleitung}} = 160\,\mu\text{H}$ und ein Leitungswiderstand von $R_{\text{Zuleitung}} = 1{,}69\,\Omega$ ermittelt.

Da Hin- und Rückleitung gemeinsam in einem metallischen, geerdeten Kabelkanal geführt sind, werden kapazitive Kopplungen sowohl untereinander $C_{\text{Gegentakt}}$ als auch gegen Erde $C_{\text{Gleichtakt}}$ angenommen. Das Leitungsmodell ist nach Abb. 4.8 zweigeteilt und mit konzentrierten Bauelementen abgebildet.

Zum Optimieren des gesamten Simulationsmodells der Photovoltaikanlage wurden die Leitungsparameter variiert. Die so ermittelten Werte können Tab. 4.5 entnommen werden.

Tabelle 4.5: Ersatz-Parameter der Verkabelung nach Modelloptimierung

Parameter	Wert
$L_{11,\,12,\,21,\,22}$	17,0 µH
$R_{11,\,12,\,21,\,22}$	0,4 Ω
$R_{13,\,14,\,23,\,24}$	100,0 Ω
$R_{31,\,32}$	500,0 Ω
$C_{11,\,12}$	3,0 nF
$C_{31,\,32}$	3,0 nF

4.1.6 Photovoltaiksystem

Das Modell zur Simulation von hochfrequenten Signalen in der Photovoltaikanlage besteht nach Abb. 4.9 aus 12 seriell verschalteten Solarmodulen, einer 80 m langen Gleichstromverbindung und einem Wechselrichter. Typischerweise befindet sich an dessen Eingang eine EMV-Beschaltung, welche nach Abb. 4.9 beschaltet ist. Eingangsseitig befindet sich ein Glättungskondensator zur Filterung der Gegentaktstörungen, der hier eine Kapazität von $C_1 = 680\,\text{nF}$ besitzt. Dieser wirkt auf ein 10 kHz-Signal mit einer Impedanz von 23,4 Ω , wodurch sich der Wechselrichtereingang für hochfrequente Signale niederohmig verhält, was sich positiv auf die Signalübertragung auswirkt.

Die stromkompensierte Drossel wirkt als Gleichtakt-Unterdrückung und R_3 und R_4 repräsentieren die Kernverluste. R_5 und R_6 symmetrieren die über $R_7 = 1\,\text{M}\Omega$ hergestellte Masseverbindung. Die Masseverbindung ist für den Simulationsalgorithmus notwendig, da er ohne Bezugspotential nicht arbeitet und eine Fehlermeldung generiert. Die Auswirkung dieser Verbindung ist aufgrund des hohen

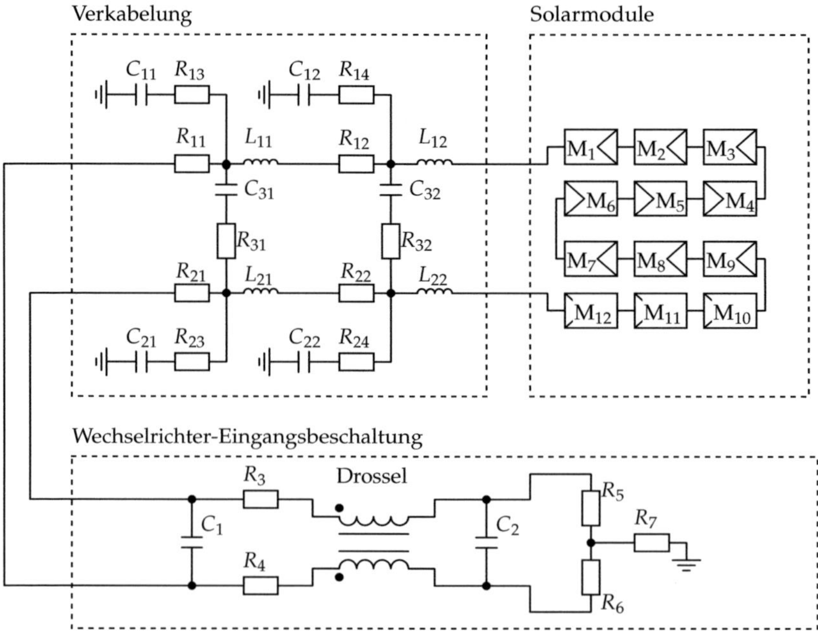

Abbildung 4.9: Simulationsaufbau des gesamten Solarsystems, die Module sind nach Abb. 4.7 integriert

Widerstands von 1 MΩ vernachlässigbar, zudem werden die simulierten Signale im HF-Bereich, also potentialfrei betrachtet.

4.1.7 Lichtbogen

Der Lichtbogen wird als reine Hf-Signalquelle modelliert und sein Gleichstromverhalten vernachlässigt. Nach Abschnitt 3.6 verhält sich der Lichtbogen als Rauschspannungsquelle ohne erkennbaren Innenwiderstand.

AC-Simulation im Frequenzbereich Mit PSpice ist es möglich, direkt im Frequenzbereich zu simulieren und stellt dafür AC-Quellen mit einstellbarer Amplitude zur Verfügung. Diese Amplitude ist dann über einen Frequenzsweep mit definierbaren Grenzen konstant, wogegen das vom Lichtbogen erzeugte Signal eine Frequenzabhängigkeit besitzt, die in Abschnitt. 3 beschrieben ist. Zur Modellierung der Frequenzabhängigkeit wird das spektrale Verhalten als $1/f$-Rauschen

Tabelle 4.6: Bauteilwerte der Wechselrichtereingangsbeschaltung

Parameter	Wert
C_1	680 nF
$R_{3,4}$	1 Ω
Drossel	k. A.
C_2	330 nF
$R_{5,6}$	25 Ω
R_7	1 MΩ

nach Gl. 4.7 angenähert.

$$U_{\text{rausch}} \propto \frac{1}{\sqrt{f}} \tag{4.6}$$

$$P_{\text{rausch}} \propto \frac{1}{f} \tag{4.7}$$

Als Basis für die Parametrisierung des Lichtbogenmodells dient eine Messung des Leistungsdichtespektrums bei einem Lichtbogen zwischen Kupferelektroden mit 2 mm Länge und 17 A, bei welcher die Störleistung bei zunehmender Frequenz annähernd mit $1/f$, also mit 10 dB/Dekade abfällt (vgl. Abb. 3.18(a)). Bei einer Umrechnung des LDS auf Spannungswerte ($\text{V}/\sqrt{\text{Hz}}$) ändert sich der Abfall der Kurve auf den Faktor von $\sqrt{10}$ innerhalb von einer Dekade.

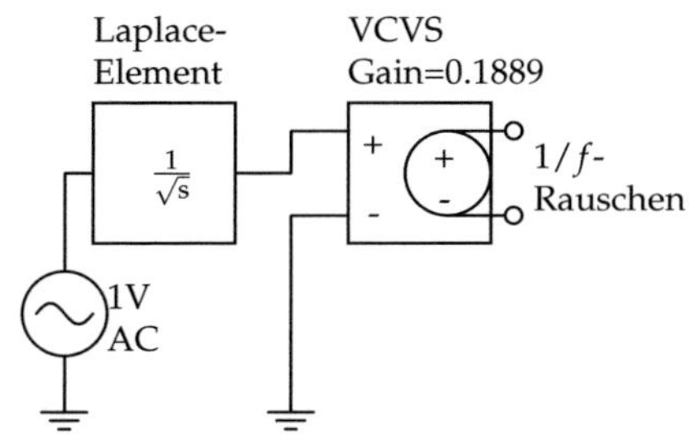

Abbildung 4.10: PSpice-Modell eines Lichtbogens mit $1/f$-Verteilung der Rauschleistungsdichte für die AC-Simulation im Frequenzbereich; Grundlage des Frequenzgangs: Messung eines 17 A Lichtbogens mit 2 mm Länge unter Verwendung von Kupferelektroden

Das Frequenzverhalten gemäß Gl. 4.7 wird in PSpice nach Abb. 4.10 durch die Kombination aus AC-Quelle zur Erzeugung eines frequenzunabhängigen Sinussignals, eines Laplace-Elements zur Generierung der Frequenzabhängigkeit und einer spannungsgesteuerten Spannungsquelle (Voltage Controlled Voltage Source,

VCVS) zur Anpassung der Signalhöhe und zur Wandlung in ein differentielles Signal erzeugt. Die Signalhöhe wird durch einen Punkt auf der gemessenen Kurve bestimmt (127,9 kHz / 0,2107 mV/$\sqrt{\text{Hz}}$). Aufgrund dieses Punkts lässt sich die lineare Verstärkung nach Gl. 4.11 berechnen. Als Eingangssignal wird ein Sinussignal mit konstanter Amplitude von 1 V verwendet.

$$\mathrm{F}(s) = 1\,\mathrm{V} \cdot \frac{1}{\sqrt{s}} \cdot \mathrm{Gain} \tag{4.8}$$

$$0,2107 \frac{\mathrm{mV}}{\sqrt{\mathrm{Hz}}} = 1\,\mathrm{V} \cdot \frac{1}{\sqrt{\mathrm{j} \cdot 2 \cdot \pi \cdot 127,9\,\mathrm{kHz}}} \cdot \mathrm{Gain} \tag{4.9}$$

$$\rightarrow |\mathrm{Gain}| = 0.18889 \tag{4.10}$$

$$s = \mathrm{j}\omega \tag{4.11}$$

Ein Vergleich zwischen dem simulierten Frequenzgang und dem tatsächlichen Frequenzgang des Lichtbogens in Abb. 4.11 dargestellt.

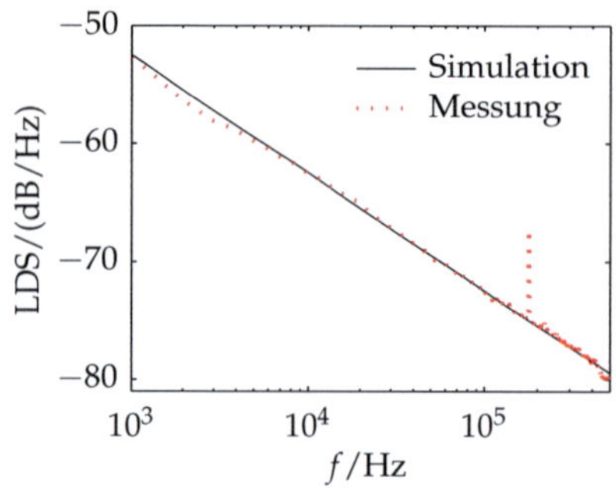

Abbildung 4.11: Vergleich der Frequenzgänge: Simulationsmodell des Lichtbogens und realer Lichtbogen (17 A; 2 mm); Spannung der Simulation ist umgerechnet in spektrale Leistungsdichte 10·log(U^2), „Spike“ bei ca. 180 kHz aufgrund von elektromagnetischen Störungen im Experiment

Dieses Simulationsmodell bildet nur das Signal des erzeugten Lichtbogens bei 17 A ab, es lassen sich aber auch andere Signale mit einer $1/f$-Abhängigkeit darstellen. Für niedrigere Ströme allerdings ändert der Frequenzgang in mehreren Bereichen seine Steigung und verändert sich zudem über die Zeit, was sich durch Laplace-Elemente nicht abbilden lässt. Daher eignet sich dieses Simulationsmodell für AC-Simulationen nicht als Signalquelle, wenn das Verhalten von beliebigen Lichtbögen mit unterschiedlichen Frequenzgängen simuliert werden sollen.

Simulation im Zeitbereich (Transienten-Simulation) Neben der Simulation im Frequenzbereich (AC-Simulation) ist es möglich, das Verhalten der Schaltung im Zeitbereich zu simulieren. Diese Art der Simulation bildet das zeitliche Verhalten der Bauteile bei Spannungs- oder Stromänderungen (Transienten) ab. Bei der

Transientensimulation ist es möglich, Strom- oder Spannungsquellen einzusetzen, welche beliebige Zeitsignale ausgeben können (VSTIM). Solche Quellen sind in der Lage, eine zeitliche Abfolge von Werten (hier: Spannungswerte) am Ausgang bereitzustellen und den angeschlossenen Stromkreis damit zu beaufschlagen. Das gewünschte Signal wird z. B. aus Messwerten gewonnen und in Form einer „Stimulus-" Datei der Quelle zur Verfügung gestellt.

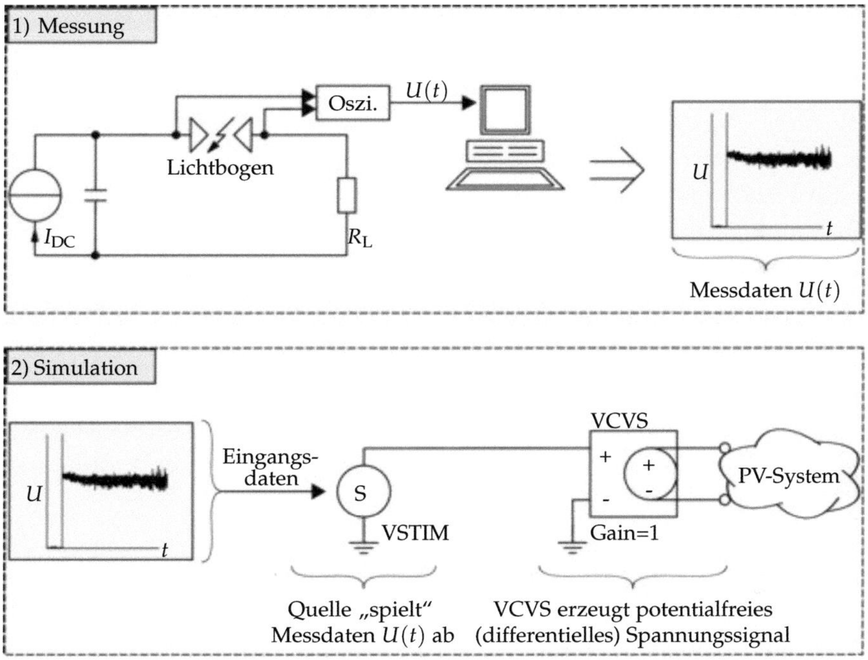

Abbildung 4.12: Simulationsmodell des Lichtbogens für die Transienten-Simulation als „Stimulus-" Spannungsquelle und Erzeugung der Eingangsdaten im Lichtbogen-Experiment

Als Systemanregung werden Messdaten verwendet, welche an der Versuchsanlage durch Messung der Brennspannung von Lichtbögen generiert wurden. Dadurch kann das Simulationsmodell der Photovoltaikanlage mit Signalen beaufschlagt werden, welche an realen Lichtbögen gemessen wurden.

Es wurde ein Datensatz aus an Lichtbögen gemessenen Spannungssignalen entsprechend Tab. 4.2 erstellt, wodurch für jeden Stromwert aus der Tabelle ein entsprechendes Lichtbogen-Spannungssignal verfügbar ist. Die Signale des Datensatzes repräsentieren die ersten 250 ms nach Zündung des jeweiligen Lichtbogens.

Die Spannung wurde an Kupferelektroden mit 2 mm Abstand mit 2 MSpS gemessen.

Da die Simulation im Zeitbereich geschieht, wird aus den simulierten Zeitsignalen zunächst mit MatLab das jeweilige Leistungsdichtespektrum berechnet.

4.2 Simulation: Lichtbogen im PV-System

Im Fall des Auftritts eines Lichtbogens in einer Photovoltaikanlage werden die durch ihn erzeugten hochfrequenten Signalanteile entsprechend der Systemimpedanz über die Anlage übertragen. Die Systemimpedanz ist von der Anlagenkonfiguration und vom Arbeitspunkt abhängig, auch hat der Arbeitspunkt über den erzeugten Photostrom eine Auswirkung auf die vom Lichtbogen erzeugten Signale. In diesem Abschnitt werden diese Einflussparameter simulativ betrachtet.

4.2.1 Validierung des Simulationsmodells an realer Anlage

Zunächst erfolgt die Validierung des Simulationsmodells. Hierfür wird eine Messung in der Photovoltaikanlage mit einem Aufbau nach Abb. 4.13 durchgeführt.

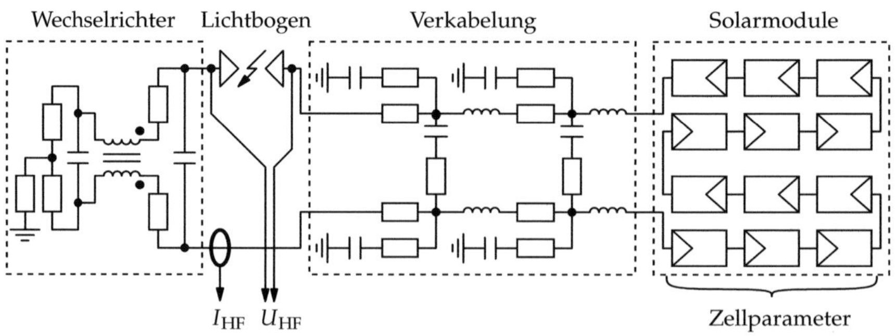

Abbildung 4.13: Mess- und Simulationsaufbau zur Validierung des Modells anhand eines Lichtbogenversuchs in der Photovoltaikanlage

Unter Verwendung eines ohmschen Lastwiderstands werden aus einer Strom- und Spannungsmessung am bestrahlten Photovoltaikgenerator die Zellparameter R_p und C_p nach Abschnitt 4.1.2 rechnerisch bestimmt. Diese Werte dienen als Parameter für das Simulationsmodell.

Im Experiment werden außerdem der Stromverlauf im System und der Spannungsverlauf am Lichtbogen mit 2 MSpS gemessen. Aus dem Spannungsverlauf werden die Eingangsdaten (Stimulus-Datei) für die Simulation generiert und der gemessene Stromverlauf dient dem Vergleich mit der Simulation.

Mit der so generierten Stimulus-Datei werden die ersten 250 ms nach Zündung des Lichtbogens simuliert und als Simulationsergebnis der Stromverlauf am Wechselrichter - an der gleichen Stelle wie im Experiment - aufgenommen. Die Stromverläufe aus Experiment und Simulation sind im Frequenzbereich in Abb. 4.14 als Rauschleistungsdichte dargestellt. Das Simulationsmodell bildet den Frequenz-

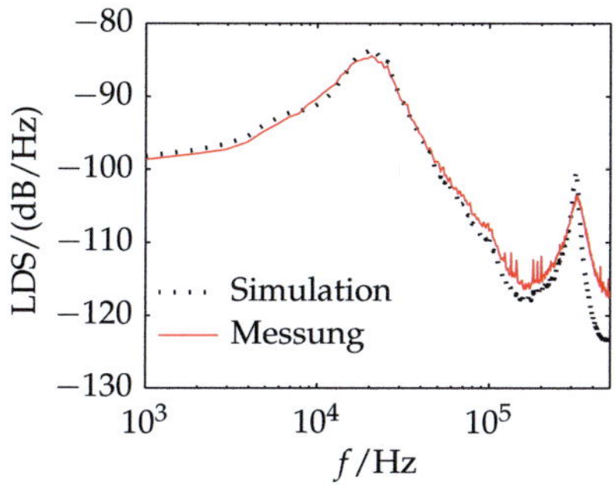

Abbildung 4.14: Validierung des Simulationsmodells: Lichtbogenexperiment in PV-Anlage mit Aufnahme der Zellparameter und Spannungsverlauf am Lichtbogen; Simulation mit Parametern und Spannungsverlauf aus Messung und Vergleich der Stromverläufe aus Messung und Simulation im Frequenzbereich

gang der realen Anlage sehr gut nach. Ein Fehler von 3 dB wird erst oberhalb von 338 kHz überschritten. Diesen Unterschied kann man durch die Empfindlichkeitsgrenze der Strommesstechnik erklären, welche hier erreicht wird.

Die Spikes in den Messergebnissen oberhalb von 100 kHz sind eingekoppelte Störungen und werden nicht weiter betrachtet.

4.2.2 Impedanz des Photovoltaiksystems

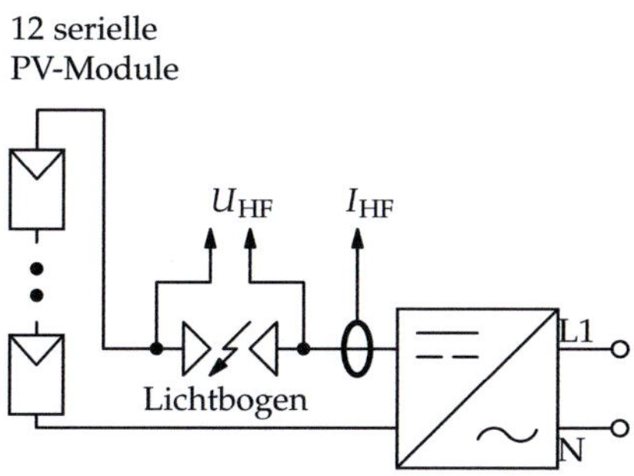

Abbildung 4.15: Skizzierte Konfiguration zur Simulation der Impedanz des Photovoltaiksystems aus „Sicht" des Lichtbogens bei verschiedenen Einstrahlungen

Entscheidend für die Signalübertragung ist die gesamte Impedanz des Photovoltaiksystems und deren Veränderung bei veränderlichen Einstrahlungsbedingungen.

Um dies genauer zu bestimmen, werden Simulationen gemäß dem in Abb. 4.15 skizzierten Aufbau mit Parametern nach Tab. 4.2 durchgeführt und die simulierten Spannungs- und Stromverläufe in den Frequenzbereich übertragen. Aus diesen spektralen Verteilungen wird dann nach Gl. 4.12 die Systemimpedanz berechnet. Da der Lichtbogen als Signalquelle agiert, stellt die angeschlossene Photovoltaikanlage für ihn die Last dar. Die Impedanz der Last wird aus Strom und Spannung an der Signalquelle berechnet, es ist folglich die Last, welche der Lichtbogen „sieht".

$$\left|\underline{Z}(f)\right| = \frac{\left|\underline{U}(f)\right|}{\left|\underline{I}(f)\right|} \tag{4.12}$$

Bei der Auswertung der Simulationsergebnisse fällt folgendes auf:

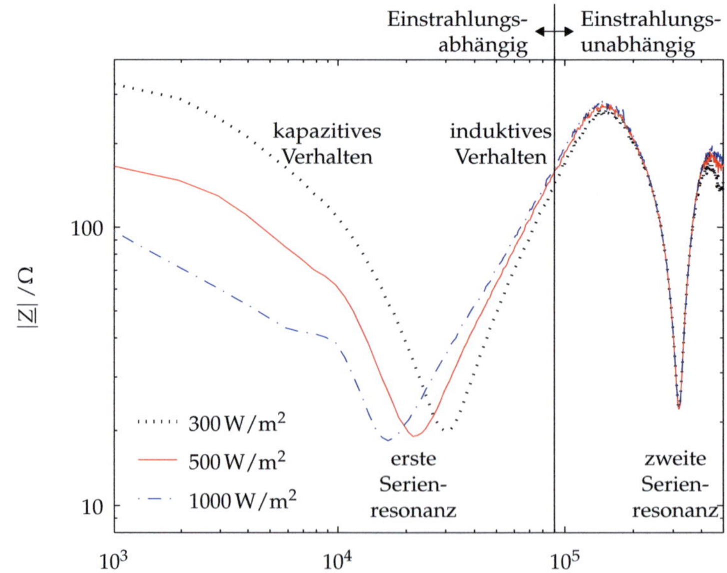

Abbildung 4.16: Impedanz des Photovoltaiksystems aus „Sicht" des Lichtbogens bei verschiedenen Einstrahlungen als Ergebnis einer Transientensimulation

1. Gesamte Systemimpedanz: max. 310 Ω (bei 300 W/m^2), min. 17 Ω (bei der ersten Resonanzfrequenz)

2. Durch das kapazitive Verhalten bis ca. 15...30 kHz (je nach Einstrahlung), fällt die Impedanz zu höheren Frequenzen hin ab.

3. Erste Serienresonanz bei 15...30 kHz (je nach Einstrahlung): Die seriell verschalteten Solarzellen bilden durch ihre Kapazität mit der Induktivität der Zuleitungen einen Serienschwingkreis aus, welcher durch R_p, R_s und die Zuleitungswiderstände gedämpft ist. Ein Serienschwingkreis besitzt ein Minimum seiner Impedanz bei der Resonanzfrequenz.

4. Die erste Resonanzfrequenz hängt nach Gl. 4.13 von der Zellkapazität C_p, also von der Einstrahlung ab: eine höhere Einstrahlung bedingt eine größere Kapazität, daraus folgt eine niedrigere Resonanzfrequenz

5. Der Gütefaktor Q des Serienschwingkreises hängt nach Gl. 4.14 von R_p, also von der Einstrahlung ab: eine höhere Einstrahlung bedingt einen kleineren Parallelwiderstand, daraus folgt ein kleinerer Gütefaktor. Der Gütefaktor ist ein Maß für die Dämpfung eines Schwingkreises, eine höhere Güte bedeutet eine geringere Dämpfung. Die Gleichung für den Gütefaktor wird hier vom Parallelresonanzkreis abgeleitet, da der Schwingkreis zwar seriell betrieben wird, der Widerstand R_p aber tatsächlich parallel zu Kapazität und Induktivität liegt.

6. Von der ersten Resonanzfrequenz bis ca. 150 kHz verhält sich das PV-System induktiv. In diesem Bereich steigt die Impedanz zu höheren Frequenzen hin an.

7. Die zweite Serienresonanz liegt bei ca. 300 kHz. Da sie unabhängig von der Einstrahlung ist, sind weder C_p, noch R_p daran beteiligt. Wie in einer der folgenden Untersuchungen gezeigt wird (vgl. Abb. 4.20(a)), spielt die Verkabelung mit der kapazitiven Verkopplung der Kabel untereinander bei dieser Resonanz eine maßgebliche Rolle

8. Die Einstrahlungsabhängigkeit der Impedanz nimmt mit zunehmender Frequenz ab, da der Anteil der Induktivität der Verkabelung an der Gesamtimpedanz zunimmt. Ab ca. 90 kHz ist die Impedanz unabhängig von der Einstrahlung.

$$\omega_0 = \frac{1}{\sqrt{LC}} \tag{4.13}$$

$$Q = R\sqrt{\frac{C}{L}} \tag{4.14}$$

4.2.3 Stromsignal an verschiedenen Orten im System

Aufgrund der seriellen Verschaltung der Komponenten ist zunächst zu erwarten, dass der Strom überall im System gleich ist. Durch die Kapazität gegen Erde und die Verkopplung der Verkabelung wird jedoch ab einer bestimmten Frequenz eine örtliche Veränderung des Stroms erwartet.

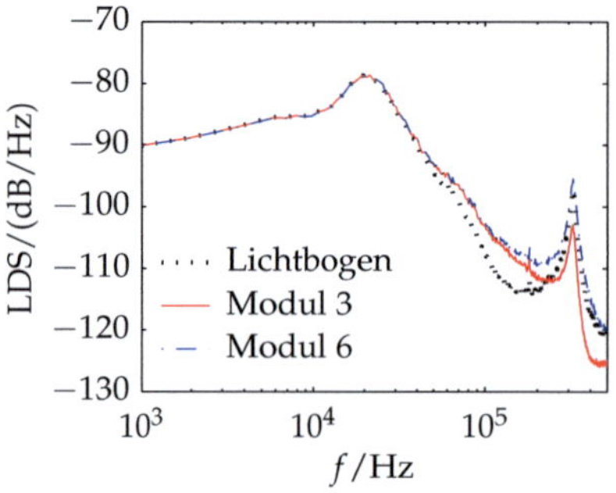

Abbildung 4.17: Spektrale Leistungsdichte des Stromsignals an verschiedenen Stellen im System als Simulationsergebnis bei einer Einstrahlung von 500 W/m^2, aufgenommen an den positiven Anschlüssen der Module bzw. am Lichtbogen direkt

In Abb. 4.17 ist der Stromverlauf an verschiedenen Modulen im System und am Lichtbogen simuliert. Der Lichtbogen befindet sich direkt am Wechselrichtereingang.

Bis ca. 50 kHz ist der Strom überall im System gleich, darüber gibt es kleine Unterschiede. Es scheint so, als wäre der Störstrom an den Modulen sogar größer als am Lichtbogen direkt, was sich nur durch ein Aufschwingen verschiedener Resonanzkreise erklären lässt. Dabei bilden möglicherweise die Module untereinander und mit der Erdkapazität schwingfähige Systeme aus.

Insgesamt beträgt der Pegelunterschied bis 78 kHz weniger als 3 dB und bis 500 kHz maximal 8 dB.

4.2.4 Stromsignal bei unterschiedlichen Einstrahlungen

Die Höhe des Stromsignals wird zum einen durch die Systemimpedanz beeinflusst, zum anderen spielen die hochfrequenten Signalanteile der Brennspannung

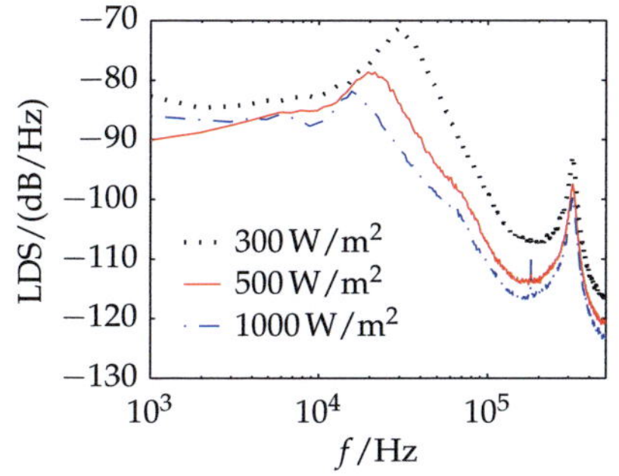

Abbildung 4.18: Spektrale Leistungsdichte des Stromsignals bei unterschiedlichen Einstrahlungen als Simulationsergebnis, aufgenommen am Lichtbogen, welcher zwischen Wechselrichter und Verkabelung geschaltet ist.

des Lichtbogens als Signalquelle eine maßgebliche Rolle. Wie in Kap. 4.2.2 gezeigt wurde, nimmt die Einstrahlung nur im Bereich bis ca. 90 kHz Einfluss auf die Impedanz. Ab der ersten Resonanzfrequenz bei ca. 20 kHz nimmt jedoch die Einstrahlungsabhängigkeit ab. Unterhalb dieser Frequenz wirkt bei steigender Einstrahlung eine sinkende Impedanz den gleichzeitig sinkenden, vom Lichtbogen erzeugten Störungen entgegen. Deshalb ist der Signalpegelunterschied in diesem Bereich nicht so stark ausgeprägt wie im Bereich darüber. Dort ist die Impedanz einstrahlungsunabhängig, die Höhe des Stromsignals wird also nur noch von der Höhe des Spannungssignals am Lichtbogen beeinflusst.

4.2.5 Einfluss der Anlagengröße

Die Zahl der seriell verschalteten PV-Module hat einen Einfluss auf die Gesamtimpedanz und zudem bilden die Reaktanzen Resonanzkreise aus. Für die Untersuchung des Einflusses der Anlagengröße sind Simulationen mit drei, sechs und zwölf Modulen bei einer Einstrahlung von immer 500 W/m^2 durchgeführt und das Stromsignal ist jeweils am Lichtbogen aufgenommen. Die Systemimpedanz steigt in Abb. 4.19(a) bei zunehmender Modulanzahl breitbandig an und die Resonanzen verschieben sich zu niedrigeren Frequenzen hin.

In Abb. 4.19(b) sind die zugehörigen Stromsignale dargestellt, welche bei zunehmender Modulzahl auch einen breitbandigen Abfall von ca. 1 dB/Modul verzeichnen

4.2.6 Einfluss der Länge der Zuleitungen

Da je nach Installation der Photovoltaikanlage die Länge der Kabel stark variieren kann, ist dieser Einfluss auf die Übertragung von Hochfrequenzsignalen nicht

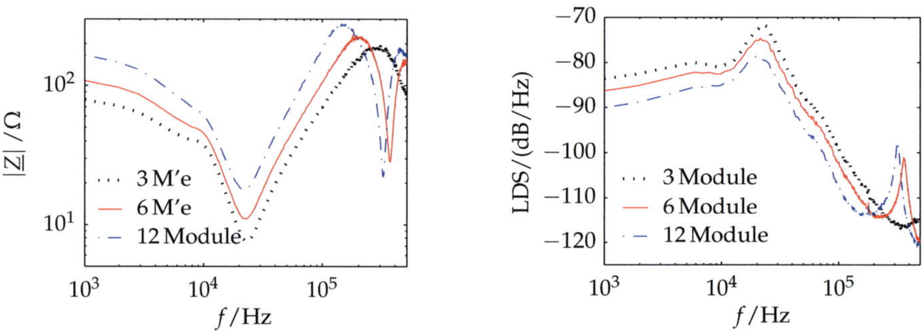

(a) Impedanz aus „Sicht" des Lichtbogens (b) Stromsignal am Lichtbogen

Abbildung 4.19: Lichtbogen in der PV-Anlage: Simulation bei unterschiedlichen PV-Anlagengrößen und einer Einstrahlung von 500 W/m^2

zu vernachlässigen. Es sind Simulationen durchgeführt, wobei immer 12 Module in Serie verschaltet sind und die Kabellänge durch anpassen der Parameter aus Tab. 4.5 variiert wird. Die Einstrahlung beträgt immer 500 W/m^2 und die Länge der Kabel ist mit 20, 80 und 200 m festgelegt.

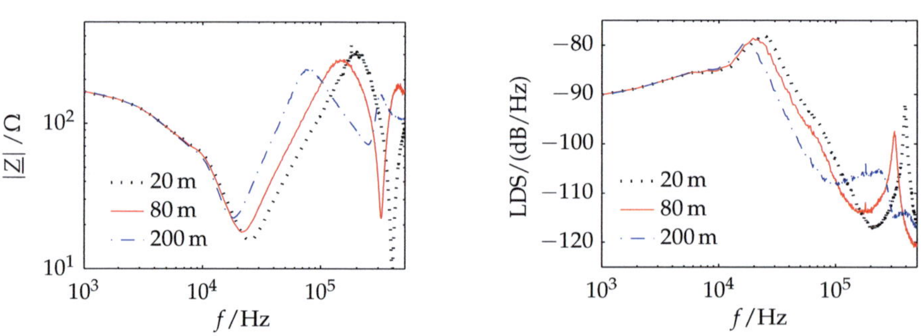

(a) Impedanz aus „Sicht" des Lichtbogens (b) Stromsignal am Lichtbogen

Abbildung 4.20: Lichtbogen in der PV-Anlage: Simulation bei unterschiedlichen Kabellängen in einer PV-Anlage mit 12 Modulen und einer Einstrahlung von 500 W/m^2

Die Zuleitungslänge hat im Frequenzbereich bis ca. 15 kHz keinen Einfluss auf die Systemimpedanz, da sie hier noch von der kapazitiven Impedanz der Solarmodule dominiert wird. Erst darüber wirkt sie sich mit $|\underline{Z}| = \omega \cdot L$ auf die Gesamtimpedanz aus, wie in Abb. 4.20(a) erkennbar ist. Dabei ist allerdings zu beachten, dass die Solarmodule schon eine gewisse Induktivität beinhalten, weshalb bei einer Verzehnfachung der Leitungslänge von 20 auf 200 m nur ein Impedanzuwachs auf das 2,4-fache von ca. 46 auf 108 Ω stattfindet (bei 53 kHz).

$$\omega_0 = \frac{1}{\sqrt{LC}} \tag{4.15}$$

Gl. 4.15 verdeutlicht, dass mit zunehmender Induktivität auch die Resonanzen (ω_0) zu niedrigeren Frequenzen hin verschoben werden, wie auch in Abb. 4.20(a) gut zu erkennen ist.

4.2.7 Fazit

Das Simulationsmodell bildet den Frequenzgang der existierenden Photovoltaikanlage ab, ein Fehler von 3 dB wird erst oberhalb von 338 kHz überschritten. Die Simulationsergebnisse bilden die Basis für die Entwicklung von Konzepten zur Lokalisierung von Störlichtbögen in Photovoltaikanlagen, welche anhand des Simulationsmodells verifiziert und optimiert werden.

5 Entwicklung einer Methode zur Lokalisierung von Störlichtbögen in Photovoltaikanlagen

Das Ziel dieser Arbeit ist die Erforschung, Implementierung und Validierung einer Methode zur Lokalisierung von Störlichtbögen in Photovoltaikanlagen. Es wird der Auftrittsort des Störlichtbogens automatisch bestimmt und das Ergebnis dem Nutzer mitgeteilt. Dadurch wird die von einem Techniker benötigte Zeit der Fehlersuche und die Standzeit der Photovoltaikanlage ohne Ertrag verkürzt, mit dem Ziel, die so entstehenden Folgekosten des Störlichtbogens zu reduzieren. In diesem Abschnitt werden Methoden erörtert, welche eine solche Lokalisierung leisten können. Diese werden zunächst theoretisch und simulativ verifiziert und untereinander verglichen. Für die Simulation wird das in Abschnitt 4.1 parametrisierte und optimierte Modell der Photovoltaikanlage verwendet, die Daten für das Lichtbogenmodell stammen aus Messergebnissen aus Abschnitt 3. Die Methode zur Lokalisierung, welche als Beste aus dem Vergleich hervorgeht, wird als Prototyp realisiert und in einem Praxistest an einer Photovoltaikanlage mit realen Lichtbögen validiert.

5.1 Randbedingungen

Es wird ein serieller Störlichtbogen vorausgesetzt, welcher im Gleichstromteil der Photovoltaikanlage entsteht. Die Photovoltaikanlage besteht aus einem String mit seriell verschalteten Modulen. Folgende Anforderungen werden an die Methode gestellt:

- Die Kosten für Fertigung, Installation und Betrieb müssen möglichst gering sein.
- Die Lokalisierung muss möglichst genau sein, das Ziel ist die Zuordnung des Lichtbogens zu einem Modul.
- Der Vorgang der Lokalisierung muss innerhalb kürzester Zeit, also vor dem aktiven Löschen durch einen AFCI abgeschlossen sein.

- Es dürfen keine Ableitströme > 30 mA gegen Erde auftreten, da sonst eine evtl. vorhandene FI-Schutzeinrichtung auslöst.
- Die Methode muss auf verschiedene Anlagengrößen und Modultechnologien übertragbar sein.

5.2 Konzepte zur Lokalisierung von Störlichtbögen im PV-System

Zur Bewertung von Techniken zur Lokalisierung von Störlichtbögen in Photovoltaikanlagen werden die Auswirkungen eines solchen auf mögliche Messgrößen betrachtet. Gestrahlte Messgrößen, wie in Abschnitt 1.2.2 beschrieben, kommen nicht in Frage, da diese Methoden aufgrund der einzusetzenden hochauflösenden Messsysteme sehr kostenintensiv sind und nicht immer durch Mauern hindurch messbar sind. Somit kommen als mögliche Messgrößen nur leitungsgebundene Größen in Frage, es bleiben also nur Strom und Spannung (DC und HF) auf der Gleichstromseite des Photovoltaiksystems. Da sich Strom, Spannung und Leistung über die jeweiligen Impedanzen berechnen lassen, muss nicht jede Größe für sich betrachtet werden, vielmehr müssen die Methoden in HF und DC aufgeteilt werden. Eine Auflistung der Messgrößen mit Ausschlusskriterien ist in Tab. 5.1 zu finden.

Tabelle 5.1: Bewertung von Messgrößen, welche von Störlichtbögen in Photovoltaikanlagen beeinflusst werden

Messgröße	Interesse	Begründung
Schall	Nein	keine Schallübertragung durch Mauern
Licht	Nein	nur bei Sichtkontakt
Magnetfeld	Nein	hochauflösendes Messsystem benötigt (Kosten)
El.-magn. Welle	Nein	hochauflösendes Messsystem benötigt (Kosten)
Magnetfeld	Nein	hochauflösendes Messsystem benötigt (Kosten)
Spannung (U_{HF})	Ja	Spannung kann aus Strom abgeleitet werden
Strom (I_{HF})	Ja	I_{HF} kann örtlich verändert werden
Leistung (P_{DC})	Nein	Betrachtung von U und I
Spannung (U_{DC})	Ja	Lichtbogen erzeugt lokale Spannungsänderung
Strom (I_{DC})	Nein	I_{DC} ist überall gleich im PV-System

5.2.1 Methode 1: Gleichspannungsmessung

Prinzip Ein serieller Störlichtbogen in einer Photovoltaikanlage verursacht immer einen Spannungsabfall, welcher den Quellspannungen der PV-Module entgegengesetzt ist.

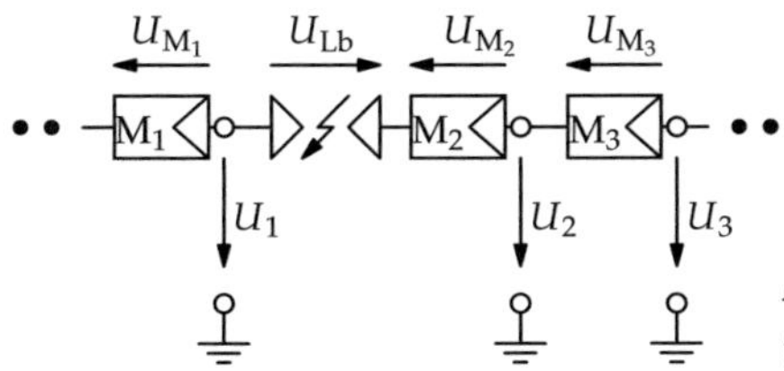

Abbildung 5.1: Gleichspannungen im Photovoltaiksystem bei Auftritt eines Lichtbogens

Bei Messung der Modulspannungen gegen Erde nach Abb. 5.1 und Differenzbildung aufeinanderfolgender Messpunkte ist es möglich, die einzelnen Modulspannungen zu errechnen. Im Fall eines Lichtbogens in einem dieser Intervalle, ist die entsprechende Spannung um den Betrag der Lichtbogenspannung reduziert. Diese Reduktion macht bei einer Modulspannung von ca. 30 V und einer minimalen Lichtbogenspannung von 15 V mindestens 50% aus. Damit ist die Detektion eines Lichtbogens recht einfach. In der Praxis ist die Lichtbogenspannung meist höher, für eine Beispielrechnung ist sie mit 35 V angenommen und die resultierenden Spannungen sind in Tab. 5.2 aufgetragen. Ein Lichtbogen wäre in diesem Beispiel eindeutig zwischen Modul 1 und Modul 2 zu lokalisieren.

Tabelle 5.2: Beispielhafte Gleichspannungen bei Lichtbogenauftritt zw. Modul 1 und Modul 2; $U_{Lb} = 35\,V$

Intervall	Berechnung	Spannung
Int_1	$U_1 - U_0$	29,7 V
Int_2	$U_2 - U_1$	-5,3 V
Int_3	$U_3 - U_2$	29,7 V

Messmethode Eine Modulspannungsmessung zwischen den beiden Anschlussleitungen wäre nicht imstande, einen Lichtbogen an den Steckverbindern zwischen den Modulen zu erkennen. Deshalb wird hier die Spannung gegen den geerdeten Modulrahmen gemessen, da so kurze Leitungen möglich sind. Die Messwerte müssen über mind. eine Periode (20 ms) gemittelt und zur weiteren Verarbeitung digitalisiert werden, weshalb für jeden Messpunkt ein A/D-Wandler mit Prozessor-, Speicher- und Kommunikationseinheit nötig ist.

Triggerung der Messung In PV-Systemen mit transformatorlosen Wechselrichtern ist der Gleichspannung eine Wechselspannung mit einer Frequenz von 50 Hz und einem Effektivwert von typischerweise 115 V überlagert [115] [25]. Damit diese zeitliche Änderung der Spannung zu keinem Fehler führt, müssen die Messungen wie folgt durchgeführt werden.

1. Messung über je 20 ms (eine Periode) und Mittelwertbildung
2. Gleichzeitige Messung an allen Messpunkten

Für eine gleichzeitige Messung muss ein gemeinsames Triggersignal vorhanden sein, bei Mittelung über eine Periode kann ein Triggersignal in der Messeinheit selbst erzeugt werden. Diese Aufgabe kann von einem Lichtbogendetektor übernommen werden.

Zusammenführen der Messwerte und Verarbeitung Die Messwerte werden verteilt im System aufgenommen und müssen dann zusammengeführt und zentral verarbeitet werden. Hierfür gibt es drei Möglichkeiten:

1. Fest eingebaute zentrale Auswerteeinheit empfängt Messwerte und wertet aus (z. B. im Wechselrichter)
2. Mobile Auswerteeinheit empfängt Messwerte und wertet aus (z. B. Laptop)
3. Eine der verteilten Messeinheiten agiert als Master, empfängt Messwerte und wertet aus

Genauigkeit der Lokalisierung Der Lichtbogen wird zwischen zwei Messpunkten lokalisiert, mit steigender Anzahl von Messpunkten steigt die Genauigkeit der Lokalisierung. Bei zusätzlichen Messpunkten in der Verkabelung bzw. am Wechselrichter kann ein Lichtbogen auch dort lokalisiert werden.

Einflussgrößen Die Einstrahlung hat einen zu vernachlässigenden Einfluss auf die Lokalisierung, da die Modulspannung nur wenig beeinflusst wird und das

Verhältnis aus Modulspannung und Lichtbogenspannung in einem detektierbaren Bereich ist.

Der Einfluss von Verschattungen wirkt sich dagegen gravierender aus, da im Falle von Teil- oder Totalverschattung eines Moduls die Spannung um einige Volt, 1/3 oder um 2/3 reduziert ist, bzw. sogar leicht negativ werden kann. Somit kann ein verschattetes Modul zu fehlerhaften Ergebnissen führen, da eine eindeutige Lokalisierung dann nicht mehr möglich ist. Abhilfe könnte eine Diagnosefunktion schaffen, welche die Spannungen permanent überwacht und so im Fall eines Lichtbogens nur noch Spannungsänderungen registriert werden müssen.

5.2.2 Methode 2: Kapazitive Ableitung des Stromsignals

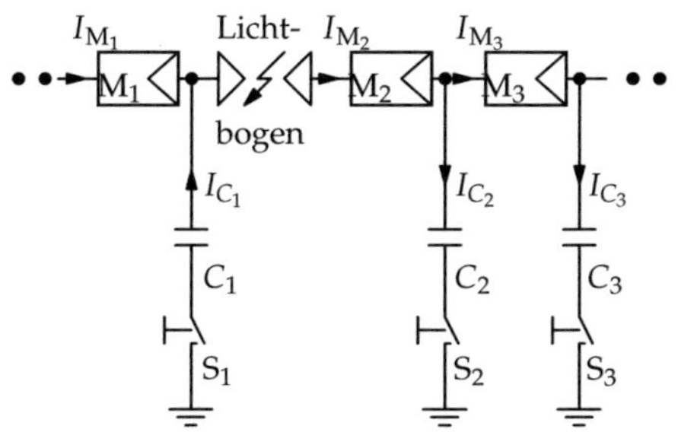

Abbildung 5.2: Aufteilung der HF-Ströme bei Zuschalten von Kapazitäten; Strom (HF-Anteil) teilt sich auf in Modulstrom I_{M_x} und Kondensatorstrom I_{C_x} und wird immer kleiner, je weiter man sich von der Störquelle entfernt

Prinzip Dieses Prinzip macht sich die Tatsache zunutze, dass der Lichtbogen ein breitbandiges Störsignal erzeugt, welches durch die Photovoltaikanlage übertragen wird. Bis zu einem gewissen Frequenzbereich ist dieses Signal aufgrund der Serienverschaltung überall in der Anlage annähernd gleich groß (vgl. Abschnitt 4.2.3). Verändert man es jedoch an jedem Modul künstlich, so können Rückschlüsse auf den Entstehungsort gezogen werden.

Hierfür wird an jedem Modul eine Kapazität gegen Erde geschaltet, welche einen Teil des Stromsignals führt. Dadurch nimmt der hochfrequente Anteil des Stroms bei Entfernung vom Lichtbogen von Modul zu Modul stetig ab. Für eine Lokalisierung muss folglich nur das Stromsignal bei wenigstens einer Frequenz auf den PV-Leitungen gemessen werden. Der Lichtbogen ist dann zwischen den Messpunkten mit maximalem Signalpegel zu lokalisieren. Dieses Prinzip ist in Abb. 5.2 skizziert.

Um eindeutig messbare Veränderungen im Stromsignal hervorzurufen, müssen die Ableitkapazitäten eine möglichst niedrige Impedanz aufweisen, da die Solarmodule selbst sehr niedrige Impedanzwerte erreichen. In Abb. 5.3 ist der Impedanzverlauf eines Solarmoduls bei zwei unterschiedlichen Einstrahlungen dargestellt, woraus hervorgeht, dass im Bereich von 10 . . . 40 kHz ein minimaler Wert von ca. 1 Ω erreicht wird. Dies erfordert wiederum möglichst große Ableitkapazitäten, damit ein nennenswerter Anteil des Stromsignals gegen Erde fließt.

Da auf der Gleichstromseite eines PV-Systems mit trafolosem Wechselrichter eine Wechselspannung mit einer Frequenz von 50 Hz und einem Effektivwert von ca. 115 V vorhanden ist, müssen auch bei dieser Frequenz die kapazitiven Ableitströme betrachtet werden. Um das Auslösen einer „FI-Schutzeinrichtung“ zu verhindern, können die Kapazitäten nicht beliebig vergrößert werden. Bei einer Kapazität von 100 nF beträgt dieser Ableitstrom für jeden Messpunkt ca. 3,6 mA und würde bei 12 Messpunkten schon die Grenze von 40 mA übersteigen.

Damit die Anlage im Betrieb nicht dauerhaft kapazitiv belastet wird, ist es sinnvoll, die Ableitkapazitäten nur im Fehlerfall durch elektronische oder mechanische Schalter (Triacs, Relais o. ä.) zuzuschalten.

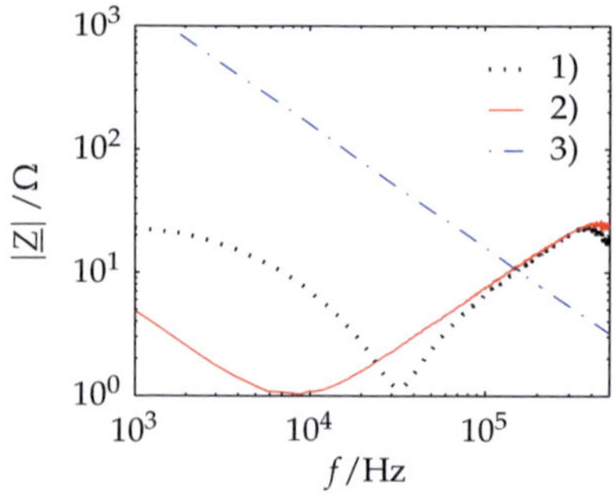

Abbildung 5.3: Impedanzverlauf von:
1) Solarmodul bei Irr = 300 W / m^2
2) Solarmodul bei Irr = 1000 W / m^2
3) 100 nF-Kondensator

Messmethode Es müssen hochfrequente Stromsignale gemessen, und vom vergleichsweise hohen Gleichstrom getrennt werden. Aus diesem Grund bietet sich eine induktive Kopplung durch einen Stromwandler („Current Sense Transformer“, z. B. Ringkernspule) an. Dadurch kommt für jede Messeinheit eine weitere elektrische Verbindung hinzu, durch die der Gleichstrom fließt. Dies beinhaltet natürlich, wie jede elektrische Verbindung, ein zusätzliches Fehlerrisiko.

Dies könnte umgangen werden, indem nicht im Gleichstrompfad, sondern das Stromsignal durch die Ableitkapazität gemessen wird. Dadurch erschwert sich allerdings der Auswertealgorithmus.

Das ausgekoppelte Signal wird verstärkt, durch einen Bandpass gefiltert und gleichgerichtet. Die Gleichrichtspannung ist ein Maß für die Signalhöhe und kann direkt als analoger Ausgang der Messeinheit zur Verfügung gestellt werden.

Triggerung der Messung Da das vom Lichtbogen erzeugte Rauschen zeitlich nicht konstant ist, sondern Schwankungen um mehrere Größenordnungen aufweist (vgl. Abschnitt. 3), müssen die Messungen exakt gleichzeitig durchgeführt werden. Dies erfordert ein Triggersignal, welches alle Messeinheiten gleichzeitig zum Start einer Messung veranlasst. Dieses Signal kann von einer zentralen Einheit (Lichtbogendetektor) oder von einer der Messeinheiten über eine Schnittstelle (Leitung oder Funk) für alle bereitgestellt werden.

Zusammenführen der Messwerte und Verarbeitung Wie auch bei Methode 1 müssen die Messwerte zentral verarbeitet werden. Es bieten sich die gleichen Möglichkeiten an (Kap. 5.2.1).

Genauigkeit der Lokalisierung Der Ort des Lichtbogens wird zwischen zwei Messpunkten detektiert. Wie auch in Methode 1 (Kap. 5.2.1) nimmt die Genauigkeit mit der Anzahl von Messpunkten zu.

Einflussgrößen Einflüsse auf diese Methode haben alle Größen, welche die Impedanz von Komponenten im System verändern. Dies sind hauptsächlich:

1. Einstrahlung
2. Verschattung

Bei zunehmender Einstrahlung nimmt die Impedanz der Solarmodule und somit des Solarsystems ab.

Im Fall einer Totalverschattung eines Moduls werden die entsprechenden Bypassdioden leitend und es fällt am Modul nur noch die Flussspannung der Bypassdioden ab. Die Impedanz wird im diesem Fall vereinfacht mit Null angenommen. Somit wird an den angrenzenden Messpunkten nahezu der selbe Pegel gemessen, weshalb bei der Lokalisierung an der Stelle die Genauigkeit sinkt.

Simulation Zur Validierung der Methode ist eine Simulation mit PSpice im Zeitbereich (Transientensimulation) durchgeführt, wobei der Lichtbogen zwischen Modul 9 und 10 auftritt. Die Einstrahlung beträgt 1000 W/m^2, um als „Worst-Case“ -Szenario die Modulimpedanzen so gering wie möglich einzustellen. Die Kapazitäten sind mit 100 nF gewählt und die Schalter mit Signalrückpfaden sind durch 1 Ω Widerstände abgebildet. Wie bereits in Abschnitt 4.2.3 erläutert, ist das Signal nur bis zu einer Frequenz von ca. 30 kHz in der gesamten Anlage konstant, darüber gibt es lokale Unterschiede, weshalb in der Simulation die zu überwachende Frequenz mit 10 kHz festgelegt ist.

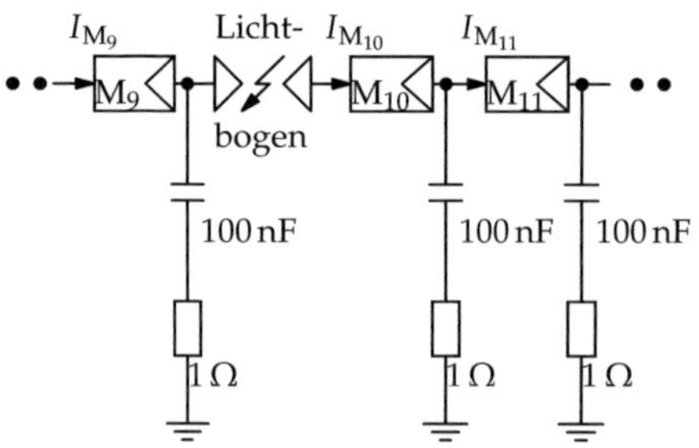

(a) Skizzierter Simulationsaufbau

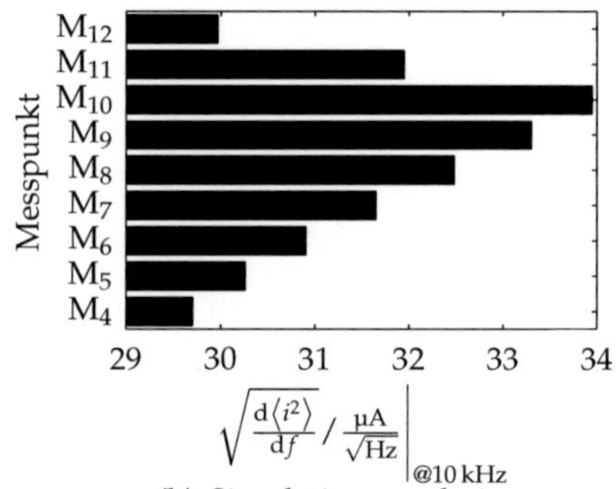

(b) Simulationsergebnis

Abbildung 5.4: Simulation der Lokalisierungsmethode 2: Lichtbogen zwischen Modul 9 und 10; kapazitive Ableitung an jedem Modul mit 100 nF und 1 Ω gegen Erde; Aufnehmen des Stromsignals bei 10 kHz an allen Modulen

In Abb. 5.4(b) ist das Ergebnis der Simulation dargestellt. An jedem Modul ist das Stromsignal aufgenommen, in den Frequenzbereich übertragen und nur der Signalanteil bei 10 kHz dargestellt. Die beiden höchsten Rauschpegel findet man bei Modul 9 und 10, wo der Lichtbogen eindeutig zu lokalisieren ist.

Der Unterschied zwischen den Messwerten ist relativ gering, zwischen Modul 8 und 9 sind es gerade einmal 2,5 %. Dieser könnte durch den Einsatz kleinerer Ableitimpedanzen (≙ größere Kapazitäten) deutlich erhöht werden.

Beim Einsatz größerer Kondensatoren wird ein höherer Anteil am Stromsignal gegen Erde abgeleitet, wodurch sich zwar der Unterschied zwischen den einzelnen Messwerten vergrößert und dadurch die Lokalisierung vereinfacht. Allerdings steigen dadurch auch die unerwünschten Ableitströme bei der Netzfrequenz von 50 Hz.

5.2.3 Methode 3: Ableitung über Serienschwingkreise

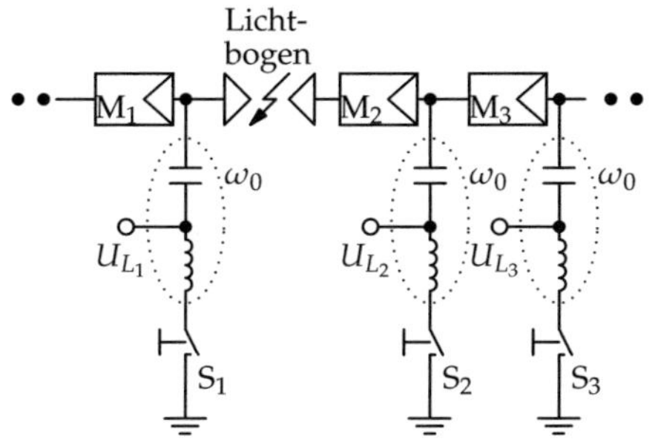

Abbildung 5.5: Zuschalten von Serienschwingkreisen derselben Resonanzfrequenz ω_0 bewirkt ein Absinken des Pegels bei ω_0, je weiter man sich von der Signalquelle entfernt

Prinzip Ähnlich wie in Kap. 5.2.2 wird auch hier das Spektrum des Stromsignals an allen Messpunkten künstlich verändert. Allerdings werden hier statt Kapazitäten Serienschwingkreise eingesetzt, welche alle auf dieselbe Frequenz abgestimmt sind. Da ein Serienschwingkreis bei der Resonanzfrequenz ω_0 eine minimale Impedanz aufweist, wird für diese Frequenz ein zusätzlicher niederohmiger Signalpfad über die Erde geschaffen. Somit nimmt der Signalpegel bei ω_0 bei Entfernung vom Lichtbogen von Messpunkt zu Messpunkt stetig ab.

Im Resonanzfall ist die Impedanz des Serienschwingkreises nach Gl. 5.1 gerade gleich dem Widerstand von Schalter, Kontakten und den Verlusten in Spulenkern und dem Dielektrikum des Kondensators.

$$Z_{\text{min}} = R_{\text{s}} \tag{5.1}$$

Dieser Widerstand ist deutlich kleiner als der entsprechende Blindwiderstand des Kondensators, weshalb mit dieser Methode deutlich größere Signalpegelunterschiede erzeugt werden können als mit Methode 2. Für eine kleine Ableitimpedanz wird also nicht mehr eine große Kapazität, wie bei Methode 2 benötigt, weshalb bei entsprechender Dimensionierung der Ableitstrom bei 50 Hz deutlich verringert werden kann.

Messmethode Da im Resonanzfall auch die Spannung an den reaktiven Bauteilen maximal wird, bietet es sich an, eine Spannungsmessung an der Spule durchzuführen. Dadurch ist der Messpunkt von der hohen PV-Spannung getrennt und es muss zunächst das Signal an der Spule verstärkt werden. Ein Bandpass ist nicht nötig, da ein Anschwingen und somit ein maximales Signal nur für die Resonanzfrequenz zu erwarten ist.

Nach Verstärkung und Gleichrichtung steht ein analoges Spannungssignal zur Verfügung, welches ein Maß für die Nähe zum Lichtbogen darstellt.

Die Triggerung der Messung, das Zusammenführen der Messwerte und deren Verarbeitung, die Genauigkeit der Lokalisierung und die Einflussgrößen auf die Lokalisierungsmethode sind analog zu Mehode 2 in Kap. 5.2.2 zu behandeln.

Simulation Diese Methode zur Lokalisierung eines Lichtbogens ist mithilfe einer PSpice-Simulation im Zeitbereich (Transientensimulation) verifiziert und das Ergebnis in Abb. 5.4 dargestellt. Der Lichtbogen befindet sich hier zwischen Modul 9 und 10.

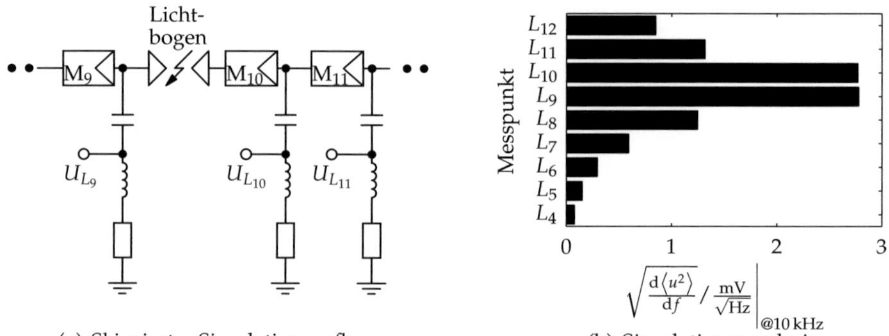

(a) Skizzierter Simulationsaufbau (b) Simulationsergebnis

Abbildung 5.6: Simulation der Lokalisierungsmethode 3: Lichtbogen zwischen Modul 9 und 10; Serienschwingkreise an jedem Modul mit $f_0 = 10\,\mathrm{kHz}$ und $1\,\Omega$ gegen Erde; Aufnehmen des Spannungsrauschens bei 10 kHz an allen Induktivitäten der Schwingkreise

Die Auswahl der Resonanzfrequenz der Schwingkreise ist in Abschnitt 5.3.1 detailliert beschrieben. Für diese Simulation wurde eine Frequenz von 10 kHz gewählt und als Simulationsergebnis sind die Spannungen an den Induktivitäten der Schwingkreise im Zeitbereich aufgenommen. Diese Spannungsverläufe sind in den Frequenzbereich übertragen und der Signalanteil bei 10 kHz dargestellt.

Die höchsten Pegel werden bei den Messpunkten erreicht, die den Lichtbogen direkt begrenzen. Dieses Simulationsergebnis ermöglicht eine eindeutige Lokalisierung des Lichtbogens zwischen Modul 9 und 10.

5.2.4 Methode 4: Messung am Wechselrichter

Prinzip Auch bei dieser Methode wird das Stromsignal künstlich durch die Zuschaltung von Serienschwingkreisen verändert. An jedem Modul befindet sich ein solcher Schwingkreis gegen Erde und für eine Symmetrierung ist ein zusätzlicher Schwingkreis (in Abb. 5.7 über S_0 geschaltet) eingefügt. Die Schwingkreise leiten einen Teil des Stromsignals bei f_0 gegen Erde ab, so dass sich für diese Frequenz definierte Pegel in der Anlage ausbilden, welcher immer kleiner werden, je weiter der Lichtbogen entfernt ist.

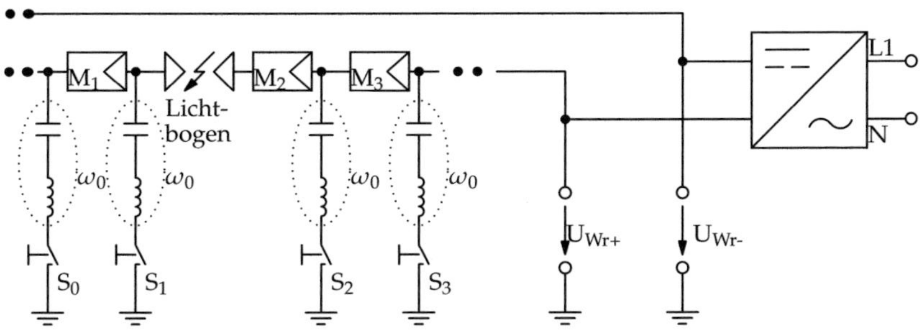

Abbildung 5.7: Lokalisierungsmethode 4: Zuschalten von Serienschwingkreisen und Messen der Signalstärke bei ω_0 an den Eingangsleitungen des Wechselrichters

Die beiden Messpunkte befinden sich an den Gleichstrom-Leitungen am Wechselrichtereingang. Je näher der Lichtbogen an einem der beiden Messpunkte liegt, desto höher ist die dort gemessene Spannung und umso niedriger ist die Spannung am anderen Messpunkt. Bei symmetrischer Impedanzverteilung im gesamten PV-System kann dann über das Verhältnis der beiden gemessenen Signalpegel der Auftrittsort bestimmt werden.

Messmethode Die Messgröße stellt das Spannungsrauschen an den Eingängen des Wechselrichters dar. Da nur auf einer Frequenz gemessen werden soll, bietet sich auch hier der Einsatz von Serienschwingkreisen an. Die Messmethode wird darum wie in Kap. 5.2.3 ausgestaltet sein, also eine Verstärkerschaltung mit nachgeschaltetem Gleichrichter beinhalten. Da die Messpunkte im Wechselrichter integriert sind, kann eine Digitalisierung der Gleichrichtspannungen durch Anbindung an vorhandene Infrastruktur direkt vorgenommen werden.

Triggerung der Messung, Zusammenführen der Messwerte und Verarbeitung Im Wechselrichter muss ein Lichtbogendetektor vorhanden sein, welcher die Messung zur Lokalisierung auslöst. Aufgrund des stochastischen Signalverlaufs ist es auch hier notwendig, dass die Messungen auf beiden Leitungen zeitgleich durchgeführt werden.

Aufgrund der Wechselrichterintegration müssen zum Triggern und zur Übernahme der Messwerte keine zusätzlichen Leitungen verlegt werden. Die Verarbeitung geschieht in vorhandenen Prozessoren und das Ergebnis kann am Display angezeigt werden.

Genauigkeit der Lokalisierung Wenn die folgenden Bedingungen erfüllt sind, kann der Ort des Lichtbogens auf ein Modul genau bestimmt werden:

1. Resonanzfrequenz der Schwingkreise ist so tief gewählt, dass Kabelinduktivitäten noch keine Rolle spielen
2. Modulimpedanzen sind bei gewählter Frequenz gleich
3. Keine Verschattungen
4. Schwingkreise besitzen denselben seriellen Widerstand

Innerhalb der Verkabelung zwischen Wechselrichter und PV-Generator kann der Lichtbogen entweder der Plus- oder der Minusleitung zugeordnet werden.

Einflussgrößen Die Eingangsimpedanz des Wechselrichter sollte möglichst groß sein, damit an den beiden Messpunkten ein maximaler Spannungsunterschied erzeugt werden kann, welcher für die Methode notwendig ist. Wenn die Impedanzen der Solarmodule voneinander abweichen, so kann dies auch die Symmetrie der Anlage stören und einen negativen Einfluss auf die Genauigkeit der Lokalisierungsmethode haben. Folgende Einflüsse wirken sich verändernd auf die Impedanzen der Module aus:

1. Verschattungen
    - Verschattung eines Moduls mit Schalten von Bypassdioden lässt die Impedanz sinken
    - Verschattung eines Moduls ohne Schalten von Bypassdioden lässt die Impedanz steigen

2. Ungleiche Temperaturverteilung: Obere Module einer Anlage sind aufgrund des Kamineffekts wärmer als die unteren, was sich auf die MPP-Spannungen und auf die Impedanzen auswirkt

3. Ungleiche Degradationszustände der Module haben einen Einfluss auf die MPP-Spannungen, und somit auf die Impedanzen

4. Module unterschiedlichen Alters, Größe oder Technologie

Simulation Das Prinzip der Lokalisierungsmethode 4 ist in einer PSpice Simulation im Zeitbereich (Transientensimulation) angewandt. Dazu sind 12 Solarmodule seriell verschaltet und an jedes Modul ein Schwingkreis gegen Masse angeschlossen, und ein zusätzlicher Schwingkreis zur Symmetrierung ist an Modul 1 angeschlossen (vgl. Abb. 5.7). Die Resonanzfrequenzen betragen jeweils 10 kHz und die Messung an den beiden Gleichstromleitungen am Wechselrichtereingang wird als Spannungsmessung im Zeitbereich durchgeführt. Dabei sind verschiedene Einstrahlungen und Entstehungsorte des Lichtbogens simuliert. Die gemessenen Signale werden in den Frequenzbereich übertragen und als Spannungsrauschen $\sqrt{\frac{\mathrm{d}\langle u^2\rangle}{\mathrm{d}f}}$ bei 10 kHz in $\frac{\mathrm{mV}}{\sqrt{\mathrm{Hz}}}$ betrachtet. In Abb. 5.8(a) ist das Spannungssignal

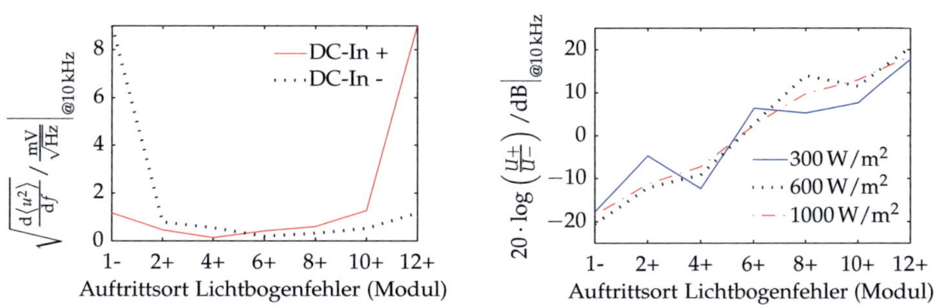

(a) Spannungsrauschen an den Wechserlrichtereingängen bei 300 W/m²

(b) Verhältnis der Rauschspannungen bei 10 kHz an den Gleichstromeingängen des Wechselrichters logarithmisch

Abbildung 5.8: Simulation der Lokalisierungsmethode 4: Lichtbogen an verschiedenen Modulen; Serienschwingkreise an jedem Modul mit $f_0 = 10$ kHz und 1 Ω gegen Erde; Aufnehmen des Spannungsrauschens bei 10 kHz an den Eingangsleitungen des Wechselrichters

bei 10 kHz am Wechselrichtereingang (DC+ und DC-) dargestellt. Je näher der

Lichtbogen am jeweiligen Messpunkt ist, desto höher ist auch das gemessene Signal. Allerdings besitzt der Eingang selbst eine recht niedrige Impedanz, weshalb der Pegel auch dann wieder ansteigt, wenn sich der Lichtbogen dem Wechselrichter auf der anderen Leitung nähert. Dieses Verhalten macht sich besonders dann bemerkbar, wenn der Wechselrichtereingang im Verhältnis zu der Photovoltaikanlage niederohmig ist, was bei einer geringen Einstrahlung der Fall ist.

Das Verhältnis der beiden Spannungswerte ist in Abb. 5.8(b) logarithmisch dargestellt. Bei einer niederohmigen PV-Anlage (bei hoher Einstrahlung) ist nahezu eine Gerade zu erkennen, die Lokalisierung würde in dem Fall also funktionieren. Es müsste dann der Quotient aus den gemessenen Signalpegeln mit den hier dargestellten Werten verglichen werden. Sobald die Impedanz der Anlage jedoch steigt, ist die Kurve nicht mehr monoton steigend, weshalb ein gemessener Wert nun mehreren Orten zugeordnet werden kann.

Abhilfe könnte hier ein Wechselrichtereingang schaffen, der eine deutlich höhere Impedanz aufweist, so dass die Störsignale nicht mehr direkt von DC+ nach DC- gelangen, ohne einen nennenswerten Spannungsabfall zu erzeugen. Diese Forderung kollidiert mit den Zielen der allgemein angewandten Strategie der EMV-Beschaltung, welche meist einen kapazitiven Kurzschluss der Gegentaktstörungen am Wechselrichtereingang vorsieht.

5.2.5 Vergleich der Lokalisierungsmethoden

In Tab. 5.3 sind die in diesem Kapitel entwickelten Methoden zur Lokalisierung von Störlichtbögen gegenübergestellt und vereinfacht verglichen.

Die Kosten sind anhand der erforderlichen Hardware für jedes Photovoltaikmodul abgeschätzt und die jeweiligen Nachteile sind im Folgenden beschrieben.

Methode 1 liefert im Fall von Verschattungen falsche Ergebnisse.

Bei Methode 2 sind durch die Kapazitäten hohe Ableitströme zu erwarten und eine benötigte Ringkernspule erhöht den Preis dafür. Zudem sind die erzeugten Pegelunterschiede gering, verglichen mit Methode 3.

Methode 4 erfordert Änderungen am Wechselrichtereingang, die mit den Zielen der EMV kollidieren. Zudem stellen Verschattungen und andere impedanzverändernde Einflüsse ein Problem dar und die Frequenz muss so tief gewählt werden, dass die Kabelimpedanzen keine Rolle spielen. Dies führt zu großen Werten der Bauteile des Schwingkreises.

Tabelle 5.3: Vergleich der Methoden zur Lokalisierung von Störlichtbögen in Photovoltaikanlagen (negative Merkmale werden mit – gekennzeichnet)

	Methode 1 Gleichspannungen	Methode 2 Kapazitäten	Methode 3 Schwingkreise	Methode 4 Wr.-Messung
Kosten	(– –) passive Bauteile Messtechnik	(– – –) pass. Baut. Messtechnik Ringkernspule	(– –) pass. Baut. Messtechnik	(–) pass.Baut.
Verschatt.	(–)			(–)
Sonstiges		(– –) Ableitströme Pegeluntersch.		(– –) niedrige f Wr-Eingang
Summe (–)	3	5	2	4
Realisierung			✓	

Aufgrund von Kosten und der zu erwartenden Zuverlässigkeit fällt die Entscheidung zugunsten der Lokalisierungsmethode 3, welche für einen Funktionsnachweis in Hardware aufgebaut und im Praxistest validiert wird.

5.3 Realisierung: Methode 3

Die in Abschnitt 5.2.3 beschriebene Methode sieht vor, dass an jedem Photovoltaikmodul ein Teil des vom Lichtbogen erzeugten Störsignals über die geerdete Konstruktion abgeführt wird und so der Pegel immer kleiner wird, je weiter die Messeinheit vom Störlichtbogen entfernt ist. Diese Ableitung geschieht bei der Resonanzfrequenz von Schwingkreisen, welche alle auf die selbe Frequenz abgestimmt sind.

5.3.1 Auswahl der Resonanzfrequenz

Die Resonanzfrequenz muss so festgelegt werden, dass unter allen Umständen ein Lichtbogen zuverlässig lokalisiert werden kann. Dazu müssen folgende Überlegungen angestellt werden.

1. Für eine zuverlässige Auswertung der gemessenen Spannungen darf das Signal keinen zu niedrigen Pegel besitzen. Der Lichtbogen generiert den

höchsten Signalpegel bei niedriger Frequenz, weshalb aus dieser Sicht die Resonanzfrequenz möglichst niedrig gelegt werden sollte.

2. Um die Bauteile für den Schwingkreis in einem preislich günstigen Rahmen zu halten, müssen die Bauteilwerte möglichst klein sein, da sowohl Spulen als auch Kondensatoren mit zunehmender Induktivität und Kapazität immer größere Abmessungen besitzen. Kleine Bauteilwerte werden erreicht, wenn die Resonanzfrequenz so groß wie möglich ist.

3. Das vom Lichtbogen erzeugte Spannungssignal sollte bei der Resonanzfrequenz ein möglichst großes Stromsignal hervorrufen, um am Resonanzkreis einen hohen Pegel zu erzeugen. Dies wird bei der Frequenz erreicht, bei welcher das PV-System eine niedrige Impedanz aufweist.

4. Damit durch die Schwingkreise ein nennenswerter Teil des Stromsignals nach Masse abgeführt wird, darf die Impedanz eines Schwingkreises nicht viel größer sein als die Impedanz eines Solarmoduls.

Die Resonanzfrequenz wird auf 26 kHz festgelegt. Hier ist nach Abb. 5.9(a) ein Pegel der Signalspannungsquelle von -70 dB/Hz bei Stahl bis zu -40 dB/Hz bei Kupfer zu erwarten (Messergebnis aus Abschnitt 3).

Damit dieses vom Störlichtbogen generierte Spannungssignal ein möglichst hohes Stromsignal im Photovoltaiksystem hervorruft, fällt die Resonanzfrequenz von 26 kHz auf das Impedanzminimum der Solaranlage (vgl. Abb. 5.9(c)).

Anhand der Simulationsergebnisse konnte die minimale Impedanz der Solarmodule mit ca. 1 Ω je nach Einstrahlung im Bereich von 10 . . . 30 kHz bestimmt werden (vgl. Abb. 5.9(b)). Dieser Wert liegt im Bereich der gemessenen Impedanz der Schwingkreise von 3,6 Ω (vgl. Abb. 5.9(d)), weshalb an jeder Messeinheit ein nennenswerter Teil des Signals auf die geerdete Konstruktion abgeführt wird und eine messbare Pegeländerung hervorruft.

5.3.2 Messeinheiten

Wie im Abschnitt 5.2 beschrieben wird die Methode 3 als Lokalisierungssystem realisiert und in einer Photovoltaikanlage mit seriellen Lichtbögen einem Praxistest unterzogen. Das Konzept sieht vor, dass jedes Photovoltaikmodul mit einer Messeinheit ausgestattet ist. Kern dieser Einheit ist ein Serienschwingkreis zwischen dem positiven PV-Anschluss und Erde, welcher bei seiner Resonanzfrequenz eine minimale Impedanz besitzt und somit für diese Frequenz ein zusätz-

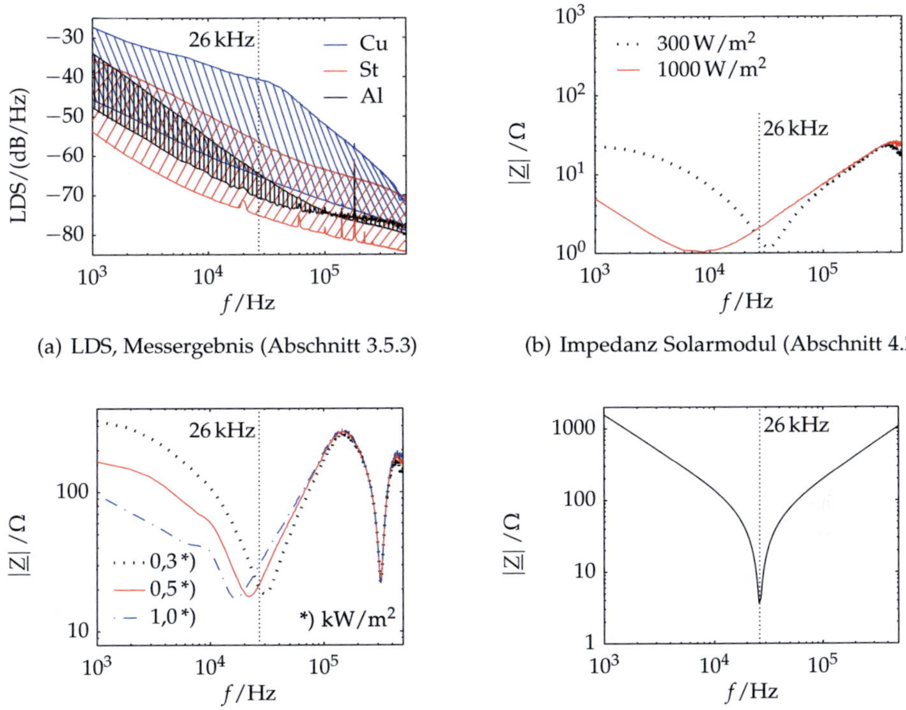

(a) LDS, Messergebnis (Abschnitt 3.5.3)

(b) Impedanz Solarmodul (Abschnitt 4.2)

(c) Impedanz Solarsystem (Abschnitt 4.2)

(d) Frequenzgang Serienschwingkreis

Abbildung 5.9: Auswahl der Resonanzfrequenz der Messeinheiten anhand der Ergebnisse aus Lichtbogenexperimenten und Simulation der Photovoltaikanlage

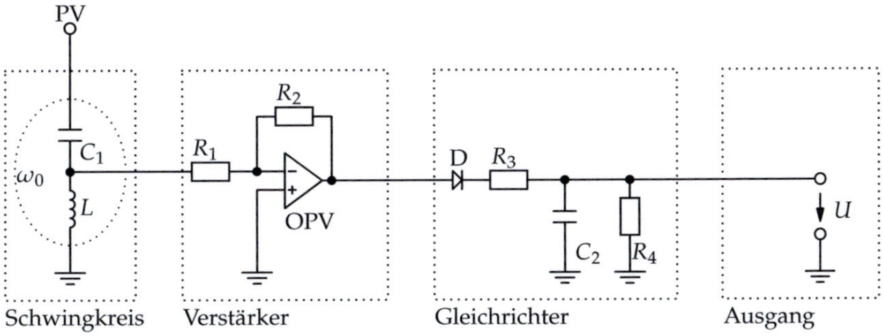

Abbildung 5.10: Schaltplan der Messeinheiten zur Lokalisierung von Störlichtbögen in Photovoltaikanlagen

licher Signalpfad über die Erde geschaffen wird. Die Schaltung ist in Abb. 5.10

(a) Foto einer Messeinheit

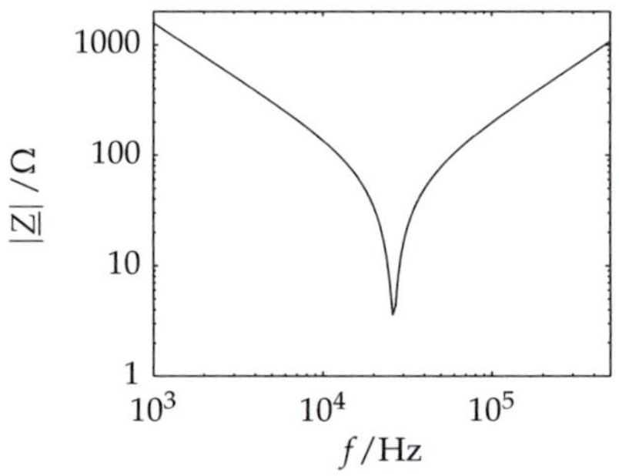

(b) Impedanz Serienschwingkreis

Abbildung 5.11: Realisierung der Messeinheit mit Schwingkreis ($|\underline{Z}|_{\text{min}} = 3{,}6\,\Omega$ bei 26 kHz), Verstärker und Gleichrichter auf Lochrasterplatine und Messergebnis der Impedanz des Schwingkreises

skizziert. Im Resonanzfall steigt der Signalpegel an der Spule auf einen maximalen Wert, der zur weiteren Verarbeitung verstärkt wird. Dafür wird eine Operationsverstärkerschaltung mit hoher Eingangsimpedanz verwendet, um den Schwingkreis möglichst wenig zu belasten. Nach Gleichrichtung und Glättung des Signals steht am Ausgang der Messeinheit eine analoge Spannung zur Verfügung, welche zur weiteren Verarbeitung direkt gemessen werden kann.

In Abb. 5.11(a) ist eine Messeinheit abgebildet, die als Laborexperiment auf einer Lochrasterplatine aufgebaut ist. Der Kondensator des Schwingkreises ist auf einer externen Platine platziert und auf dem Foto nicht dargestellt.

Der Impedanzverlauf ist in Abb. 5.11(b) dargestellt, woraus eine minimale Impedanz von $|\underline{Z}|_{\text{min}} = 3{,}6\,\Omega$ bei der Resonanzfrequenz von $f_0 = 26\,\text{kHz}$ abgelesen werden kann.

5.3.3 Lokalisierungsalgorithmus

5.3.3.1 Theoretische Betrachtung

Als Basis für die Entwicklung eines Algorithmus zum Lokalisieren werden zunächst die Signalpegel an den Messeinheiten neben dem Lichtbogen allgemein theoretisch betrachtet. Es wird die Annahme getroffen, dass die Solarmodule al-

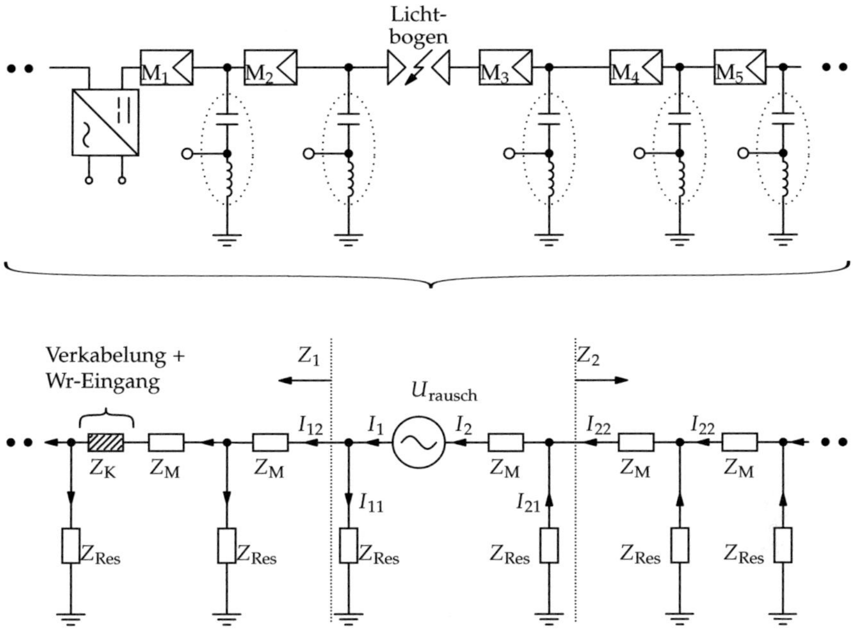

Abbildung 5.12: Schematische Darstellung der Impedanzen bei Anwendung der Lokalisierungsmethode 3 zur allgemeinen Betrachtung der Verteilung von Signalpegeln

le die gleiche Impedanz $\underline{Z_M}$ besitzen und die Impedanz der Schwingkreise auch konstant $\underline{Z_{Res}}$ beträgt. Zusätzlich ist die Impedanz der Kabel und des Wechselrichtereingangs zu $\underline{Z_K}$ zusammengefasst. Nach Abb. 5.12 berechnen sich die Ströme an den beiden relevanten Messpunkten zu

$$\underline{I_{11}} = \underline{I_1} - \underline{I_{12}} \qquad = \underline{I_1} - \frac{\underline{U_{11}}}{\underline{Z_1}} \qquad = \underline{I_1} - \frac{\underline{I_{11}} \cdot \underline{Z_{Res}}}{\underline{Z_1}} \tag{5.2}$$

$$\underline{I_{21}} = \underline{I_2} - \underline{I_{22}} \qquad = \underline{I_2} - \frac{\underline{U_{21}}}{\underline{Z_2}} \qquad = \underline{I_2} - \frac{\underline{I_{21}} \cdot \underline{Z_{Res}}}{\underline{Z_2}} \tag{5.3}$$

und mit $\underline{I_1} = \underline{I_2} = \underline{I}$ wird daraus

$$\underline{I_{11}} = \frac{\underline{I}}{1 + \frac{\underline{Z_{Res}}}{\underline{Z_1}}} \tag{5.4}$$

$$\underline{I_{21}} = \frac{\underline{I}}{1 + \frac{\underline{Z_{Res}}}{\underline{Z_2}}} \tag{5.5}$$

Die Impedanzen $\underline{Z_1}$ und $\underline{Z_2}$ lassen sich durch Serien- und Parallelschaltung bestimmen.

$$\underline{Z_1} = \underline{Z_M} + \underline{Z_{Res}} \| \left(\underline{Z_M} + \underline{Z_K} + \underline{Z_{Res}} \| (\ldots) \right) \tag{5.6}$$

$$\underline{Z_2} = \underline{Z_M} + \underline{Z_{Res}} \| \left(\underline{Z_M} + \underline{Z_{Res}} \| (\ldots) \right) \tag{5.7}$$

Durch einen Vergleich der beiden Terme rechts des Gleichheitszeichens folgt aufgrund der bei $\underline{Z_1}$ zusätzlichen Serienimpedanz $\underline{Z_K}$

$$\underline{Z_1} > \underline{Z_2} \tag{5.8}$$

und mit Gl. 5.5 kann allgemein folgende Aussage getroffen werden:

$$\underline{I_{11}} > \underline{I_{21}} \tag{5.9}$$

Die zusätzliche serielle Impedanz der Kabel und des Wechselrichtereingangs $\underline{Z_K}$ beeinflusst die Signalhöhe am Resonanzkreis in der Weise, dass die dem Lichtbogen benachbarte Messeinheit, die der Verkabelung zum Wechselrichter näher ist, einen höheren Wert liefert als die dem Lichtbogen benachbarte Messeinheit, die der Generatormitte näher ist. Die Generatormitte ist dabei der Punkt, von welchem aus in beide Richtungen in Richtung Wechselrichter gleich viele Solarzellen überwunden werden müssen (bei 6 Modulen: zw. Modul 3 und Modul 4).

Diese Regelmäßigkeit ist theoretisch unabhängig von der Einstrahlung, Anlagengröße oder Temperatur, solange diese Größen in der Anlage konstant sind. Auch die Länge der Verkabelung zum Wechselrichter hat keinen Einfluss darauf.

5.3.3.2 Algorithmus

Mit den im vorigen Abschnitt getroffenen Annahmen und der daraus gewonnen Regelmäßigkeit werden folgende Vorhersagen für den Auftrittsort und die relevanten Messpunkte getroffen.

- Befindet sich der Lichtbogen in der Mitte der PV-Anlage mit gleich vielen Messeinheiten zu beiden Seiten, so wird der höchste Signalpegel bei den beiden, den Lichtbogen begrenzenden Messeinheiten erreicht und je weiter die Messpunkte davon entfernt sind, desto niedriger ist der Messwert.
- Entsteht der Lichtbogen in der Verkabelung zum Wechselrichter, so werden die beiden höchsten Signalpegel bei den beiden Messeinheiten erreicht, die gleichzeitig die Ränder des Photovoltiakgenerators darstellen und in Richtung Generatormitte fallen die Messwerte ab.

- Bei einem Lichtbogenfehler im Rest des PV-Generators ist der Lichtbogen zwischen der Messeinheit mit der höchsten Ausgangsspannung und der nächsten Messeinheit Richtung Generatormitte zu lokalisieren.
- Im Fall einer Totalverschattung eines Moduls schalten entsprechende Bypassdioden und die Impedanz des Moduls wird mit Null angenommen. Somit werden bei den angrenzenden Messpunkten die gleichen Werte gemessen und es ändert sich die Symmetrie der Anlage. In bestimmten Fällen kann der Lichtbogen dann nur noch mit einer Genauigkeit von zwei Modulen lokalisiert werden.
- Im Fall einer Teilverschattung kann die Impedanz des betreffenden Moduls kleiner (bei Schalten v. Bypassdioden) oder auch größer (ohne Schalten v. Bypassdioden) sein, was das Ergebnis wiederum verfälscht und die Genauigkeit auf zwei Module sinken lässt.

Der Lokalisierungsalgorithmus wird ohne die Berücksichtigung von möglichen Verschattungen entwickelt und ist in Abb 5.13 schematisch dargestellt.

5.4 Experiment zur Validierung

5.4.1 Aufbau und Ablauf des Experiments

Zur Überprüfung der Praxistauglichkeit der Methode wird ein Test mit Prototypen der Messeinheiten in einer realen Photovoltaikanlage durchgeführt.

Aufbau Die Lokalisierung wird mit einem String von 6 PV-Modulen und genauso vielen Messeinheiten durchgeführt (Generatormitte: zw. Modul 3 und 4). Nach Abb. 5.14 sind die PV-Module in Reihe geschaltet und über eine 80 Meter lange Gleichstromverbindung (160 m Kabel) mit einer ohmschen Last im Gebäude darunter verbunden. Zur Simulation der Eingangsimpedanz eines Wechselrichters ist vor den Lastwiderstand eine Wechselrichtereingangsbeschaltung mit für Geräte dieser Klasse typischen Bauteilwerten geschaltet. Diese besteht im Wesentlichen aus einem Glättungskondensator C_1, einer Gleichtaktdrossel und einem weiteren EMV-Kondensator C_2. Die Messeinheiten werden von einem Labornetzteil potentialfrei versorgt, die Verbindung zur Erde geschieht von einem Sternpunkt im Gehäuse über die Schirme der Koaxialkabel zum geerdeten Oszilloskop.

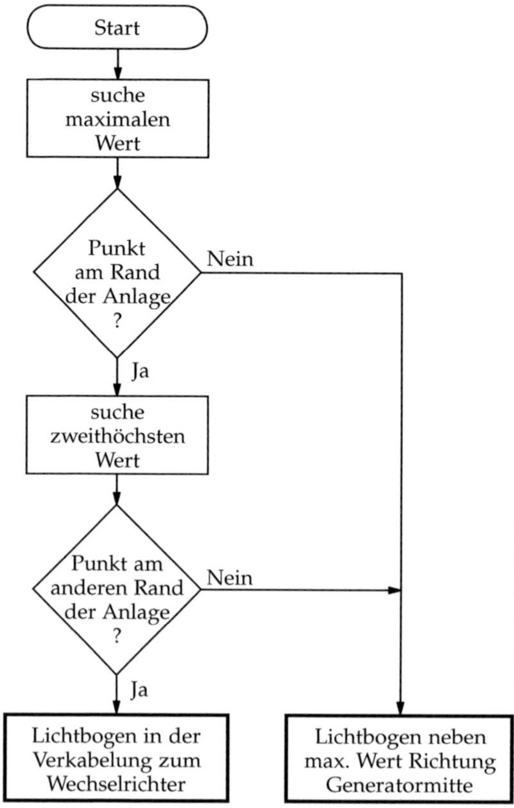

Abbildung 5.13: Algorithmus zur Lokalisierung eines Lichtbogens unter Annahme von gleichen Modulimpedanzen, gleichen Impedanzen der Messeinheiten und unter Ausschluss von Verschattungen. Beim Start des Algorithmus liegen die Messwerte der einzelnen Messpunkte vor und die Lage der Messpunkte in der Photovoltaikanlage ist bekannt.

Für die Experimente wird eine PV-Anlage verwendet, welche fest auf einem Gebäude installiert ist. In Abb. 5.15(a) sind die verwendeten Module markiert und die gleiche Nummerierung wie im Schaltplan verwendet. Zum Verschatten eines Moduls werden nach Abb. 5.15(b) zwei lichtundurchlässige Decken über das zu verschattende Modul gelegt.

Der Lichtbogengenerator (Abb. 5.15(c)), die Messeinheiten mit Spannungsversorgung und das Oszilloskop (Abb. 5.15(d)) befinden sich direkt unter dem PV-Generator auf dem Gebäude. Dabei ist die jeweilige Messeinheit mit der Nummer x über einen Y-Stecker Y_x an den positiven Pol des jeweiligen Moduls M_x angeschlossen. Der Lichtbogengenerator wird jeweils zwischen diese Y-Verbindung (Y_x) und den negativen Pol des nächsten Moduls M_{x+1} geschaltet.

In Tab. 5.4 sind die Umgebungsbedingungen und Parameter für das Experiment zusammengefasst.

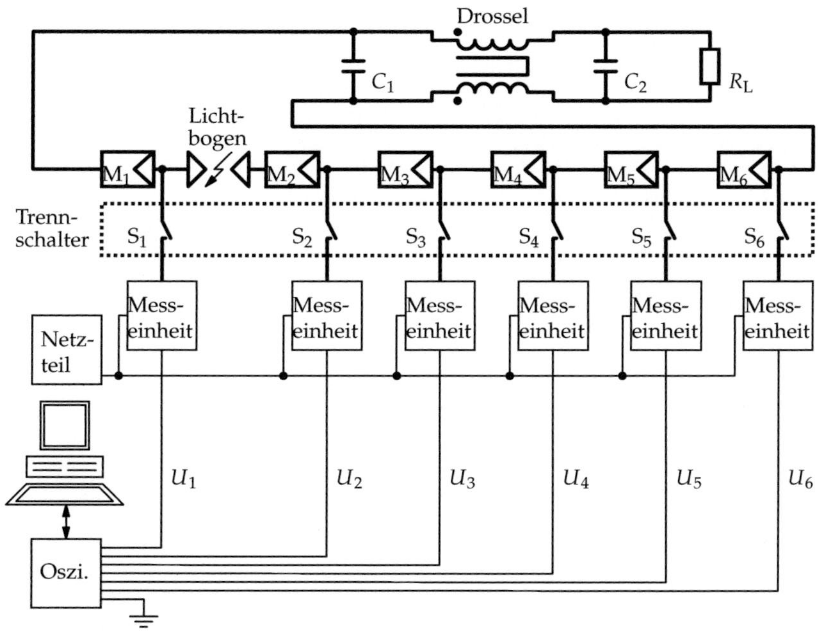

Abbildung 5.14: Schaltplan: Versuchsaufbau zur Lokalisierung von Störlichtbögen in einer Photovoltaikanlage, Lichtbogen befindet sich hier zwischen Modul 1 und 2, Generatormitte zw. Modul 3 und 4

Ablauf Die Elektroden zur Lichtbogenerzeugung sind zu Beginn der Messung zusammengefahren, so dass der Stromkreis geschlossen ist und der in den Solarzellen generierte Gleichstrom durch den Lastwiderstand fließt. Die Aufzeichnung der Daten wird gestartet und der Lichtbogen innerhalb von 1...3 Sekunden gezündet. Dies wird durch langsames Auseinanderziehen der Elektroden bis auf ca. 4 mm erreicht. Die Aufzeichnung der Daten stoppt nach 5 Sekunden. Alle Messungen werden mehrfach (mind. zweimal) durchgeführt, um zufällige Abweichungen zu erkennen.

5.4.2 Ergebnisse und Diskussion

Ohne Verschattung Nach der Zündung des Lichtbogens ist der Elektrodenabstand zunächst sehr gering, wie an der Lichtbogenspannung zu erkennen ist. Aus diesem Grund erzeugt er eine verhältnismäßig geringe Störspannung (vgl. hierzu Abschnitt 3, Seite 57 ff.), welche jedoch ausreicht, um die Ausgänge der Mess-

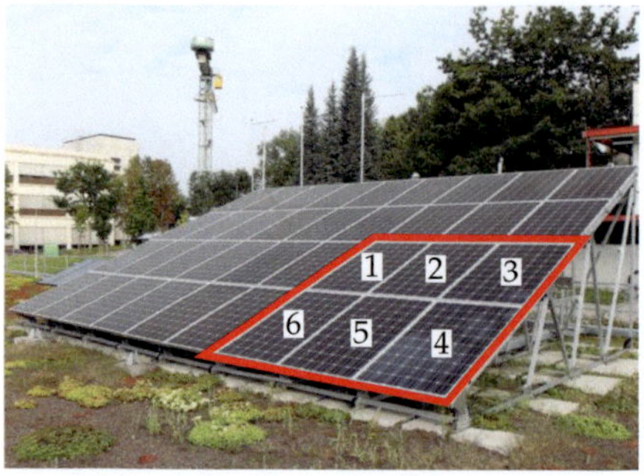

(a) PV-Anlage: Markierter Bereich mit 6 Modulen für Experimente verwendet

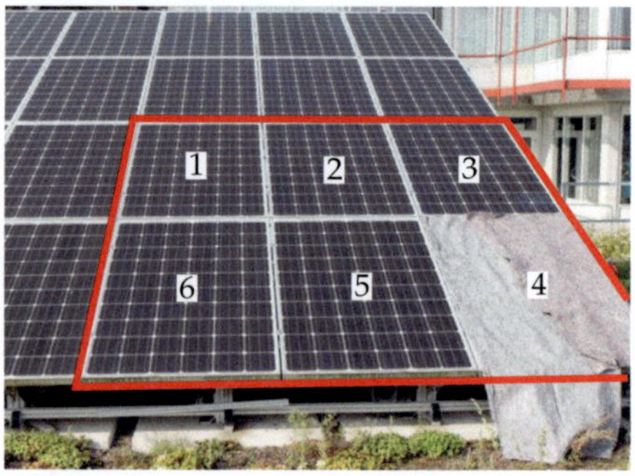

(b) Verschattung von Modul 4 mit lichtundurchlässigen Baumwolldecken

(c) Einheit zur Erzeugung des Lichtbogens

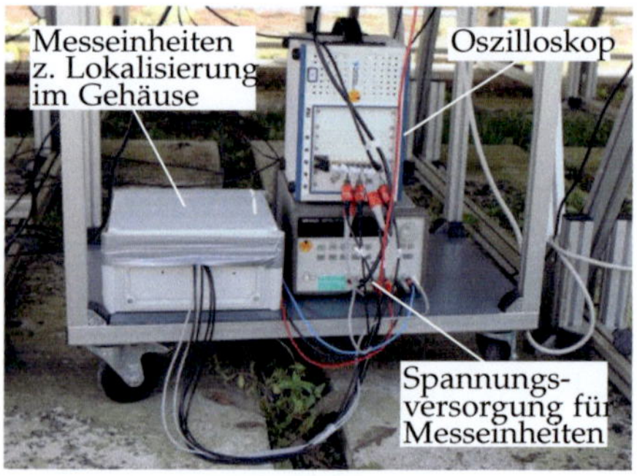

(d) Messeinheiten und Oszilloskop

Abbildung 5.15: Fotos des Versuchsaufbaus zum Test der Methode 3 zur Lokalisierung von Störlichtbögen in Photovoltaikanlagen

einheiten auf 0,2 bis 2,3 V zu treiben. Da der Lichtbogen die Eigenschaften einer Rauschspannungsquelle besitzt und die Schwingkreise für die Resonanzfrequenz eine Impedanz von nur 3,6 Ω besitzen, stellt sich für f_0 ein vergleichsweise starkes Stromsignal (Faktor 8,3) nach $\underline{I} = \underline{U}/\underline{Z}$ ein, verglichen mit einer PV-Anlage ohne Schwingkreise, die bei den entsprechenden Bedingungen eine Impedanz von ca. 30 Ω aufweist.

Der Zeitverlauf der Spannungen ist in Abb. 5.16 für 100 ms um den Zündzeitpunkt dargestellt, woraus die instantane Reaktion der Messeinheiten ohne nennenswerte Verzögerung hervorgeht. Diesen Ergebnissen liegt ein Experiment zugrunde, bei dem der Lichtbogen am negativen Pol von Modul 1, also außerhalb des Solargenerators und innerhalb der Verkabelung zum Wechselrichter platziert ist. Deshalb und aufgrund der Symmetrie der PV-Anlage werden die höchsten Werte an den

Tabelle 5.4: Experiment zur Lokalisierung von Störlichtbögen in der Photovoltaikanlage: Parameter und Umgebungsbedingungen

Parameter	Wert
Einstrahlung (Irr)	ca. 700 W/m^2
Wetter	leicht bewölkt
Datum, Uhrzeit	10.09.2014; 11-12 Uhr
DC-Strom (I)	ca. 6,2 A
Umgebungstemperatur (T)	ca. 23 °C
Elektrodenmaterial	Kupfer
Lastwiderstand (R)	22 Ω
PV-Modulanzahl	6
PV-Modultyp	Bosch c-Si M60 (M240 3BB)
Lastkapazität (C_1)	680 nF

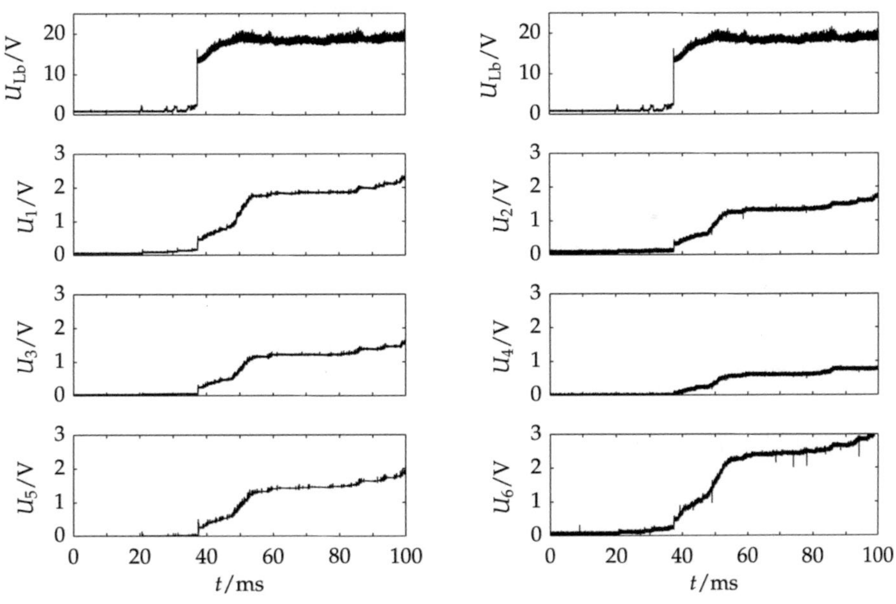

Abbildung 5.16: Zeitverlauf der Ausgangsspannungen der Messeinheiten und der Lichtbogenspannung; Lichtbogen zwischen Modul 1 und Verkabelung, PV-Anlage ohne Verschattung

„benachbarten" Messeinheiten, also bei U_1 und U_6 gemessen.

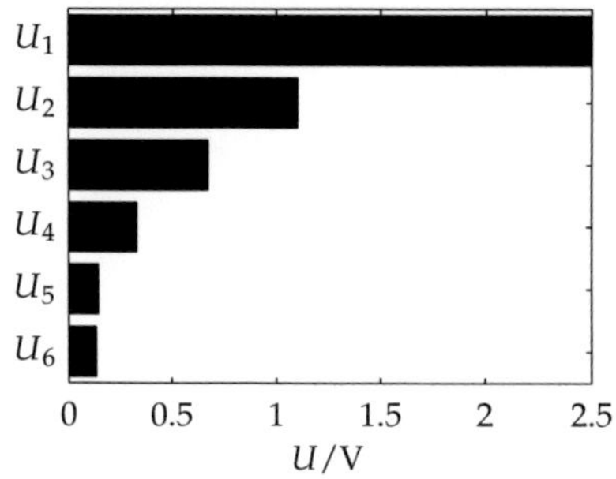

(a) Lichtbogen zwischen Modul 1 und 2

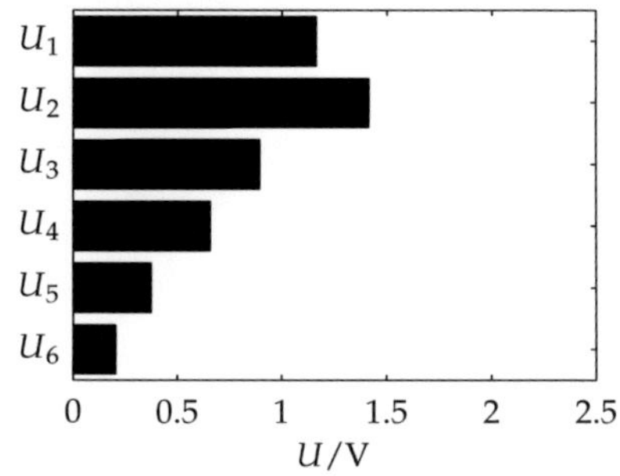

(b) Lichtbogen zwischen Modul 2 und 3

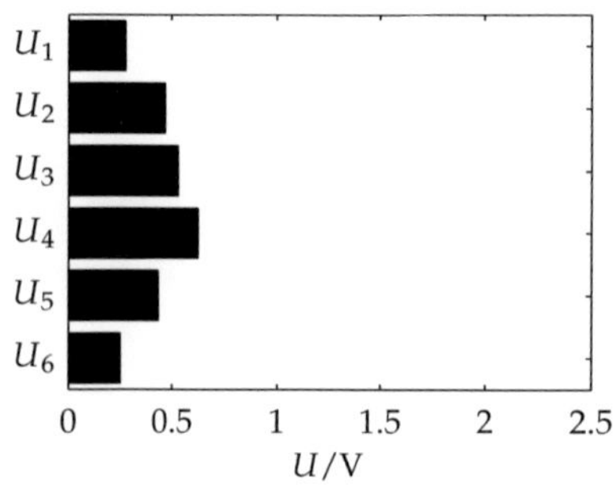

(c) Lichtbogen zwischen Modul 3 und 4

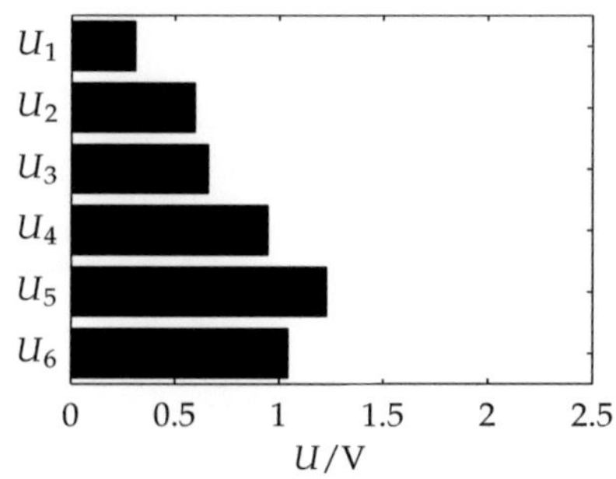

(d) Lichtbogen zwischen Modul 4 und 5

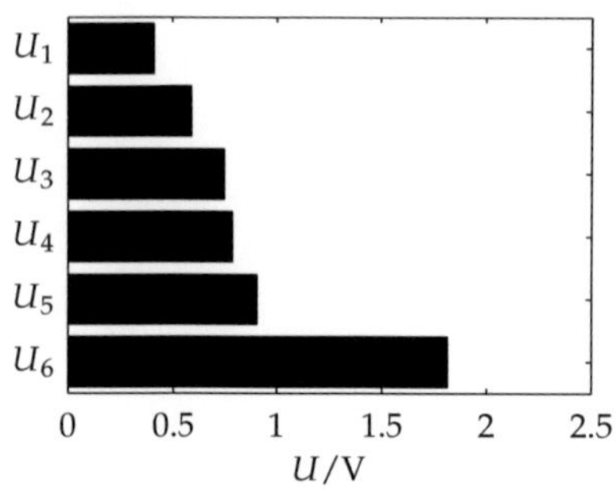

(e) Lichtbogen zwischen Modul 5 und 6

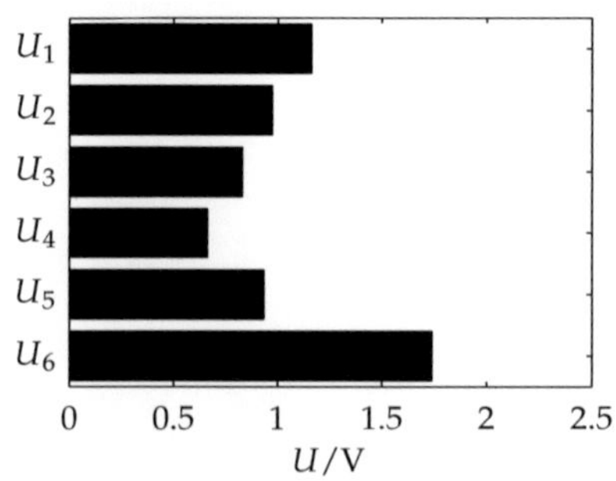

(f) Lichtbogen außerhalb PV-Generator

Abbildung 5.17: Ausgansspannungen der Messeinheiten gemittelt über die ersten 10 ms nach Zündung des Lichtbogens, PV-Anlage ohne Verschattung

Eine Gegenüberstellung aller Messungen findet sich in Abb 5.17. Die Ausgangsspannungen der Messeinheiten sind über die ersten 10 ms nach der Zündung gemittelt. Die dargestellten Diagramme waren in allen durchgeführten Messungen der Form nach reproduzierbar, so dass der Lichtbogen bei gleichem Auftrittsort immer mit demselben Ergebnis lokalisiert wurde.

In Abb. 5.17(a) befindet sich der Lichtbogen zwischen Modul 1 und 2, der höchste Pegel wird folglich bei M 1 gemessen und fällt dann zum anderen Ende des Generators ab.

Tritt der Lichtbogen zwischen M 2 und M 3 auf, so wird der höchste Messwert nach Abb. 5.17(b) bei M 2 gemessen, dem Messpunkt welcher der Verkabelung näher ist.

Im Fall eines Auftritts in der Generatormitte, also zwischen M 3 und M 4 werden nach Abb. 5.17(c) die höchsten Werte bei den angrenzenden Messpunkten gemessen. Bei symmetrischer Impedanzverteilung müssten die beiden Werte gleich sein, es gibt hier jedoch kleine Unterschiede. Da die Temperaturen aufgrund des Kamineffektes nicht gleich sind und auch die Linearität der Messeinheiten nicht identisch ist, weichen die gemessenen Werte leicht von den zu erwartenden ab, das Ergebnis der Lokalisierung bleibt hiervon jedoch unberührt.

Aufgrund der Symmetrie des Versuchsaufbaus entspricht das in Abb. 5.17(d) dargestellte Muster dem an der Generatormitte gespiegelten Muster von Abb. 5.17(b) und das Muster in Abb. 5.17(e) dem gespiegelten Muster aus Abb. 5.17(a).

Beim Auftritt des Lichtbogens außerhalb des PV-Generators, hier zwischen Modul 1 und Verkabelung zum Wechselrichter, so werden die beiden höchsten Pegel an M 1 und M 6 gemessen.

Bei Anwendung des Lokalisierungsalgorithmus aus Abschnitt 5.3.3.2 auf die Messwerte wird der Lichtbogen bei allen durchgeführten Experimenten mit dem richtigen Ergebnis lokalisiert.

Mit Verschattung Zum Test des Verhaltens bei Verschattung ist ein Experiment mit einer Totalverschattung von Modul 4 und dem Lichtbogen zwischen Modul 2 und 3 durchgeführt. Das Messergebnis ist in Abb. 5.18(b) dargestellt, wobei die Ausgangsspannungen der Messeinheiten über die ersten 10 ms nach Zündung gemittelt sind. Wie in Abschnitt 5.3.3.2 angenommen, schalten die Bypassdioden des verschatteten Moduls und die Impedanz sinkt soweit, dass sie nach Abb. 5.18(a) mit 0 Ω angenommen wird. Dadurch sind die Messwerte von M 3 und M 4 nahezu identisch und die Lokalisierung nach dem vorgestellten Algorithmus liefert das korrekte Ergebnis. Dennoch sind Fälle denkbar, in denen eine Verschattung das

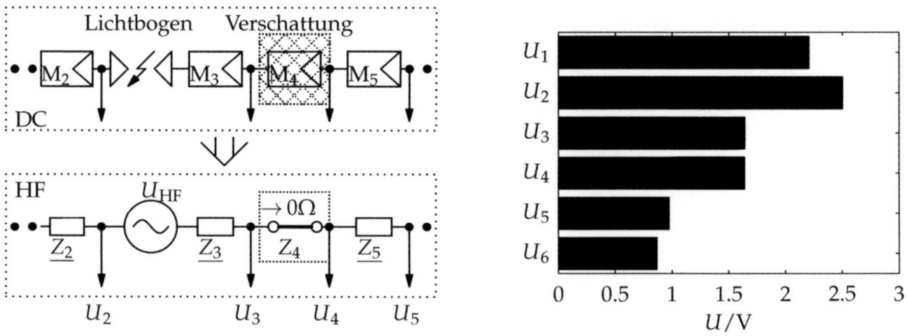

(a) Ersatzschaltbild: Bypassdioden von Modul 4 schalten niederohmig

(b) Ausgangsspannungen der Messeinheiten; gemittelt über die ersten 10 ms nach Zündung

Abbildung 5.18: Lokalisierungsexperiment bei Totalverschattung von Modul 4; Lichtbogen zwischen Modul 2 und 3

Ergebnis verfälscht und eine Lokalisierung nicht mehr mit derselben Genauigkeit möglich ist.

5.4.3 Übertragung der Methode auf andere Photovoltaikanlagen

Diese Methode ist prinzipiell auf andere Photovoltaikanlagen übertragbar, sofern die Randbedingungen aus Abschnitt 5.1 dieselben sind. Dies gilt auch für Anlagen, bei welcher eine andere Solarzelltechnologie eingesetzt wird. Allerdings ändert sich durch variable Kabellängen und unterschiedliche Anzahl von Solarmodulen der Impedanzverlauf der Anlage und somit muss die Resonanzfrequenz der Schwingkreise erneut betrachtet werden.

5.4.4 Fazit

In allen Experimenten konnte der Lichtbogen auf Basis der Messwerte eindeutig mit dem richtigen Ergebnis lokalisiert werden. Im Fall von Verschattungen kann die Genauigkeit der Lokalisierung abnehmen, so dass ein größerer Bereich als Auftrittsort angegeben werden muss. Dies ist von der Anzahl der verschatteten Module und dem Verschattungsgrad abhängig. Hierfür müssen zu einer korrekten Behandlung von Verschattungen bei der Lokalisierung weitergehende Untersuchungen durchgeführt werden.

Insgesamt konnte gezeigt werden, dass sich die untersuchte Methode eignet, um einen Störlichtbogen in einer Photovoltaikanlage zu lokalisieren. Diese Methode wurde unter der Nummer DE102013219490 A1 (Verfahren und Vorrichtung zum Lokalisieren eines Lichtbogens in einem Strompfad einer Fotovoltaikanlage) zum Patent angemeldet.

6 Zusammenfassung der Ergebnisse

In der vorliegenden Arbeit werden Störlichtbögen im Bezug zu Photovoltaikanlagen untersucht. Dabei liegt der Schwerpunkt auf der Charakterisierung der hochfrequenten Signalanteile, die der Brennspannung des Lichtbogens überlagert sind. Diese Charakterisierung findet experimentell im Frequenzbereich von 1 ... 500 kHz statt und dabei werden Umgebungsbedingungen gewählt, wie sie in Photovoltaikanlagen vorherrschen. Der Strom wird von 2 ... 17 A, der Elektrodenabstand von 0,2 ... 4 mm variiert und als Elektrodenmaterial wird Kupfer, Aluminium und ein unlegierter Baustahl eingesetzt.

Wie in der Literatur beschrieben, steigt die Amplitude bei sinkendem Strom, allerdings lassen sich bestimmte Verläufe des Leistungsdichtespektrums wiederkehrend beobachten, die so in der Literatur nicht beschrieben werden. Jeder dieser Verläufe kann einem bestimmten Strombereich zugeordnet werden und der Übergang von einem zum nächsten Verlauf ist in den Messungen immer sprunghaft. Diese charakteristischen Verläufe lassen sich in allen Messungen beobachten und unterscheiden sich durch die Höhe der Störleistung, die Steigungen im Leistungsdichtespektrum und die entsprechenden Eckfrequenzen. Ein reines $1/f^2$-Rauschen, wie in der Literatur für höhere Ströme (>50 A) beschrieben, kann nicht beobachtet werden. In den untersuchten Lichtbögen treten Steigungen von -8 ... -23 dB/Dekade auf ($1/f^{0,8} \ldots 1/f^{2,3}$).

Bei den Untersuchungen mit variablem Elektrodenabstand verändert sich das Leistungsdichtespektrum in der Weise, dass bei Verringern des Abstands besonders die Signalleistung im niedrigen Frequenzbereich absinkt und je kleiner der Abstand wird, desto höher ist der Frequenzbereich, der eine abnehmende Signalleistung aufweist.

Bei Verwendung von Kupferelektroden werden die höchsten Signalleistungen beobachtet und bei Stahl die niedrigsten, wobei der dynamische Bereich für Kupfer der größte ist und für Aluminium der kleinste.

Auch kann in guter Übereinstimmung mit aktuellen Theorien messtechnisch bestätigt werden, dass die Erzeugung der hochfrequenten Signalanteile der Brennspannung durch eine Rauschspannungsquelle abgebildet werden kann und sich das hochfrequente Stromsignal als Systemanwort über die Impedanz des Stromkreises einstellt.

Die Simulation von seriellen Störlichtbögen im Photovoltaiksystem mit PSpice zeigt, dass die Einstrahlung zwar einen Einfluss auf die Impedanz des Photovoltaiksystems hat, allerdings dominiert ab ca. 50 kHz die Induktivität der Kabel und oberhalb dieser Frequenz ist die Systemimpedanz einstrahlungsunabhängig. Aufgrund der Serienverschaltung der Komponenten ist der Strom bis ca. 50 kHz überall im System identisch, darüber gibt es lokale Unterschiede. Bei Simulationen mit Lichtbögen in der PV-Anlage stellt sich heraus, dass die mit zunehmender Einstrahlung sinkende Systemimpedanz einem Absinken der Signalleistung der Lichtbogenspannung bei höheren Gleichströmen entgegenwirkt und so bis ca. 50 kHz für verschiedene Einstrahlungen ähnliche Signalpegel im Strom zu erwarten sind. Eine Veränderung der Anlagengröße und Kabellänge verändert die hochfrequenten Signalanteile des Stroms entsprechend der gesamten Systemimpedanz.

Anhand von Simulationsergebnissen werden Möglichkeiten zur Lokalisierung von Störlichtbögen in Photovoltaikanlagen bewertet. Das zielführendste dieser Konzepte wird einem Praxistest an einer realen Photovoltaikanlage unterzogen. Diese Methode sieht an jedem Solarmodul einen Schwingkreis zwischen Gleichstromleitung und Erde vor, über welchen für die Resonanzfrequenz ein zusätzlicher Signalpfad zugeschaltet ist. Dadurch nimmt die Amplitude des Stromsignals bei dieser Frequenz ab, je weiter der Betrachtungspunkt vom Lichtbogen entfernt ist. Durch Messung der Signalamplitude an der Spule eines jeden Schwingkreises und Vergleich der Messwerte kann der Lichtbogen in allen Messungen eindeutig zwischen zwei dieser Schwingkreise lokalisiert werden. Diese Methode wurde zum Patent angemeldet. Insgesamt entstanden im Rahmen dieser Arbeit die folgenden Patentanmeldungen:

1. DE 102014226999.7: Verfahren und Vorrichtung zum Erkennen eines Lichtbogens in einer Fotovoltaikanlage

2. DE 102015204376.2: Verfahren und Vorrichtung zum Erkennen eines Lichtbogens

3. DE 102013219490 A1: Verfahren und Vorrichtung zum Lokalisieren eines Lichtbogens in einem Strompfad einer Fotovoltaikanlage [140]

4. DE 102013219494 A1: Verfahren und Vorrichtung zum Bestimmen einer Modultemperatur eines Photovoltaikmoduls [139]

5. DE 102012217878 A1: Verfahren und Vorrichtung zum Erkennen zumindest einer aktiven Bypassdiode in einem Photovoltaiksystem [90]
6. DE 102014223593 A1: Verfahren und Vorrichtung zum Ermitteln eines Degradationszustandes eines Fotovoltaikmoduls [143]

7 Ausblick

Die Ergebnisse der Lichtbogenexperimente können bei der Entwicklung von Störlichtbogendetektoren für Photovoltaikanlagen von Nutzen sein, da die hochfrequenten Signalanteile der Brennspannung von Lichtbögen untersucht wurden, speziell für Umgebungsbedingungen wie sie in Photovoltaikanlagen vorherrschen. Diese Untersuchung geschah systematisch über den entsprechenden Strombereich und im für einen solchen Detektor interessanten Frequenzbereich. Anhand der Ergebnisse lassen sich zudem „Worst-Case"-Szenarien definieren, welche bei der Dimensionierung von Signalwandlern für einen solchen Detektor hilfreich sein können.

Auch kann anhand der gemessenen Parameter der Photovoltaikanlage ein Simulationsmodell für Photovoltaikanlagen als HF-Übertragungssystem konfiguriert und parametrisiert werden, um damit die Entwicklung von Lichtbogendetektoren zu unterstützen.

Die bei den Lichtbogenexperimenten beobachteten „Zustände" des LDS erfordern eine weitergehende Analyse, z. B. mit Hochgeschwindigkeitskameras und Temperatursensoren, da auf Basis der generierten Daten ein Verständnis der Ursachen für dieses Verhalten nicht geschaffen werden kann.

Die im Experiment untersuchte Methode zur Lokalisierung von Störlichtbögen in Photovoltaikanlagen konnte in seiner Funktion bestätigt werden, allerdings wurden nicht alle möglichen Verschattungsfälle betrachtet. Die Erkenntnisse einer solchen Betrachtung sollten dann in den Detektionsalgorithmus einfließen, welcher in einem Praxistest automatisiert ausgeführt werden sollte. Auch sollte die Möglichkeit erörtert werden, die Messwerte der Messeinheiten drahtlos an eine Auswerteeinheit zu übertragen, da für einen Einsatz im Feld aus Kostengründen keine zusätzlichen Leitungen neben der Gleichstromleitung in Frage kommen. Dafür müssen die Messeinheiten um weitere funktionale Blöcke erweitert werden, welche die Steuerung der Messung, die Datenverarbeitung und die Kommunikation mit der Auswerteeinheit übernehmen.

8 Anhang

Streuung der Messergebnisse

Im experimentellen Teil der Arbeit wurde jede Messung am Lichtbogen drei Mal durchgeführt und dann ggf. ein Mittelwert über die drei Messungen gebildet. Die Streuung innerhalb einer Messreihe ist hier anhand einer Messung mit Kupferelektroden, 2 mm Abstand und 6 A Lichtbogenstrom beispielhaft verdeutlicht.

Die Rauschleistungen von U und I sind jeweils über einen Frequenzbereich von 1 . . . 400 kHz integriert.

- Blau: Messung 1
- Grün: Messung 2
- Rot: Messung 3

Hier beträgt die maximale Abweichung im Spektrum ca. 4,5 dB bei 55 kHz.

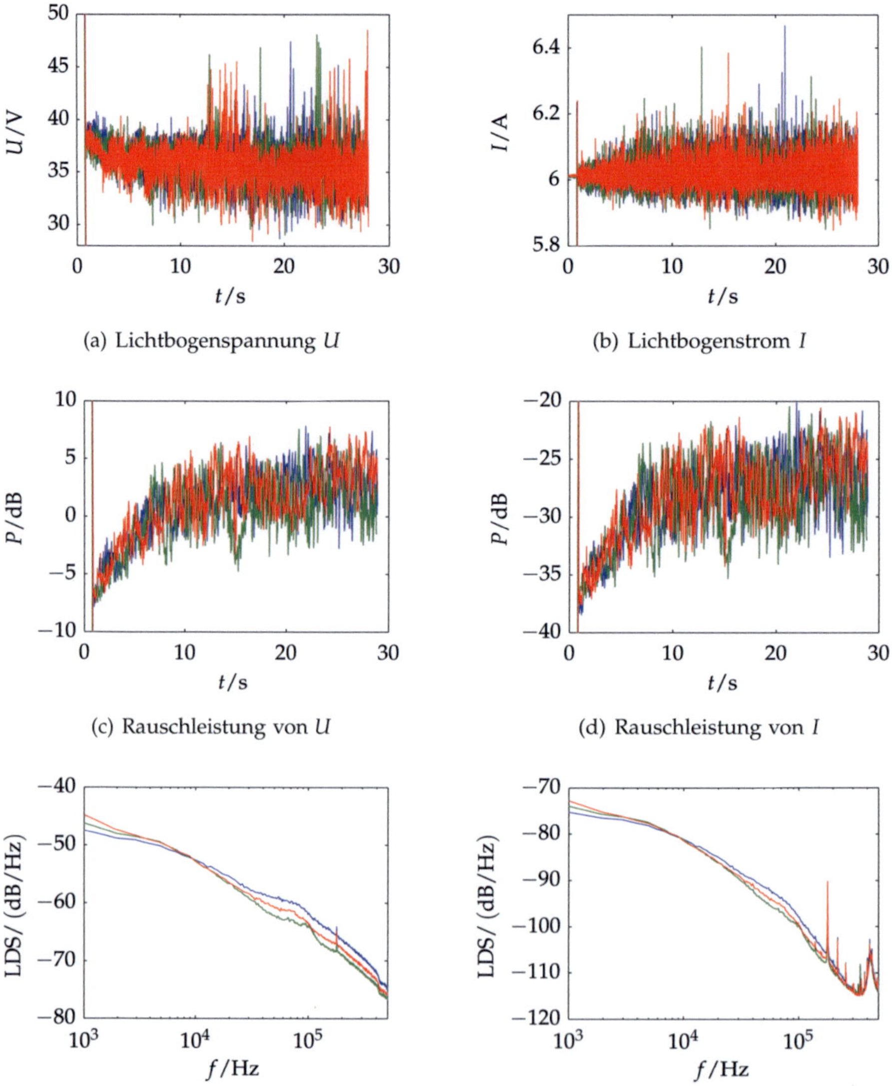

(a) Lichtbogenspannung U

(b) Lichtbogenstrom I

(c) Rauschleistung von U

(d) Rauschleistung von I

(e) Spektrum erste Sek. n. Zündung

(f) Spektrum erste Sek. n. Zündung

Abbildung 8.1: Illustration der Streuung bei drei Messungen (Rauschleistung ist integriert v. 1 . . . 400 kHz, Messung 1: Blau, Messung 2: Grün, Messung 3: Rot, Experiment mit 6 A, Kupferelektroden m. 2 mm Abstand)

Literaturverzeichnis

[1] Ammerman, Ravel F. ; Gammon, Tammy ; Sen, Pankaj K. ; Nelson, John P.: DC-Arc Models and Incident-Energy Calculations. In: *Industry Applications, IEEE Transactions on* 46 (2010), Nr. 5, S. 1810–1819. `http://dx.doi.org/10.1109/TIA.2010.2057497`. – DOI 10.1109/TIA.2010.2057497

[2] Anders, André: The Fractal Nature of Vacuum Arc Cathode Spots. In: *IEEE Transactions on Plasma Science* 33 (2005), Nr. 5, S. 1456–1464. `http://dx.doi.org/10.1109/TPS.2005.856488`. – DOI 10.1109/TPS.2005.856488

[3] Anders, André: *Cathodic Arcs*. Berkley, CA USA : Springer, 2008. – 41, 61, 79–86, 98 S. – ISBN 9780387791074

[4] Anders, André ; Oks, Efim: Material-dependent high-frequency current fluctuations of cathodic vacuum arcs: Evidence for the ecton cutoff of the fractal model. In: *Journal of Applied Physics* 99 (2006), Nr. 10, S. 103301–1033015. `http://dx.doi.org/10.1063/1.2196244`. – DOI 10.1063/1.2196244

[5] Anders, André ; Oks, Efim M. ; Yushkov, Georgy Y.: Cathodic arcs : Fractal voltage and cohesive energy rule. In: *Applied Physics Letters* 86 (2005), S. 48–51. `http://dx.doi.org/10.1063/1.1937994`. – DOI 10.1063/1.1937994

[6] Anders, Andre ; Oks, Efim M. ; Yushkov, Georgy Y.: Fourier Analysis of Fast Vacuum Arc Parameters. In: *International Symposium on Discharges and Electrical Insulation in Vacuum*, 2006. – ISBN 1424401917, S. 372–375

[7] Artale, Giovanni ; Cataliotti, Antonio ; Cosentino, Valentina ; Privitera, Giuseppe: Experimental characterization of series arc faults in AC and DC electrical circuits. In: *2014 IEEE International Instrumentation and Measurement Technology Conference (I2MTC) Proceedings*. Montevideo, Uruguay : IEEE, 2014. – ISBN 978–1–4673–6386–0, 1015–1020

[8] As: Lernfähige Krisenmanager. In: *Photon Profi* (2010)

[9] As: Nur Einzelfälle oder mehr? In: *Photon Profi* (2010)

[10] Banke, Boris ; Petersen, Hans-Herrmann: *Method And Device For The Detection of Fault Current Arcing In Electric Circuits.* 2006

[11] Beatty, William E. ; Carolan, Douglas J. ; Zhou, Xin: *Industrieller Bogenfehler-Schaltungsunterbrecher und Verfahren zum Detektieren von Bogenbildungszuständen.* 2009

[12] Behrends, Holger ; Bieniek, Sebastian ; Buelo, Thorsten ; Hopf, Markus ; Bettenwort, Gerd ; Kratochvil, Marcel ; Merz, Christopher ; Prior, Oliver: *Method And System For Detecting an Arc Fault in a Photovoltaic System.* 2014

[13] Beihoff, Bruce C. ; Tennies, Charles J. ; Richards, Francis S. ; O'Neil, Walter K.: *Frequency Selective Arc Detection.* 1993

[14] Beilis, Isak I.: State of the Theory of Cathode Spot Phenomena in Vacuum Arcs. In: *XVIIth International Svmposium on Discharges and Electrical Insulation in Vacuum.* Berkley, CA USA : IEEE, 1996, S. 188–193

[15] Beilis, Isak I.: Present State of Theory of Vacuum Arcs. In: *19th Int.Symp. on Discharges and Electrical Insulation in Vacuum.* XI'an : IEEE, 2000, S. 150–159

[16] Berger, Frank: Der Störlichtbogen - Ein Überblick. In: *Kontaktverhalten und Schalten - 20. Fachtagung Albert-Keil-Kontaktseminar.* Karlsruhe : VDE Verlag GmbH, 2009 (65). – ISBN 9783800731886, S. 199–206

[17] Blades, Frederick K.: *Method and Apparatus for Detecting Arcing in AC Power Systems by Monitoring High Frequency Noise.* 1998

[18] Blades, Frederick K.: *Parallel Arc Fault Diagnostic For Aircraft Wiring.* 2004

[19] Ble, Frank Z. ; Lehtonen, Matti ; Sihvola, Ari ; Kim, Charles: Power Arcing Source Location Using First Peak Arrival of RF-Signal. In: *International Review of Electrical Engineering (I.R.E.E.)* Bd. 9, Praise Worthy Prize S.r.l., 2014, S. 873–881

[20] Böck, Georg: *Hochfrequenz-Elektronik II.* Berlin, 2006

[21] Bosch: *Bosch Solar Cell M 3BB.* Erfurt, 2010

[22] Bosch: *Bosch Solar Module c-Si M 60.* Erfurt, 2011

[23] Boxman, Raymond L. ; Sanders, David ; Martin, Philip J.: *Handbook of Vacuum Arc Science and Technology : Fundamentals and Applications.* 1. Elsevier Science, 1996. – 775 S. – ISBN 9780815513759

[24] BROOKS, Stanley J. ; DICKENS, James W. ; STRADER, Walter H.: *Arcing Fault Detection System*. 1997

[25] BURGER, Bruno ; ROTH, Werner ; SCHMIDT, Heribert: Netzgekoppelte Photovoltaik-Wechselrichter / Fraunhofer Institut für Solare Energiesysteme. 2008. – Forschungsbericht

[26] CAO, Yang ; LI, Jing ; SUMNER, Mark ; CHRISTOPHER, Ed ; THOMAS, Dave: Arc Fault Generation and Detection in DC Systems. In: *Power and Energy Engineering Conference (APPEEC)*. Kowloon : IEEE, 2013. – ISBN 9781479925223, S. 1–5

[27] CASTANER, L ; SILVESTRE, S: *Modelling Photovoltaic Systems Using PSpice*. Eastbourne : John Wiley & Sons, 2003. – ISBN 9780470845271

[28] CHAINTREUIL, Nicolas ; PERICHON, Pierre ; VALLET, Sandrine: *Method for Detecting an Electric Arc in Photovoltaic Equipment*. 2010

[29] CHANGALI, Sriram ; HOOKER, Kenneth J. ; GRIGORYAN, Konstantin V. ; HALL, Scott J.: *Arc Detection Using Discrete Wavelet Transforms*. 2011

[30] CHENVIDHYA, D ; KIRTIKARA, K ; JIVACATE, C: On dynamic and static I-V characteristics of solar cell modules having low and high fill factors. In: *Photovoltaic Energy Conversion, 2003. Proceedings of 3rd World Conference on*. Osaka, Japan : IEEE, 2003, S. 1927–1929

[31] CHENVIDHYA, D ; KIRTIKARA, K ; JIVACATE, C: PV module dynamic impedance and its voltage and frequency dependencies. In: *Elsevier* 86 (2004), Nr. 2, S. 243–251. `http://dx.doi.org/10.1016/j.solmat.2004.07.005`. – DOI 10.1016/j.solmat.2004.07.005

[32] CRICK, Robert G.: *Fault Locating System For Electric Cables And The Like*. 1981

[33] CSANKY, Peter H. ; FERINO, Robert M. ; BORDIGNON, Ivo M.: *Arc Fault Detection System*. 2006

[34] DAALDER, J E.: Random walk of cathode arc spots in vacuum. In: *Journal of Applied Physics* 16 (1983), S. 16–27

[35] DEGNER, Thomas ; HENZE, Dipl N. ; KIRCHHOF, Dipl J.: Elektromagnetische Verträglichkeit und Sicherheitsdesign für Photovoltaische Systeme - Funkstörungen in Photovoltaikanlagen. In: *16. Symposium Photovoltaische Solarenergie, Bad Staffelstein*. Bad Staffelstein, 2001, S. 1–6

[36] Digulescu, Angela ; Paun, Mirel ; Vasile, Costin ; Petrut, Teodor ; Deacu, Daniela ; Ioana, Cornel ; Tamas, Razvan ; Wavelet, A: Electrical arc surveillance and localization system based on advanced signal processing techniques. Dubrovnic : IEEE, 2014. – ISBN 9781479924486, S. 448–452

[37] Dilba, Denis: *Trend in der Automobilbranche: Aluminiumkabel verdrängen Kupferleitungen.* `http://www.spiegel.de/wissenschaft/technik/trend-in-der-automobilbranche-aluminiumkabel-verdraengen-kupferleitungen-a-756314.html`. Version: apr 2011

[38] Dollar, Charles R. ; Johnson, Elton C.: *Arc Fault Detector Apparatus, Means And System.* 2000

[39] Dougherty, John J.: *Arcing Fault Detection Module.* 1999

[40] Dougherty, John J.: *Residential Circuit Arc Detection.* 2004

[41] Drouet, M. G. ; Menuir, J. L.: Influence of the Background Gas Pressure on the Expansion of the Arc-Cathode Plasma. In: *IEEE Transactions on Plasma Science* 13 (1985), Nr. 5, S. 285–287. `http://dx.doi.org/10.1109/TPS.1985.4316421`. – DOI 10.1109/TPS.1985.4316421

[42] Dvorak, Robert F. ; Wong, Kon B.: *Arc Fault Circuit Interrupter System.* 2006

[43] Elms, Robert T. ; Schlotterer, John C.: *Arc Fault Detection Apparatus And Circuit Breaker Incorporating Same.* 1998

[44] Engel, Joseph (Eaton C. ; Engelbert, Hetzmannseder ; Parker, Kevin L. ; Theisen, Peter J. ; Zuercher, Joseph C.: *Arc Fault Detector And Method For Locating An Arc Fault.* 2007

[45] Fahrenwaldt, Hans J. ; Schuler, Volkmar: *Praxiswissen Schweißtechnik.* 3. Wiesbaden : Vieweg+Teubner GWV Fachverlage GmbH, 2009. – 189 S. – ISBN 9783834803825

[46] Fu, Y.H. H.: The influence of cathode surface microstructure on DC vacuum arcs. In: *Journal of Applied Physics* 94 (1989)

[47] Grünigen, Daniel C.: *Digitale Signalverarbeitung: Bausteine, Systeme, Anwendungen.* Bern : Fotorotar Print \& Media AG Switzerland, 2008. – 332 S. – ISBN 9783905681420

[48] Häberlin, Heinrich: *Method Of Protecting Electrical Equipment, In Particular*

Direct Current Equipment, E.G. Photo-Voltaic Equipment, And A Detection Unit For Said Equipment. 1995

[49] HÄBERLIN, Heinrich: Lichtbogendetektor (LBD) zur sicheren Ferndetektion und Abschaltung gefährlicher Lichtbögen auf der DC-Seite von Photovoltaikanlagen / Photovoltaiklabor BFH Burgdorf. Burgdorf, 2012. – Forschungsbericht

[50] HADZIEFENDIC, Nedzad ; KOSTIC, Miomir ; RADAKOVIC, Zoran: Detection of series arcing in low-voltage electrical installations. In: *European Transactions on Electrical Power* 19 (2008), S. 423–432. `http://dx.doi.org/10.1002/etep.229`. – DOI 10.1002/etep.229. – ISBN 978–1–4244–1621–9

[51] HAERING, Adrian ; BIENIEK, Sebastian ; LASCHINSKI, Joachim: Lichtbogenerkennung in PV-Anlagen - Ein Systemvergleich zwischen USA und Europa. In: *27. Symposium Photovoltaische Solarenergie.* Bad Staffelstein, 2012

[52] HALL, Scott J. ; HOOKER, John K. ; GRIGORYAN, Konstantin V. ; CHANGALI, Sriram: *Arc Detection Using Detailed And Approximate Coefficients From Discrete Wavelet Transforms.* 2012

[53] HAMPSHIRE, Michael J.: *Apparatus and Method for Detecting a Potentially Fire Generating Electrical Fault.* 1990

[54] HASSELHUHN, Ralf: Hinweise zu einer ganzheitlichen Installation zur Brandrisikominimierung. In: *PV-Brandsicherheit.* Köln, 2014

[55] HAUN, Andy A. ; DVORAK, Robert F. ; LARSON, Brett E. ; GRATTAN, Brian ; BONG, Kon B.: *ARC FAULT PROTECTED ELECTRICAL REPECTABLE.* 2002

[56] HAUN, Andy A. (Square D Company) (Square D. C. ; COATS, Alan G. ; WONG, Kon B. ; DVORAK, Robert F. ; SCOTT, Gary W.: *Arc Fault Detection System.* 2001

[57] HERKENRATH, Manfred ; WEY, Paul ; BOROS, Ferenc ; STADE, Dietrich ; SCHAU, Holger: *Substation for the Distribution of Electrical Energy Protected Against Arcing Faults.* 1997

[58] HONG, Cheng ; XIAOJUAN, Chen ; WEI, Xiao ; CONG, Wang: Short- Time Fourier Transform Based Analysis to Characterization of Series Arc Fault. In: *2nd International Conference on Power Electronics and Intelligent Transportation System* Bd. 1, IEEE, 2009. – ISBN 9781424445431, S. 185–188

[59] HOYAUX, Max F.: *Arc Physics.* 8. Heidelberg-Berlin : Springer-Verlag Berlin Heidelberg, 1968. – 186–195 S. – ISBN 978–3–642–85654–9

[60] Johnson, J. ; Armijo, K: Parametric study of PV arc-fault generation methods and analysis of conducted DC spectrum. In: *Photovoltaic Specialist Conference (PVSC), 2014 IEEE 40th.* Denver, CO : IEEE, 2014. – ISBN 9780199733316, S. 3543–3548

[61] Johnson, Jay ; Kang, Jack: Arc-Fault Detector Algorithm Evaluation Method Utilizing Prerecorded Arcing Signatures. In: *38th IEEE Photovoltaic Specialists Conference in Austin, TX.* Austin, TX : IEEE, 2012

[62] Johnson, Jay ; Kuszmaul, Scott ; Schoenwald, David: USING PV MODULE AND LINE FREQUENCY RESPONSE DATA TO CREATE ROBUST ARC FAULT. In: *26th European Photovoltaic Solar Energy Conference and Exhibition,* 2011

[63] Johnson, Jay ; Montoya, Michael ; Mccalmont, Scott ; Katzir, Gil ; Fuks, Felipe ; Earle, Justis ; Fresquez, Armando ; Gonzalez, Sigifredo ; Granata, Jennifer: Differentiating Series and Parallel Photovoltaic Arc-Faults. In: *38th IEEE Photovoltaic Specialists Conference in Austin, TX.* Austin, TX : IEEE, 2012

[64] Johnson, Jay ; Oberhauser, Chris ; Montoya, Michael ; Fresquez, Armando ; Gonzalez, Sigifredo ; Patel, Ash: Crosstalk Nuisance Trip Testing of Photovoltaic DC Arc-Fault Detectors. In: *38th IEEE Photovoltaic Specialists Conference in Austin, TX.* Austin, TX : IEEE, 2012

[65] Johnson, Jay ; Pahl, B ; Luebke, C ; Pier, T ; Miller, T ; Strauch, J ; Kuszmaul, S ; Bower, W: Photovoltaic DC Arc Fault Detector testing at Sandia National Laboratories. In: *Photovoltaic Specialists Conference (PVSC), 2011 37th IEEE.* Seattle, WA : IEEE, 2011. – ISSN 0160–8371, S. 3614–3619

[66] Jüttner, B.: Properties of Arc Cathode Spots. In: *Journal de Physique* 7 (1997), Nr. C4, S. C4–31 – C4–45. http://dx.doi.org/10.1051/jp4:1997404. – DOI 10.1051/jp4:1997404

[67] Kalweit, Andreas ; Paul, Christof ; Peters, Sascha ; Wallbaum, Reiner: *Handbuch für Technisches Produktdesign.* 2. Heidelberg-Berlin : Springer-Verlag Berlin Heidelberg, 2012. – 67 S. – ISBN 9783642026416

[68] Kammer, Catrin: *Aluminium Band 1-3 Gesamtversion.* 16. Düsseldorf : Aluminium-Verlag Marketing und Kommunikation GmbH, 2009. – 82, 83 S. – ISBN 978–3–87017–292–3

[69] Keenan, James ; Parker, Michael: Arc Detectors. In: *Honor of Howard Ham*. San Francisco, CA : IEEE, 1998. – ISBN 0780350693, S. 0–5

[70] Kilroy, Donald G (Hamilton Sundstrand C. ; Oldenburg, Wayne H.: *DC arc fault detection and protection*. 2013

[71] Kleberg, Ingmar: *Die Dynamik von kathodischen Brennflecken im externen Magnetfeld*, Humboldt-Universitaet zu Berlin, Dissertation, 2001

[72] Kröker, Matthias: *Schaltungsanordnung und Verfahren zum Detektieren eines Defektes in einem Leiter*. 2003

[73] Krüger, Manfred: *Verfahren und Vorrichtung zur Erkennung einer breitbandigen Rauschquelle in einem Gleichspannungs-Verteilungsnetz*. 2005

[74] Lafferty, James M. ; Cobine, James D. ; Lafferty, James M. (Hrsg.): *Vacuum Arcs: Theory and Application*. Wiley, 1980. – 123–125 S. – ISBN 9780471065067

[75] Laukamp, Hermann: Schadens- und Brandfallanalyse an PV Anlagen. In: *PV-Brandsicherheit*. Freiburg : Fraunhofer ISE, 2014

[76] Lezama, Jinmi ; Schweitzer, Patrick ; Weber, Serge ; Tisserand, Etienne ; Joyeux, Patrice ; Rabla, Michael: Frequency analysis to arcing detection and prototyping FPGA approach. In: *Proceedings of the 59th IEEE Holm Conference on Electrical Contacts, HOLM 2013*, 2013. – ISBN 9781467352819, S. 111–116

[77] Lho, T.-J ; Um, D.-G. ; Na, S.-J.: A Study on Arc Characteristics and Its Application to Height Control in Plasma Arc Cutting. In: *American Welding Society1* (1992), S. 277–282

[78] Li, Dongwei ; Song, Zhengxiang ; Wang, Jianhua ; Geng, Yingsan ; Chen, Huilin ; Yu, Li ; Liu, Bo: A Method for Residential Series Arc Fault Detection and Identification. In: *2009 Proceedings of the 55th IEEE Holm Conference on Electrical Contacts*, 2009. – ISBN 9781424436132, 8–14

[79] Linde, Mathias: *Verfahren und zugehörige Meßanordnung zur Verwertung des Lichtbogens an Gleitkontakten von elektrischen Maschinen*. 1993

[80] MacKenzie, Raymond W.: *Arcing Fault Detector With Multiple Channel Sensing And Circuit Breaker Incorporating Same*. 1998

[81] Mandelbrot, Benoit B.: *The Fractal Geometry of Nature*. New York : W. H. Freeman and Company, 1983. – ISBN 0–7167–1186–9

[82] MARSCHNER, Hans-Hermann ; BÖMIG, Harald: *Verfahren zur Lichtbogenerkennung*. 1994

[83] MATHWORKS: *Matlab - The Language of Technical Computing*. http://de.mathworks.com/products/matlab/. Version: 2014

[84] MOORE, Philip J. ; PORTUGUES, Iliana E. ; GLOVER, Ian a.: Radiometric location of partial discharge sources on energized high-voltage plant. In: *IEEE Transactions on Power Delivery* Bd. 20, IEEE, 2005. – ISBN 0885–8977, S. 2264–2272

[85] MORA-SERO, Ivan ; GARCIA-BELMONTE, Germa ; BOIX, Pablo P. ; MIGUEL, A V.: Impedance spectroscopy characterisation of highly efficient silicon solar cells under different light illumination intensities. In: *Energy & Environmental Science* 06 (2009), Nr. 2, S. 678–686. http://dx.doi.org/10.1039/B812468J. – DOI 10.1039/B812468J

[86] MUKERJEE, A.K. ; THAKUR, Nivedity: *PHOTOVOLTAIC SYSTEMS: ANALYSIS AND DESIGN*. 1. New Delhi : PHI Learning Private Limited, 2011. – 55–60 S. – ISBN 978–81–203–4417–4

[87] MÜLLER, Peter ; TENBOHLEN, Stefan ; MAIER, Reinhard ; ANHEUSER, Michael: Characteristics of Series and Parallel Low Current Arc Faults in the Time and Frequency Domain. In: *Electrical Contacts (HOLM), 2010 Proceedings of the 56th IEEE Holm Conference on*. Charleston, SC : IEEE, 2010. – ISBN 9781424481774, S. 223–229

[88] NEC: *NEC 690.11*. 2011

[89] NEMIR, David C. ; BECK, Jan B.: *Arc Fault Identification Using Model Reference Estimation*. 2008

[90] NGUYEN-TUONG, T D. ; WENDL, M ; MIELCAREK, P ; REINHOLD, K ; BAUER, S ; WEISS, M: *Verfahren und Vorrichtung zum Erkennen zumindest einer schaltenden Bypassdiode in einem Fotovoltaiksystem*. 2014

[91] OGUCHI, Yoshihisa ; SHIMBO, Kenichi ; SUZUKI, Atsushi ; KUMAI, Toshiya ; SAITOU, Hisaya: *Arc Monitoring System*. 2010

[92] ORLOB, Matthias: Messung der Einstrahlungsabhängigkeit eines PV Moduls / Bosch Solar Energy AG. Erfurt, 2011. – Forschungsbericht

[93] PAMER, Andreas ; RITZBERGER, Günther ; OBERZAUCHER, Friedrich: *Verfahren*

zur Lichtbogendetektion in Photooltaikanlagen und eine solche Photovoltaikanlage. 2011

[94] Parker, Michael T. ; Ham, Howard M. ; Keenan, James J. ; Benoit, Luc P.: *Electric Arc Monitoring Systems.* 2004

[95] Parker, Michael T. ; Ham, Howard M. ; Keenan, James J. ; Benoit, Luc P.: *Electric Arc Monitoring System.* 2002

[96] Paun, Mirel ; Candel, Ion ; Tamas, Razvan ; Ioana, Cornel ; Marghescu, Ion: A Software-Defined Radio Approach for Locating Electric Arcs. In: *IEEE International Conference on Microwaves, Communications, Antennas and Electronic Systems.* Tel Aviv : IEEE, 2015 (November). – ISBN 9781479974733, S. 2–4

[97] Photon: Serienfehler. In: *Photon Profi Dezember 2011* (2011), dec

[98] Plyutto, A. A. ; Ryzhkow, V. N. ; Kapin, A. T.: High Speed Plasma Steams in Vacuum Arcs. In: *Soviet Physics JETP* 20 (1965), Nr. 2, S. 328–337

[99] Portugues, I A. ; Moore, Philip J. ; Carder, Paul: The Use of Radiometric Partial Discharge Location Equipment in Distributed Substations. In: *Electricity Distribution, 2005. CIRED 2005. 18th International Conference and Exhibition on. IET.* Turin, 2005 (June). – ISSN 05379989, S. 1–4

[100] Press, William H.: Flicker Noise In Astronomy And Elswhere / Center for Astrophysics and Department of Physics Harvard University. Cambridge, U.S.A., 1978 (4). – Forschungsbericht. – 103–119 S.

[101] Puchkarev, V F.: Estimating the electron temperature from fluctuations in a vacuum arc plasma : cathode spot operation on a contaminated surface. In: *Journal of Applied Physics* 24 (1990), S. 685–692

[102] Rabla, Michael ; Tisserand, Etienne ; Schweitzer, Patrick ; Lezama, Jinmi: Arc fault analysis and localisation by cross-correlation in 270 v DC. In: *Proceedings of the 59th IEEE Holm Conference on Electrical Contacts, HOLM 2013,* 2013. – ISBN 9781467352819, S. 117–122

[103] Rao, K.R. ; Kim, Do N. ; Hwang, Jae J.: *Fast Fourier Transform - Algorithms and Applications: Algorithms and Applications.* Heidelberg-London-New York : Springer Science & Business Media, 2010. – 444 S. – ISBN 9781402066290

[104] Rao, Ravinuthala R. ; D., Rapol U. ; Asokan, Thangavelu ; Ungarala, Satyanarayana M.: *Arc Detector.* 2008

[105] Rieder, W: *Plasma und Lichtbogen*. Braunschweig : Friedr. Vieweg & Sohn GmbH, Verlag, 1967. – 103 S.

[106] Rivers, Cecil ; Adeleye, Adekunle ; Tardif, Marcel: *Series Arc Detection*. 2006

[107] Robbins, Steven A.: *System And Apparatus For Arc Detection And Location In Solar Arrays*. 2013

[108] Root, Errol R. ; Valley, Simi: *Method And Apparatus For Determining The Location Of An Arc In A Waveguide Transmission Line Or The Like*. 1982

[109] Röpcke, Ina: Feuergefahr im Kuhstall. In: *Photovoltaic 04/2009* (2009), apr, S. 5

[110] Ruercher, Joseph C. ; Schmalz, Steven C.: *Apparatus for detecting arcing and overcurrents in DC electrical systems subject to cyclic disturbances*. 2006

[111] Rutschmann, Ines: Risiko Transport. In: *Photon Profi Februar 2010* (2010), feb

[112] Rutschmann, Ines: Brandgefahr bei Scheuten-Modulen Photon. In: *Brandgefahr bei Scheuten- Modulen* (2012), aug

[113] Schimpf, Fritz ; Norum, Lars E.: Recognition of Electric Arcing in the DC-wiring of Photovoltaic Systems. In: *Telecommunication Energy Conference, INTELEC 2009*, 2008

[114] Schirone, L. ; Califano, F. P. ; Moschella, U. ; Rocca, U.: Fault finding in a 1 MW photovoltaic plant by reflectometry. In: *Photovoltaic Energy Conversion, 1994., Conference Record of the Twenty Fourth. IEEE Photovoltaic Specialists Conference - 1994, 1994 IEEE First World Conference on*. Waikoloa, HI : IEEE, 1994, S. 646–649

[115] Schmidt, Heribert ; Burger, Bruno ; Kiefer, Klaus: Wechselwirkungen zwischen Solarmodulen und Wechselrichtern / Fraunhofer Institut für Solare Energiesysteme. 2007. – Forschungsbericht

[116] Schufft, Wolfang: *Taschenbuch der elektrischen Energietechnik*. 1. München : Carl Hanser Verlag München, 2007. – 327–341 S. – ISBN 978–3–446–40475–5

[117] Schülke, T ; Siemroth, P: Vacuum Arc Cathode Spots as a Self-Similarity Phenomenon. In: *IEEE Transactions on Plasma Science* 24 (1996), Nr. 1, S. 63–64. `http://dx.doi.org/10.1109/27.491692`. – DOI 10.1109/27.491692

[118] Sekikawa, J ; Kitajima, T ; Endo, T ; Kubono, T: Observation of arc-emitted light between slowly opening electrical contacts using a high-speed camera. In: *Electrical Contacts, 2004. Proceedings of the 50th IEEE Holm Conference on Electrical Contacts and the 22nd International Conference on Electrical Contacts*, 2004, S. 47–52

[119] Shea, John J. ; Carrodus, Jason B. ; Township, Moon: RF Current Produced from Electrical Arcing. In: *Electrical Contacts (Holm), 2011 IEEE 57th Holm Conference*, 2011. – ISBN 9781612846514

[120] Shea, John J. ; Luebke, Charles J. ; Parker, Kevin L.: RF Current Produced from DC Electrical Arcing. In: *Electrical Contacts (ICEC 2012), 26th International Conference*, 2012 (1)

[121] Shea, John J. ; Zhou, Xin: RF Currents Produced from AC Arcs with Asymmetrical Electrodes 1000 Cherrington Parkway. In: *Electrical Contacts (HOLM), 2010 Proceedings of the 56th IEEE Holm Conference on*, 2010. – ISBN 9781424481774, S. 1–11

[122] Siemroth, Peter ; Sch, Thomas ; Witke, Thomas: Investigation of Cathode Spots and Plasma Formation of Vacuum Arcs by High Speed Microscopy and Spectroscopy. In: *IEEE Transactions on Plasma Science* 25 (1997), Nr. 4, S. 571–579

[123] Slade, Paul G.: *Electrical Contacts*. 2. Boca Raton, FL : CRC Press Taylor & Francis Group, 2014. – 849–872; 1198–1201 S. – ISBN 978-1-4398-8130-9

[124] Smeets, Rene Peter P.: *Low-Current Behaviour And Current Chopping Of Vacuum Arcs*, Technische Universiteit Eindhoven, Proefschrift, 1989. – 65–84 S.

[125] Smeets, Rene Peter P. ; Schulpen, F J H.: Fluctuations of charged particle and light emission in vacuum arcs. In: *Journal of Applied Physics* 21 (1988), S. 301–310. `http://dx.doi.org/10.1088/0022-3727/21/2/010`. – DOI 10.1088/0022-3727/21/2/010

[126] Strobl, Christian: Detektionsverfahren für Störlichtbögen bei AC und DC Arc fault detection in AC and DC systems. In: *Kontaktverhalten und Schalten (VDE-FB 67)*. Karlsruhe : VDE, 2011 (September)

[127] Strobl, Christian ; Meckler, Peter: Arc Faults in Photovoltaic Systems. In: *56th IEEE Holm Conference on Electrical Contacts*, 2010. – ISSN 1062-6808, S. 1–7

[128] STROBL, Christian ; MIKLIS, Markus: *Verfahren und Vorrichtung zum Schalten einer Gleichspannungsanlage.* 2012

[129] STROM, A P.: Long 60-Cycle Arcs in Air. In: *American Institute of Electrical Engineers, Transactions of the* 65 (1946), Nr. 3, S. 113–118. `http://dx.doi.org/10.1109/T-AIEE.1946.5059312`. – DOI 10.1109/T-AIEE.1946.5059312

[130] SURESH, M S.: Measurement of solar cell parameters using impedance spectroscopy. In: *Elsevier* 43 (1996), Nr. 1, S. 21–28

[131] TAKASHIMA, Takumi ; YAMAGUCHI, Junji ; ISHIOA, Masayoshi ; SCIENCE, Advanced I.: Fault detection by signal response in pv module strings. In: *Photovoltaic Specialists Conference, 2008. PVSC '08. 33rd IEEE.* San Diego, CA, USA : IEEE, 2008 (1). – ISBN 9781424416417, S. 8–12

[132] TAKASHIMA, Takumi ; YAMAGUCHI, Junji ; OTANI, Kenji ; KATO, Kazuhiko ; ISHIDA, Masayoshi: Experimental Studies of Failure Detection Methods in PV Module Strings. In: *Photovoltaic Energy Conversion, Conference Record of the 2006 IEEE 4th World Conference on.* Waikoloa, HI : IEEE, 2006 (1). – ISBN 1424400163, S. 2227–2230

[133] TAKASHIMA, Takumi ; YAMAGUCHI, Junji ; OTANI, Kenji ; OOZEKI, Takashi ; KATO, Kazuhiko ; ISHIDA, Masayoshi: Experimental studies of fault location in PV module strings. In: *Solar Energy Materials & Solar Cells* 93 (2009), S. 1079–1082. `http://dx.doi.org/10.1016/j.solmat.2008.11.060`. – DOI 10.1016/j.solmat.2008.11.060

[134] UNDERWRITERS LABORATORIES INC.: *UL1699B.* Northbrook, 2011

[135] VOSS, Klaus D.: *Ständig unter Strom: Solardächer sind brandgefährlich.* `http://www.tagesspiegel.de/wirtschaft/immobilien/photovoltaik-staendig-unter-strom-solardaecher-sind-brandgefaehrlich/1884850.html`. Version: 2010

[136] WANG, SC ; WU, CJ ; WANG, YJ: An Effective Detection Method of Serial Arc Fault on Low Voltage Power Circuits. In: *Latest Advances in Systems Science and Computational Intelligence* (2010), Nr. c, 177–181. `http://www.wseas.us/e-library/conferences/2012/Singapore/ICISCISCO/ICISCISCO-28.pdf`. ISBN 9781618040947

[137] WANG, Y. ; DAMASTRA, G. C.: Noise arc voltage and dynamic constriction of high-current vacuum arcs. In: *IOP Science* 2179 (1991)

[138] WEISSBACH, Wolfgang: *Werkstoffkunde*. 16. Wiesbaden : Vieweg und Sohn Verlag, 2007. – 35, 36 S. – ISBN 978–3–8348–0295–8

[139] WENDL, Michael: *Verfahren und Vorrichtung zum Bestimmen einer Modultemperatur eines Photovoltaikmoduls*. 2015

[140] WENDL, Michael: *Verfahren und Vorrichtung zum Lokalisieren eines Lichtbogens in einem Strompfad einer Fotovoltaikanlage*. 2015

[141] WENDL, Michael: *Verfahren und Vorrichtung zum Erkennen eines Lichtbogens in einer Fotovoltaikanlage*. 2016

[142] WENDL, Michael ; BERGER, Frank ; WEISS, Martin: HF Characterization of Low Current DC Arcs at Alterable Conditions. In: *27th International Conference on Electrical Contacts*. Dresden : VDE Verlag GmbH, 2014, S. 439–444

[143] WENDL, Michael ; MIELCAREK, Paul ; WEISS, Martin ; KLEE, Kathrin: *Verfahren und Vorrichtung zum Ermitteln eines Degradationszustandes eines Fotovoltaikmoduls*. 2016

[144] WENDL, Michael ; TEICHMANN, Vincent ; WEISS, Martin: *Verfahren und Vorrichtung zum Erkennen eines Lichtbogens*. 2016

[145] WIKIPEDIA: *Lichtenberg-Figur*. http://de.wikipedia.org/wiki/Lichtenberg-Figur. Version: 2005

[146] WIKIPEDIA: *Standard-Testbedingungen (Photovoltaik)*. http://de.wikipedia.org/wiki/Standard-Testbedingungen_(Photovoltaik). Version: 2014

[147] WILLER, Bernd: *Verfahren Zur Lichtbogenerkennung In Photovoltaikanlagen*. 2014

[148] WITTE, Markus: *Was Sie über Photovoltaikanlagen wissen sollten*. 3. Dachau : Ingenieurbüro Witte, 2011. – ISBN 978–3–00–032706–3

[149] WYSSADA, Torsten: *PV Brandsicherheit*. http://www.pv-brandsicherheit.de/. Version: 2011

[150] YAHIA, I S. ; YAKUPHANOGLU, F ; AZIM, Osama A.: Unusual photocapacitance properties of a mono-crystalline silicon solar cell for optoelectronic applications. In: *Solar Energy Materials and Solar Cells* 95 (2011), Nr. 9, 2598–2605. http://dx.doi.org/10.1016/j.solmat.2011.05.001. – DOI 10.1016/j.solmat.2011.05.001. – ISSN 0927–0248